Virologie in Deutschland

Klaus Munk

Virologie in Deutschland
Die Entwicklung eines Fachgebietes

111 Abbildungen, 1995

Basel · Freiburg · Paris · London · New York ·
New Delhi · Bangkok · Singapore · Tokyo · Sydney

Prof. Dr. med. Klaus Munk
Deutsches Krebsforschungszentrum
Im Neuenheimer Feld 280
D–69120 Heidelberg

Die Deutsche Bibliothek – CIP-Einheitsaufnahme
Munk, Klaus:
Virologie in Deutschland: die Entwicklung eines Fachgebietes/Klaus Munk. – Basel; Freiburg i. Br.; Paris; London; New York; New Delhi; Bangkok; Singapore; Tokyo; Sydney: Karger, 1995
ISBN 3–8055–6004–4

Alle Rechte vorbehalten.
Ohne schriftliche Genehmigung des Verlags dürfen diese Publikation oder Teile daraus nicht in andere Sprachen übersetzt oder in irgendeiner Form mit mechanischen oder elektronischen Mitteln (einschließlich Fotokopie, Tonaufnahme und Mikrokopie) reproduziert oder auf einem Datenträger oder einem Computersystem gespeichert werden.

© 1995 by S. Karger GmbH, Postfach, D–79095 Freiburg, und S. Karger AG, Postfach, CH–4009 Basel
Printed in Germany on acid-free paper by
Freiburger Graphische Betriebe GmbH & Co. KG,
D–79108 Freiburg
ISBN 3–8055–6004–4

Dem Nestor der deutschen Virologie,
Werner Schäfer, meinem Lehrer in der Virologie und Freund,
gewidmet

Inhalt

Vorwort XI

Beginn der Virologie in Deutschland 1

Die frühen Virologieinstitute 4

Forschungsanstalt Insel Riems 4
Robert-Koch-Institut, Berlin 13
Institut für Veterinärhygiene und Tierseuchen, Institut für Virologie,
    Justus-Liebig-Universität, Gießen 20
        Viroidforschung in Gießen 27
Virusforschung in der Kaiser-Wilhelm-/Max-Planck-Gesellschaft 28
    Kaiser-Wilhelm-/Max-Planck-Institute für Biochemie und für Biologie,
        Berlin-Dahlem und Tübingen 28
    Max-Planck-Institut für Biochemie, Tübingen 32
    Max-Planck-Institut für Virusforschung, Tübingen 35
        Biologisch-biophysikalische Abteilung von Hans Friedrich-Freksa .. 35
        Biochemische Abteilung von Gerhard Schramm 37
        Abteilung für tierpathogene Viren, später Biologisch-medizinische
            Abteilung von Werner Schäfer 39
    Max-Planck-Institut für Biologie, Tübingen 46

Beginn der Virologie an Universitätsinstituten 50

Berlin   Institut für Klinische und Experimentelle Virologie der Freien Universität .. 50
        Institut für Virologie im Fachbereich Veterinärmedizin der Freien
           Universität 52
        Institut für Virologie an der Charité, Humboldt-Universität 53

Bochum   Abteilung für Medizinische Mikrobiologie und Virologie, Institut für Hygiene
        und Mikrobiologie der Ruhr-Universität 55

Bonn   Virologie am Institut für Mikrobiologie und Immunologie der Rheinischen
        Friedrich-Wilhelms-Universität 56

Bremen   Institut für Virologie der Universität 58

Düsseldorf Institut für Medizinische Mikrobiologie und Virologie der Heinrich-Heine-
        Universität 59

Erfurt   Institut für Antivirale Chemotherapie des Zentrums für Klinisch-theoretische
        Medizin der Friedrich-Schiller-Universität Jena 61

Erlangen Institut für Klinische und Molekulare Virologie der Friedrich-Alexander-
        Universität 62

Essen   Institut für Medizinische Virologie und Immunologie der Gesamthochschule 65

Frankfurt am Main	Institut für Medizinische Virologie des Zentrums der Hygiene der Johann-Wolfgang-Goethe-Universität	67
Freiburg	Abteilung Virologie des Instituts für Medizinische Mikrobiologie der Albert-Ludwigs-Universität	69
Gießen	Institut für Virologie an der Humanmedizinischen Fakultät der Justus-Liebig-Universität	74
Göttingen	Abteilung Medizinische Mikrobiologie am Zentrum für Hygiene und Humangenetik der Georg-August-Universität	75
Greifswald	Hygieneinstitut und Institut für Medizinische Mikrobiologie der Ernst-Moritz-Arndt-Universität	78
Hamburg	Heinrich-Pette-Institut für Experimentelle Virologie und Immunologie an der Universität	80
Hannover	Institut für Virologie und Seuchenlehre der Medizinischen Hochschule	84
	Institut für Virologie der Tierärztlichen Hochschule	85
Heidelberg	Institut für Medizinische Virologie am Hygieneinstitut der Ruprecht-Karls-Universität	86
	Institut für Virusforschung, später in das Deutsche Krebsforschungszentrum eingegliedert	88
	Institut für Mikrobiologie an der Biologischen Fakultät der Ruprecht-Karls-Universität	90
Homburg/Saar	Abteilung für Virologie am Institut für Medizinische Mikrobiologie und Hygiene der Kliniken der Universität des Saarlandes	92
Jena	Institut für Medizinische Mikrobiologie der Friedrich-Schiller-Universität	93
	Institut für Virologie am Beutenberg-Campus der Friedrich-Schiller-Universität	95
Köln	Institut für Virologie der Universität zu Köln	97
	Abteilung für Virologie am Institut für Genetik der Universität zu Köln	99
Mainz	Abteilung für Experimentelle Virologie/Institut für Virologie am Institut für Medizinische Mikrobiologie der Johannes-Gutenberg-Universität	101
Marburg	Abteilung/Institut für Virologie der Philipps-Universität	102
München	Max-von-Pettenkofer-Institut für Hygiene und Medizinische Mikrobiologie der Ludwig-Maximilians-Universität	105
	Viruslabor der Friedrich-Baur-Stiftung an der II. Medizinischen Klinik der Ludwig-Maximilians-Universität	107
	Abteilung für Virologie am Institut für Medizinische Mikrobiologie und Hygiene des Klinikums Rechts der Isar der Technischen Universität	110
	Abteilung für Virologie am Institut für Medizinische Mikrobiologie, Infektions- und Seuchenmedizin der Tierärztlichen Fakultät der Ludwig-Maximilians-Universität	111
Regensburg	Institut für Medizinische Mikrobiologie und Hygiene der Universität	113
Tübingen	Abteilung für Medizinische Virologie und Epidemiologie der Viruskrankheiten am Hygieneinstitut der Eberhard-Karls-Universität	115
Ulm	Lehrstuhl für Virologie am Institut für Mikrobiologie der Universität	116
Witten/Herdecke	Institut für Mikrobiologie und Virologie der Universität	118
Würzburg	Institut für Virologie und Immunbiologie der Bayerischen Julius-Maximilians-Universität	119

	Virologie außerhalb der Universitäten 124
Berlin	Zentralinstitut für Krebsforschung, Berlin-Buch 124
	Institut für Virologie und Epidemiologie des Zentralinstituts für Hygiene, Mikrobiologie und Epidemiologie der DDR, heute Außenstelle des Robert-Koch-Instituts des Bundesgesundheitsamts 125
	Fachgebiet Virale Zoonosen im Institut für Veterinärmedizin des Robert-von-Ostertag-Instituts des Bundesgesundheitsamts 127
Frankfurt am Main	Paul-Ehrlich-Institut des Bundesamts für Sera und Impfstoffe, Frankfurt am Main – Langen/Hessen 128
	Chemotherapeutisches Forschungsinstitut Georg-Speyer-Haus 131
Göttingen	Abteilung für Virologie und Immunologie des Deutschen Primatenzentrums 135
Hamburg	Bernhard-Nocht-Institut für Tropenmedizin 136
Hannover	Staatliches Medizinaluntersuchungsamt 138
Koblenz	Abteilung Virologie im Ernst-Rodenwaldt-Institut des Zentralen Instituts des Sanitätsdienstes der Bundeswehr 139
Marburg	Behringwerke 141
München	Abteilung für Virusforschung am Max-Planck-Institut für Biochemie, Martinsried 145
	Abteilung für Viroidforschung am Max-Planck-Institut für Biochemie, Martinsried 147
	Institut für Molekulare Virologie des GSF-Forschungszentrums für Umwelt und Gesundheit, Neuherberg 149
Tübingen	Bundesforschungsanstalt für Viruskrankheiten der Tiere 150
Wuppertal	Virologie in der Bayer-Pharmaforschung 154

Staatliche und Landesimpfanstalten 157

Wissenschaftliche Fachgesellschaften für Virologie 161

Namenverzeichnis 166

Vorwort

Die Wissenschaft von den Viren als Krankheitserreger bei Menschen und Tieren beginnt 1898 mit der Entdeckung des Maul- und-Klauenseuche-Virus durch Friedrich Löffler und Paul Frosch. Das Forschungsinstitut auf der Insel Riems bei Greifswald und das Robert-Koch-Institut in Berlin waren die Geburtsstätten der medizinischen Virusforschung. In Deutschland wurde die Virusforschung dann vom Institut für Veterinärhygiene und Tierseuchen in Gießen und in den 30er Jahren von den damaligen Instituten der Kaiser-Wilhelm-Gesellschaft in Berlin-Dahlem aufgenommen und fortgeführt. Hier und später in den nach Tübingen verlagerten Instituten der Max-Planck-Gesellschaft wurden Pionierleistungen der virologischen Grundlagenforschung erbracht.

Der Gedanke, die Entstehung der Virologie in Deutschland aufzuzeichnen, ergab sich aus Gesprächen mit Werner Schäfer und Richard Haas. Beide haben die Anfänge des Gebiets der virologischen Grundlagenforschung und der klinischen Virologie erlebt und mit weiter Ausstrahlung geprägt. Sie ermunterten mich, dieses Buch zusammenzustellen und zu schreiben. Darin sollen die wissenschaftlichen Leistungen in der Virusforschung von Anbeginn bis zu den Gründungen von Lehrstühlen, Abteilungen oder selbständigen Einrichtungen für die Virologie während der letzten Jahrzehnte bis in die Gegenwart dargestellt werden. Dabei wurde in erster Linie an die human- und veterinärmedizinische Virologie und die virologische Grundlagenforschung gedacht. Die in Deutschland bestehende, vorwiegend praxisorientierte Pflanzenvirologie konnte in diesem Rahmen nicht berücksichtigt werden.

In den Forschungsprogrammen, die sich ein Wissenschaftler bei der jeweiligen Gründung wählte, spiegelt sich die Entwicklung dieses Fachgebiets in Deutschland bis in die jüngste Zeit hinein wider. Deren Darstellung war von Beginn an das Ziel dieses Buchs.

Die Geschichte der gesamten internationalen Virologie zu erfassen, ist einem einzelnen heute nicht mehr möglich. Darum wurde bewußt die Begrenzung auf die Virologie in Deutschland gewählt. Trotzdem werden aber die internationalen Beziehungen und vor allem die wissenschaftliche Förderung, die viele deutsche Virologen in den letzten Jahrzehnten während ihrer Studienaufenthalte an internationalen Instituten – besonders in den USA – erfahren durften, nicht vergessen. Sie haben die moderne Arbeitsweise in den deutschen Instituten stark beeinflußt und oft zu lebenslangen Freundschaften und wissenschaftlichen Verbindungen geführt.

Für die Erfassung des Materials konnten nur bei ganz wenigen der frühen virologischen Institute schriftliche Dokumente, wie Jubiläumsschriften oder ähnliches, herangezogen werden. Bei der überwiegenden Anzahl der Institute, vor allem bei den Neugründungen, konnte ich mich nur auf die persönlichen Mitteilungen und das Bildmaterial der Wissenschaftler stützen, die diese neuen Forschungseinrichtungen und ihre wissenschaftlichen Programme gestaltet haben.

Wenn ich mich möglichst eng an die mir zur Verfügung gestellten Unterlagen gehalten, ja sogar manche Teile wörtlich zitiert habe, so sah ich darin das Ziel, die Darstellung der Institute und die persönlichen Leistungen der Wissenschaftler so authentisch wie möglich wiederzugeben. Dabei ließ es sich nicht vermeiden, daß in der Darstellung der Forschungsaktivitäten sowie bei der Nennung von Namen der Wissenschaftler noch Lücken bestehen bleiben, wofür ich um Verständnis bitte.

Beim Sammeln des Materials habe ich mit Freude eine große Bereitwilligkeit erfahren, mir die gewünschten Unterlagen zur Verfügung zu stellen. Die Autorenschaft ist zumeist aus den einzelnen Kapiteln zu erkennen. Darum ist hier der Ort, allen für ihre wertvolle Mithilfe zu danken.

Mein ganz besonderer Dank gilt dem Nestor der deutschen Virologie, Werner Schäfer. Er gab mir zu diesem Buch die Grundlagen für die Berichte über die Entstehung der Virusforschung auf der Insel Riems, in Gießen und in Tübingen – den Orten seines Wirkens.

Ihm sei dieses Buch gewidmet.

Heidelberg, 1994 *Klaus Munk*

Beginn der Virologie in Deutschland

In Deutschland beginnt die Virologie 1898 mit der Entdeckung des Maul- und Klauenseuchevirus. Sie entstand aus einer engen Zusammenarbeit zwischen Friedrich Löffler am Hygieneinstitut in Greifswald und Paul Frosch am Institut für Infektionskrankheiten von Robert Koch in Berlin, in dem Löffler bis zu seiner Berufung 1888 nach Greifswald Assistent war. Darum wurde auch die Deutung der experimentellen Ergebnisse, wonach es sich bei dem infektiösen Filtrat um «allerkleinste Organismen» handle und nicht um ein «contagium vivum fluidum», ganz vom Geiste des Altmeisters Robert Koch geprägt. Mit dieser Entdeckung und der Auffassung, daß die Infektiosität auf einem selbstvermehrungsfähigen Agens beruhe, wurden Löffler und Frosch zu den Begründern der Wissenschaft und Forschung über die tier- und menschenpathogenen Virusarten.

Die Medizin befand sich damals in der von Louis Pasteur und Robert Koch eingeleiteten «bakteriologischen Ära», in der man intensiv nach den Erregern kontagiöser Krankheiten suchte. Man war schon mit der Entdeckung von Milzbranderreger und Tuberkelbazillus sehr erfolgreich gewesen.

Im Jahr 1890 beklagte Robert Koch auf dem 10. Internationalen Medizinischen Kongreß in Berlin, daß sich eine Anzahl von Infektionskrankheiten der Aufklärung und Erforschung des ätiologischen Agens entzöge:

«Es betrifft dies in erster Linie die gesamte Gruppe der exanthematischen Infektionskrankheiten, also Masern, Scharlach, Pocken, exanthematischer Typhus. Auch für keine einzige derselben ist es gelungen, nur den geringsten Anhaltspunkt dafür zu finden, welcher Art die Krankheitserreger derselben sein könnten. Selbst die Vakzine, die jederzeit zur Verfügung steht und am Versuchstier so leicht geprüft werden kann, hat allen Bemühungen, das eigentliche Agens derselben zu ermitteln, hartnäckig widerstanden. Auch über die Krankheitserreger der Influenza, des Keuchhustens, des Trachoms, des Gelbfiebers, der Rinderpest, der Lungenseuche und manchen anderen unzweifelhaften Infektionskrankheiten wissen wir noch nichts. Bei den meisten dieser Krankheiten hat es auch nicht an Geschick und Ausdauer in der Verwertung aller uns jetzt zu Gebote stehender Hilfsmittel gefehlt, und wir können das negative Ergebnis der Bemühungen zahlreicher Forscher nur so deuten, daß die Untersuchungsmethoden, welche sich bisher in so vielen Fällen bewährt haben, für diese Aufgaben nicht mehr ausreichen. Ich möchte mich der Meinung zuneigen, daß es sich bei den genannten Krankheiten gar nicht um Bakterien, sondern um organisierte Krankheitserreger handelt, welche ganz anderen Gruppen von Mikroorganismen angehören.»

Mit dieser Aussage hatte Robert Koch schon eine sehr treffende Hypothese für die viralen Erreger gefunden. In der Tat war es dann die Methode der Filtration von kontagiösem Material durch bakteriendichte Filter, die die «ganz andere Gruppe von Mikroorganismen» erkennen ließ und ihr mit der Charakterisierung «nicht filtrierbares Agens» die erste Definition gab.

Löffler selbst interpretiert seine Ergebnisse zusammen mit Frosch mit der Bemerkung:

«Es läßt sich deshalb die Annahme nicht von der Hand weisen, daß es sich bei den Wirkungen der Filtrate (Lymphe von an Maul- und Klauenseuche erkrankten Tieren) nicht um die Wirkung eines gelösten Stoffes handelt, sondern um die Wirkung vermehrungsfähiger Erreger.»

Friedrich Löffler (links) zusammen mit Robert Koch.

Paul Frosch.

Friedrich Löffler wurde 1852 geboren. Er studierte in Würzburg und nach dem Krieg 1870/71 an der Kaiser-Wilhelm-Akademie in Berlin Medizin. Schon seit 1879 arbeitete er bei Robert Koch am Reichsgesundheitsamt in Berlin und dann später dort am Institut für Infektionskrankheiten. Über die Fortführung seiner Arbeiten in Greifswald und auf der Insel Riems wird im folgenden Kapitel berichtet. Friedrich Löffler verstarb 1915 in Berlin.

Paul Frosch wurde 1860 in Jüterbog geboren. Er hatte in Würzburg, Leipzig und Berlin Medizin studiert. Nach Approbation und Promotion im Jahr 1887 in Berlin begann er sich der Bakteriologie zu widmen. Zunächst volontierte er bei Robert Koch und erhielt 1891 eine Assistentenstelle an der Wissenschaftlichen Abteilung des Instituts für Infektionskrankheiten der Charité.

Er gehörte bald zu den engeren Mitarbeitern von Robert Koch. 1897 erhielt er den Professorentitel. 1899 wurde er zum Vorstand der Wissenschaftlichen Abteilung am Institut für Infektionskrankheiten und 1907 zum Geheimen Medizinalrat ernannt. Von 1908 an hatte er den Lehrstuhl für Hygiene an der Tierärztlichen Hochschule in Berlin inne. Er verstarb 1928 in Berlin.

Am Institut für Infektionskrankheiten war 1897 vom Preußischen Kultus- und vom Landwirtschaftsministerium eine Kommission zur Untersuchung der Maul- und Klauenseuche gebildet worden. Diese Krankheit verursachte immer wieder beträchtliche Verluste unter den Klauentierbeständen. Zu dieser Kommission gehörten Friedrich Löffler, Greifswald, als Vorsitzender, Paul Frosch vom Institut für Infektionskrankheiten und Paul Uhlenhuth vom gleichen Institut, ab 1899 in Greifswald, sowie als technischer Beirat Wilhelm Schütz von der Tierärztlichen Hochschule Berlin. Die Berichte der Kommission erschienen in der «Deutschen Medizinischen Wochenschrift» 1897/98 als «Berichte der Kommission zur Erforschung des Erregers der Maul- und Klauenseuche bei dem Institut für Infektionskrankheiten in Berlin». Im 4. Bericht der Kommission (1898) wird die Aufgabe der Kommission mit folgender Feststellung als beendet bezeichnet:

«Die Maul- und Klauenseuche ist eine Infektionskrankheit; Erreger sind nicht Bakterien und nicht Protozoen, sondern höchstwahrscheinlich ist der Virus der Krankheit ein belebtes Agens; eine Immunisierung ist als Bekämpfungsmaßnahme möglich; wegen der Ultravisibilität und der Nichtanzüchtbarkeit des Erregers in Kulturmedien werden die Forschungsarbeiten vorläufig zum Abschluß gebracht; eine Überschreitung des Etats soll nicht stattfinden.»

Dennoch dachten Löffler und Frosch an eine Fortführung ihrer Forschungen und stellten an anderer Stelle fest:

«Wenn sich durch die weiteren Untersuchungen der Kommission bestätigen sollte, daß die Filtratwirkungen, wie es den Anschein hat, in der Tat durch solche winzigsten Lebewesen bedingt sind, so liegt der Gedanke nahe, daß auch die Erreger zahlreicher anderer Infektionskrankheiten der Menschen und Tiere, so der Pocken, der Kuhpocken, des Scharlachs, der Masern, des Flecktyphus, der Rinderpest usw., welche bisher vergeblich gesucht worden sind, zur Gruppe der allerkleinsten Organismen gehören.»

Das war also nach den grundlegenden Ergebnissen der Arbeiten am Institut für Infektionskrankheiten die Antwort auf die schon zitierte Hypothese von Robert Koch.

Die frühen Virologieinstitute

Forschungsanstalt Insel Riems

Friedrich Löffler wurde 1888 auf den neu errichteten Lehrstuhl für Hygiene in Greifswald berufen, blieb aber mit seinen Arbeiten über den Erreger der Maul- und Klauenseuche immer noch in enger Verbindung mit Paul Frosch und dem Berliner Institut von Robert Koch. Allerdings konnten für die Laborarbeiten im Hygieneinstitut sowie in den dazu erforderlichen Versuchstierstallungen außerhalb der Stadt keinerlei besondere Quarantänemaßnahmen vorgesehen werden. So kam es in dieser Gegend immer wieder zu Ausbrüchen der Maul- und Klauenseuche. Deshalb sah sich das Landwirtschaftsministerium dazu gezwungen, das für die Universität zuständige Kultusministerium, dem Löffler unterstand, zu drängen, die Weiterarbeit an der Erforschung der Maul- und Klauenseuche in Greifswald zu untersagen, was im Februar 1907 auch tatsächlich geschah.

Löffler selbst hatte zuvor schon geeignete Vorschläge zur Änderung und Behebung dieser Mißstände gemacht und sie bereits 1906 seiner vorgesetzten Behörde gegenüber zum Ausdruck gebracht:

«... daß die Lage eines künftigen Institutes an und für sich eine derartige sein müsse, daß eine Verschleppung des Infektionsstoffes durch sie allein schon vollständig ausgeschlossen sein würde. Am besten würde sich ohne Zweifel eine Insel für diese Zwecke eignen.»

In die engere Wahl kam dann die Insel Riems. Sie wurde 1907 von einer Kommission inspiziert, die unter anderem berichtete:

«Die Insel Riems liegt in der Luftlinie etwa 10 km von Greifswald entfernt, nördlich der Gristower Wieck dem Orte Frätow gegenüber, westlich von der Insel Koos. Der bei weitem größte Teil der Insel ist hochgelegen (dünenartig). Die Insel, zusammen mit der Insel Großwerder, gehört dem Landwirt Möller. Beide Inseln umfassen eine Fläche von 92 Morgen (230 000 m^2).»

Der Landwirt war sogar bereit, die Inseln zu verpachten oder aber auch für 45 000 Mark zu verkaufen. Im Bericht heißt es dann weiter:

«Die Gefahr der Verschleppung der Maul- und Klauenseuche würde durch die ganze Lage der Insel schon auf ein sehr geringes Maß heruntergedrückt werden. Der Besitzer Möller scheint auch sehr wohl geeignet, während der Anstellung der Versuche auf der Insel Riems tätig zu bleiben. Die Versuche würden zunächst auf die Herstellung eines Schutzserums nach den bekannten Verfahren beschränkt werden.»

Nach Genehmigung von Löfflers Vorschlag vergingen aber noch 2 Jahre, bis die ersten notwendigen Bauten erstellt wurden und mit der Arbeit angefangen werden konnte.

Über den Beginn der Arbeiten informierte Löffler den Preußischen Minister für Landwirtschaft, Domänen und Forsten dann mit folgendem Schreiben:

«Eurer Excellenz berichte ich gehorsamst, daß ich sofort nach dem Eintreffen einer frischen Lymphprobe aus Vickowo am Montag dem 10. Oktober 1910 mit der Arbeit auf der Insel Riems begonnen habe.»

Dieses Datum markiert wohl die Geburtsstunde des ersten Instituts zur Erforschung tier- und menschenpathogener Virusarten der Welt.

Insel Riems mit Seilbahn.

Insel Riems zu Löfflers Zeit.

Das alte Doktorhaus («Löffler-Haus»).

Das alte Assistentenhaus und Kasino, im Vordergrund Frau Irmgard Schäfer.

Das Hauptgebäude mit Laboratorien und Bibliothek.

Abteilung für Angewandte Virusforschung auf Riems.

Otto Waldmann.

Es erhielt am 8. Dezember 1910 die Bezeichnung «Forschungsanstalt Insel Riems». Dieser Name sollte später noch mehrmals wechseln.

Auf der Insel wurde zunächst ein Wohnhaus für die Assistenten errichtet, das einen allgemeinen Aufenthaltsraum und Gästezimmer enthielt. Es ist heute noch – wenn auch in etwas abgewandelter Form – das letzte Baudenkmal aus Löfflers Zeit. Später diente es Otto Waldmann als Obdach, der so zugleich seine Assistenten gut im Auge hatte. Die Laboratorien sollten zuerst in der Scheune des Bauernhofs untergebracht werden. Man beschloß aber dann doch, sie in das Assistentenhaus zu verlegen. Als nächstes wurde ein Isolierstall für 20 Rinder und 20 Schweine gebaut.

Die ersten experimentellen Arbeiten auf der Insel nahmen die Tierärzte T. Schipp und später Turowski vor. Gleichzeitig arbeitete Paul Uhlenhuth am Hygieneinstitut in Greifswald. Löffler selbst kam regelmäßig von Greifswald auf die Insel und leitete so die Laborarbeit seiner Assistenten.

Von den ersten Ergebnissen der Arbeiten sollen die Herstellung eines für die passive Immunisierung der Tiere geeigneten Hyperimmunserums sowie die Aufklärung einiger für die praktische Seuchenbekämpfung wichtiger Fragen, wie die Ausscheidung des Virus mit der Milch und dem Dung, hervorgehoben werden. Dazu gehörten auch Untersuchungen über die Virusinaktivierung durch Erhitzen der Milch auf 85 °C und durch die «Packung» des Dungs, der sich durch diese Maßnahme auf virusinaktivierende Temperaturen erhitzt.

Nach seiner 1913 erfolgten Ernennung zum Direktor des Robert-Koch-Instituts in Berlin besuchte Friedrich Löffler die Insel Riems nur noch selten. Nach seinem Tod im Jahr 1915 kamen die wissenschaftlich-experimentellen Arbeiten auf der Insel praktisch zum Erliegen.

Mit der 1919 erfolgten Ernennung von Otto Waldmann zum Leiter der «Forschungsanstalt Insel Riems» lebten dort die wissenschaftlichen Arbeiten wieder auf. Waldmann erhielt damals vom Ministerium die Weisung,

«... durch weitere Erforschung der Maul- und Klauenseuche neue Mittel und Wege zur wirksamen Bekämpfung der Seuche zu erarbeiten, die Serumgewinnung wieder aufzunehmen und die Herstellung des Serums so zu verbilligen, daß eine breite Anwendung finanziell tragbar wird.»

Zu dieser Zeit war die Anstalt dem Regierungspräsidenten in Stralsund unterstellt. Waldmann konnte erreichen, daß sie 1920 vom Landwirtschaftsministerium in Berlin übernommen wurde, wodurch bürokratische Hemmnisse gemindert wurden. Die produktionstechnischen Aufgaben der Serumgewinnung konnte Waldmann im ganzen bewältigen. Seine experimentellen Arbeiten führten bald zu einem ersten Erfolg, der sich für die Forschung mit dem Virus als entscheidend erweisen sollte. Bereits 1920 gelang es ihm, zusammen mit J. Pape, das Maul- und-Klauenseuche-Virus durch plantare Verimpfung auf das Meerschweinchen zu übertra-

Denkmal auf Riems für die Meerschweinchen.

gen und somit die Weiterzüchtung des Virus auf einem kleinen Labortier zu erreichen. Damit war man in den experimentellen Arbeiten nicht mehr unbedingt an den Rinderversuch gebunden. Das Meerschweinchen gewann auf diese Weise eine so prominente Stellung unter den Labortieren, daß es die Wissenschaftler aus Dankbarkeit mit einem Denkmal auf der Insel Riems ehrten.

Das Jahr 1925 brachte wiederum eine Änderung von Name und Administration der Anstalt auf der Insel. Sie hieß jetzt «Staatliche Forschungsanstalten Insel Riems». Unter maßgeblicher Mitwirkung des Leiters des Preußischen Veterinärwesens, des späteren Ministerialdirigenten F. Müssemeier, wurde die Anstalt an die staatlich betreute «Tierseuchenforschungsstiftung der Preußischen Viehhandelsverbände» verpachtet, um sie aus dem bürokratischen Apparat des Ministeriums herauszulösen. Darum hieß es in einem Passus des Pachtvertrags:

«Die Verpachtung erfolgt, um der Anstalt die notwendige Bewegungsfreiheit und die Ausnutzung der vorhandenen Einrichtung zu verschaffen und ihr die Führung eines Wirtschaftsbetriebes nach kaufmännischen Grundsätzen, frei von den Hemmungen eines Staatsbetriebes zu ermöglichen. Die Anstalt muß sich aus ihren eigenen Einnahmen erhalten, daneben muß sie Forschungsarbeiten in der bisherigen Weise auf ihre Kosten fortsetzen. Auf irgendwelche Zuschüsse aus der Staatskasse hat sie in Zukunft nicht mehr zu rechnen.»

In dieser neuen Lage hatte Waldmann viel Handlungsfreiheit gewonnen, sich aber auch ein großes Maß an Verantwortung aufgeladen. Er ergriff die Initiative und begann mit einem schnellen und zügigen Ausbau der Forschungsanstalt. Begünstigt wurde diese Entwicklung durch die zunehmenden Einnahmen der Anstalt aus ihrer Impfstoffherstellung. Schon vorher, 1923, wurden unter Waldmanns Leitung ein erstes massives Laborgebäude und weitere Quarantänetierstallungen gebaut. Nunmehr ließ er in rascher Folge noch Zusatzgebäude errichten, wie Großstallungen für 800 Rinder, ein Schlachthaus, ein Kasino, eine Kantine sowie Unterkünfte für die Mitarbeiter. Als besonders wichtige Neuerung ließ er eine Seilbahn zum Festland bauen, die dem Tiertransport zur Insel diente. Außerdem wurde eine feste Hafenanlage erstellt. Dort konnte das Motorschiff «Geheimrat Löffler» anlegen, das 1927 erworben wurde. 1940 kam noch eine weitere Seilbahn hinzu, die überwiegend für den Personentransport benutzt wurde. Im gleichen Jahr konnte das neue Hauptgebäude bezogen werden, das in den Obergeschoßen neben dem Präsidentenbüro die Bibliothek und Laboratorien aufnahm. Im Kellergeschoß fand die Impfstoffproduktion ihren Platz. Bis 1942 waren die Baumaßnahmen weitgehend beendet.

Werner Schäfer schildert Otto Waldmann

«als den hochverdienten Nachfolger von Friedrich Löffler. Er wurde im Badener Land geboren. Bevor er seine Riemser Stelle antrat, hatte er am Hygiene-Institut der Tierärztlichen Hochschule in Berlin über die infektiöse Anämie der Pferde gearbeitet. Während seiner Riemser Zeit lehnte Waldmann einen Ruf auf ein Ordinariat der Universität Rostock ab, dafür ernannte ihn die Universität Greifswald 1924 zum außerordentlichen Professor. Nachdem sein Lebenswerk auf Riems zerschlagen war, verließ er 1948 zusammen mit einigen Mitarbeitern Deutschland, um in Argentinien die Maul-und-Klauenseuche-Bekämpfung zu organisieren und um eine neue Heimat zu finden. Er wurde jedoch dort nicht glücklich und starb 1955 kurz nach seiner Rückkehr nach Deutschland. In seiner Badischen Heimat, in Karlsruhe, wurde er zur letzten Ruhe gebettet.

Auf Riems war Otto Waldmann sowohl uneingeschränkter Herrscher, als auch der Pater familiae, der nicht nur dafür sorgte, daß der in der Abgeschiedenheit drohende Inselkoller in Grenzen blieb, sondern auch in kritischer Zeit rechtzeitig dafür Sorge traf, daß das leibliche Wohl seiner 'Untertanen' keinen Schaden nahm. Um den Koller zu verhindern, schuf er Raum für verschiedene gesellige Aktivitäten; genannt seien in diesem Zusammenhang das prächtige Kasino mit Kamin- und Billardzimmer sowie einem exzellent bestückten Weinkeller, ferner die Tennisplätze und nicht zuletzt die Kegelbahn. Beim Kartenspiel Doppelkopf und bei den wöchentlichen Kegelabenden war der hohe Präsident, der als Badener den Freuden des Lebens nicht abhold war, wenn es eben ging mit von der Partie.»

Das Jahr 1943 brachte wiederum eine Änderung in der Administration. Die Anstalt kam in den Besitz des Reichs und erhielt den Namen «Reichsforschungsanstalt Insel Riems». Otto Waldmann hatte 1941 die Amtsbezeichnung «Präsident» erhalten. Die Anstalt wurde in vier Abteilungen gegliedert:
– Mikrobiologie; Leiter und Vizepräsident: Erich Traub.
– Pathologie; Leiter und Direktor: Heinz Röhrer.
– Chemie; Leiter: Gottfried Pyl.
– Produktion; Leiter: Hubert Möhlmann.

Weitere langjährige wissenschaftliche Mitarbeiter waren J. Pape, K. Köbe und K. Trautwein, der lange Zeit auch der Vertreter von Waldmann war.

Mit der schon erwähnten erfolgreichen Übertragung des Maul-und-Klauenseuche-Virus auf das Meerschweinchen konnte in diesem kleineren Labortier nun der zyklische Verlauf der Infektion mit Primäraphthe, Generalisation und Sekundäraphthen aufgeklärt werden. Zugleich konnte das Virus durch intrazerebrale Infektion auch auf die Maus übertragen werden. Daneben wurden Untersuchungen über das Verhalten des Virus im infizierten Rind, über die Virusausscheidung und Tenazität durchgeführt. Der Veterinärpraxis diente die Suche nach einem nicht zu teuren Desinfektionsmittel, das schließlich mit der Natronlauge gefunden und empfohlen wurde.

Bei Untersuchungen über die Pluralität des Maul-und-Klauenseuche-Virus stellte K. Trautwein durch kreuzweise Immunisierung von Meerschweinchen fest, daß neben den bereits von französischen Autoren gefundenen Typen «A» (Allemagne) und «O» (Oise) noch ein dritter Typ vorkommt, von ihm als Typ «C» bezeichnet. Jetzt konnten durch den Einsatz aller drei Typen bei der Immunisierung des Serumspenders die Qualität und Breite der Wirksamkeit des gewonnenen Hyperimmunserums für die Impfung der Rinder entscheidend gesteigert werden. Die Virustypenbestimmung und damit auch eine exaktere Diagnosemöglichkeit wurden noch verbessert, als Traub und Möhlmann 1943 die Komplementbindungsreaktion für die serologische Differentialdiagnose einführten.

Der herausragende Erfolg der Forschungsarbeiten auf Riems war in diesen Jahren die Entwicklung der «MKS-Formoladsorbatvakzine». Am 1. Januar 1938 konnte Waldmann dem Reichsministerium des Inneren diesen neuen Impfstoff vorstellen, der sich bereits durch seine gute Wirksamkeit bei entsprechender Unschädlichkeit auszeichnete. Er wurde weiterhin auf der Insel Riems produziert. Seine Bewährungsprobe bestand der Impfstoff schon bald bei den großen Maul-und-Klauenseuchen-Epidemien in den Jahren 1938 bis 1940.

Neben dem Maul-und-Klauenseuche-Virus gehörten noch Virusarten wie die Erreger der Schweinelähme, der Influenza, Schweinepest, Geflügelpest, Ferkelgrippe und des Hoppegartener Hustens des Pferds zum Arbeitsprogramm der Forschungsanstalt. Die erfolgte Aufklärung der Virusätiologie bei der Ferkelgrippe und dem Hoppegartener Husten des Pferds führte zur Ausarbeitung hygienischer und seuchenpolizeilicher Maßnahmen zu ihrer Bekämpfung. Für die atypische Geflügelpest («Newcastle disease») brachte Traub die von ihm zuvor in Gießen entwickelte Formoladsorbatvakzine zur Anwendungsreife.

Gegen Ende des Kriegs (1944) wurde der Reichsforschungsanstalt eine Aufgabe übertragen, die als besonders «kriegswichtig» eingestuft war und darin sogar vor dem U-Boot- und Jägerprogramm rangierte. Aufgrund nachrichtendienstlicher Hinweise befürchtete die deutsche Kriegsführung den Einsatz biologischer Kampfmittel und dabei die Anwendung des Rinderpestvirus, das die Rinderbestände als Nahrungsquelle im Reich treffen sollte. Riems erhielt darum den Auftrag, einen Impfstoff gegen dieses Rinderpestvirus zu entwickeln. Um dieses Ziel so schnell wie möglich zu erreichen, wurde die Zahl der wissenschaftlichen Mitarbeiter durch auswärtige Virologen vermehrt. So kamen Gerhard Schramm und sein Mitarbeiter Müller vom Kaiser-Wilhelm-Institut für Biochemie in Berlin-Dahlem sowie Helmut Ruska und sein Mitarbeiter Wolpers vom Laboratorium für Elektronenmikroskopie der Siemens & Halske AG in Berlin auf die Insel Riems. Ferner wurde Werner Schäfer, der schon in Gießen mit Erich Traub zusammengearbeitet hatte, für die Arbeiten auf Riems vom Wehrdienst freigestellt.

Erich Traub sollte die neue Aufgabe auf der Insel koordinieren. Er bemühte sich sogleich, einen Stamm des Rinderpestvirus aus der Türkei zu beschaffen. Es stellte sich aber bald heraus, daß das ihm von dort überlassene Material kein vermehrungsfähiges Virus enthielt. Der ehemalige Lehrmeister von Traub in den USA, der Virologe Richard Shope, war in einer besseren Lage, wie man nach dem Krieg erfuhr. Ihm war es gelungen, in einem dem Riemser Institut ähnlichen, gleichfalls auf einer isolierten Insel im Saint-Lawrence-Strom gelegenen Institut eine neue Vakzine gegen diese verheerende Seuche herzustellen. Auf der Insel Riems wurden mit Kriegsende die Bemühungen um diese Vakzine eingestellt.

Inzwischen konzentrierten sich die Wissenschaftler auf der Insel Riems auf andere Virusarten. So arbeiteten Schäfer und Traub an dem klassischen und atypischen Geflügelpestvirus und am Influenzavirus. Unabhängig von ausländischen Arbeiten wurde die Hämagglutinationsreaktion zu einem quantitativen Virusnachweis ausgebaut und ein im Labortier sehr wirksamer Adsorbatimpfstoff gegen das menschenpathogene Influenzavirus entwickelt.

In den letzten Kriegstagen wurde die Insel Riems von der russischen Armee besetzt. Sie richtete in dem Türmchen auf dem Dach des Kasinos eine Artilleriebeobachtungsstelle ein und ließ auf der Insel Schützengräben ausheben. Waldmann wurde seines Postens enthoben. Zahlreiche Riemser kamen in Internierungslager. Andere setzten durch Selbstmord ihrem Leben ein Ende. Bald darauf wurde die gesamte Einrichtung durch die Besatzungsmacht nach Rußland – wie es hieß zum Ilmensee – abtransportiert. Damit hatte die Anstalt in ihrer bisherigen Form praktisch aufgehört zu bestehen. In einem der leeren Laboratorien schrieb ein Unbekannter, so wird berichtet, an die Wand: «Es hat sich ausgeforscht.»

Zur Schilderung der persönlichen Situation der Riemser Wissenschaftler seien zwei Textstellen aus Briefen zitiert, die Werner Schäfer, dem alle diese Erinnerungen zu verdanken sind, 1946 erhielt. Otto Waldmann schrieb am 30. April 1946:

«Mich hat die ganze Zeit einen Großteil meiner Gesundheit gekostet, aber mit dem Rest meiner Energie, die mir verblieben ist, versuche ich nun die Anstalt wieder aufzubauen, und ich hoffe soweit zu kommen, daß noch in diesem Jahr wenigstens wieder angefangen wird zu produzieren.»

Erich Traub schrieb am 12. Januar 1946:

«Wir auf dem Riems haben schwere Zeiten hinter uns, die Sie glücklicherweise nur zu Beginn und in gelinder Form miterlebt haben. Sie sind auch jetzt noch nicht vorbei, wenn auch seelisch leichter zu ertragen. Wir bemühen uns zur Zeit wieder aufzubauen. Waldmann versucht sich zu 'rehabilitieren'. Ich hoffe, daß es ihm gelingt und daß er den Wiederaufbau leiten kann. Wenn alles gut geht, sind wir in einigen Monaten wieder produktionsfähig, wenn auch zunächst nur in kleinem Rahmen.»

Nach der Demontage der gesamten Ausstattung der Riemser Anstalt durch die Besatzungsmacht war 1945 an eine Fortführung der Laborarbeit allein aus technischen Gründen nicht zu denken. Von den Wissenschaftlern waren nur noch Erich Traub, Gottfried Pyl und G. Tschaikowsky auf der Insel geblieben, dazu die ständig dort wohnenden verheirateten Arbeiter. Die Lebensbedingungen waren äußerst primitiv, zum Heizen der Wohnräume wurde beispielsweise der getrocknete Dung verwendet. Die spärlichen Lebensmittelrationen konnten glücklicherweise durch die von Waldmann vor Kriegsende getroffene landwirschaftliche Vorsorge etwas aufgebessert werden. Er hatte Ende 1944/Anfang 1945 sämtliche wohlgepflegten und von ihm sehr geschätzten gärtnerischen Anlagen in Kartoffel- und Getreideäcker umwandeln lassen, was anfangs von den Inselbewohnern skeptisch betrachtet worden war. Zusätzlich hatte der Tierpfleger Öhm, Betreuer der umfangreichen Meerschweinchenkolonie, aber ursprünglich gelernter Bäcker, einen Backofen gebaut.

Ein erster Lichtblick zeigte sich für die Insel und ihre Wissenschaftler, als die Landesregierung von Mecklenburg der Forschungsanstalt unter der Bezeichnung «Landestierseuchenamt II» die Aufgaben eines Veterinäruntersuchungsamts übertrug. Für diese Arbeit konnten zwei Laborräume im Hauptgebäude notdürftig eingerichtet werden. Erich Traubs Arbeitseifer war ungebrochen. Es ist bezeichnend für seine Energie, daß er noch unter diesen desolaten Laborbedingungen in der Lage war, einen neuartigen Impfstoff gegen eine bakterielle – nicht einmal in seinem eigenen Fachgebiet gelegene – Infektion, gegen den Schweinerotlauf, zu entwickeln. Seine «Rotlaufadsorbattotvakzine» bewährte sich in der Praxis sehr gut, denn sie konnte die bis dahin gebräuchliche, aus lebenden Bakterien plus Antiserum bestehende «Simultanimpfung nach Lorenz» ersetzen. Von Traubs neuem Impfstoff wurden später auf Riems über 20 000 Liter im Jahr produziert.

Eine neue Wende zum Besseren trat ein, als im April 1946 die Deutsche Verwaltung für Land- und Forstwirtschaft in der sowjetischen Besatzungszone dafür sorgen sollte, daß die Produktion eines Maul-und-Klauenseuche-Impfstoffs wieder in größerem Umfang aufgenommen wurde. Sie beauftragte damit die Riemser Anstalt, die die neue Bezeichnung «Institut zur Bekämpfung der Maul- und Klauenseuche» erhielt. Jetzt konnte auch Otto Waldmann, der bis dahin vom Dienst suspendiert war, seine leitende Funktion wieder übernehmen. Für den neuen Aufbau der Impfstoffproduktion konnte Waldmann glücklicherweise auf einige Laborgeräte zurückgreifen, die im Greifswalder Hygieneinstitut der Beschlagnahme entgangen waren. Dennoch ließ sich die erste Impfstoffcharge nicht vor Februar 1947 bereitstellen. Mit diesem Aufleben der Labor- und Forschungsarbeiten wurden auch wieder neue Wissenschaftler eingestellt. Erneut gelang Erich Traub, zusammen mit seinem Mitarbeiter B. Schneider, ein sehr beachtlicher Erfolg. Es gelang ihm, das Maul-und-Klauenseuche-Virus auf dem befruchteten und bebrüteten Hühnerei anzuzüchten. Das brachte wiederum einen wichtigen Fortschritt in der experimentellen Arbeit mit diesem Virus.

Otto Waldmann verließ die Riemser Forschungsanstalt, die er fast 30 Jahre lang geleitet hatte, und ging mit einigen Mitarbeitern nach Argentinien, ein Land, das immer Probleme mit der Maul- und Klauenseuche hatte. Eigentlich sollte Erich Traub sein Nachfolger werden; der hatte sich aber inzwischen ebenfalls nach dem

Heinz Röhrer.

Westen abgesetzt. Er nahm 1947 einen Ruf an die Tierärztliche Fakultät der Humboldt-Universität in Berlin an. So blieben nur noch zwei Wissenschaftler auf Riems zurück. Wieder gab es auf der Insel, wie schon früher nach Löfflers Berufung nach Berlin und bevor Waldmann kam, einen Rückschlag der Forschungsaktivitäten.

Als der ehemalige Riemser Direktor Heinz Röhrer am 1. November 1949 zum Präsidenten ernannt wurde und auf die Insel Riems zurückkehrte, kam es zu einem Wiederaufleben der wissenschaftlichen Arbeiten. Röhrer war Veterinärpathologe. Er wurde in Leipzig geboren und studierte von 1924 an in seiner Heimatstadt Tiermedizin. Nach Approbation und Promotion war er 1928/29 als wissenschaftliche Hilfskraft am Institut für Tierhygiene der Landwirtschaftlichen Versuchs- und Forschungsanstalt in Landsberg/Warthe tätig. Von 1930 bis 1932 arbeitete Röhrer als Assistent auf Riems und nahm dann 1932 eine Stelle als Oberassistent am Tierhygiene-Institut in Freiburg an. 1935/36 war er kommissarischer Leiter des Veterinäruntersuchungsamts in Berlin und 1936–1938 des Veterinäruntersuchungsamts in Köln, zu dessen Direktor er 1938 ernannt wurde. 1942–1944 war er auf Riems als Leiter einer Abteilung tätig, 1945–1948 als wissenschaftlich-technischer Leiter des Asid-Seruminstituts in Dessau, an dem auch andere Riemser Wissenschaftler nach Verlassen der Insel Beschäftigung gefunden hatten.

In diesen Jahren drohte ein Übergreifen schwerer Maul-und-Klauenseuche-Epidemiezüge auf die gesamte sowjetische Besatzungszone. Darum bekam das Riemser Institut den Auftrag, monatlich 10 000 Liter Vakzine zu produzieren. Es bekam auch wieder einen neuen Namen: «Forschungsinstitut für Tierseuchen Insel Riems». Dieser Produktionsauftrag förderte einen zügigen und verstärkten Wiederaufbau des Instituts, zugleich brachte er auch einen Flächengewinn mit sich, denn zur Verbesserung der Futterbasis wurde 1950 die benachbarte, 150 ha große Insel Koos erworben. 1946 war der Forschungsanstalt schon aus gleichem Grunde das – allerdings stark heruntergekommene – Gut Kowall auf dem Festland zugewiesen worden, das sich später zu einem Musterbetrieb entwickelte.

Unter diesen sich verbessernden Arbeitsbedingungen kehrten auch zahlreiche ehemalige Riemser Wissenschaftler wieder auf die Insel zurück. Der Arbeitskreis erweiterte sich. Im Jahr 1952 war die Forschungsanstalt folgendermaßen gegliedert:
– Laboratorium des Leiters: Heinz Röhrer.
– Abteilung Mikrobiologie: Kurt Dedié.
– Abteilung Pathologie: Kurt Potel.
– Abteilung Immuntherapie: Hubert Möhlmann.
– Abteilung Serum: Herbert Bindrich.
– Abteilung Chemie: Gottfried Pyl.
– Schlachthof: Karl Pehl.

Die Gesamtzahl der Mitarbeiter betrug nun wieder 405.

Unter Röhrers Leitung wurde von neuem ein breites Forschungsprogramm verfolgt, das außer Maul- und Klauenseuche und Schweinepest die infektiöse Anämie der Pferde, Tollwut, Geflügelpest, Ferkelgrippe, Schweinelähme, Borna-Krankheit, Staupe und Rinderleukose umfaßte. Sowohl Grundlagenprobleme als auch Fragen der Praxis, wie Diagnostik und Bekämpfung der Virusinfektionen, standen gleichermaßen im Vordergrund. Die Produktion des Schweineimpfstoffs und der Maul-und-Klauenseuche-Vakzine ging weiter. Durch die von Pyl entwickelte Konzentratvakzine konnte die Impfstoffinjektionsmenge pro Rind von 30 auf 5 ml reduziert werden. Umfangreiche Untersuchungen befaßten sich mit der Staupe der Hunde und Pelztiere. Sie führten auch hier zur Entwicklung einer wirksamen Formoladsorbatvakzine. Die Diagnostik der Tollwut wurde durch die Einführung der Komplementbindungsreaktion verbessert. Bei der infektiösen Anämie der Pferde wurde der Übertragungsmodus untersucht, und bei der Rinderleukose gelang die experimentelle Übertragung auf das Schaf.

1952 trat wiederum eine Änderung in der administrativen Zuordnung der Forschungsanstalt ein. Bisher war sie dem Ministerium für Land- und Forstwirtschaft unterstellt, jetzt kam sie in die Obhut der neugegründeten Deutschen Akademie der Landwirtschaftswissenschaften. 1952, zur hundertsten Wiederkehr des Geburtstags von Friedrich Löffler, wurde der Name der Anstalt erneut geändert. Auf Vorschlag von Paul Uhlenhuth, einem früheren Mitarbeiter von Robert Koch und Friedrich Löffler, erhielt sie die Bezeichnung «Forschungsanstalt für Tierseuchen Insel Riems, Friedrich-Löffler-Institut der Deutschen Akademie der Landwirtschaftswissenschaften zu Berlin». Dieser Name wurde dann 1960 zum 50jährigen Bestehen der Anstalt in «Friedrich-Löffler-Institut Insel Riems der Deutschen Akademie der Landwirtschaftswissenschaften zu Berlin» abgeändert.

Heinz Röhrer wurde 1970 emeritiert. Sein Nachfolger wurde J. Beer.

Robert-Koch-Institut, Berlin

Robert Koch war nach der Entdeckung des Milzbranderregers aus seiner Tätigkeit als Kreisphysikus in Wollstein bei Bomst in Posen heraus an das Kaiserliche Gesundheitsamt nach Berlin berufen worden. 1883 wurde er als Leiter der deutschen Choleraexpedition nach Ägypten und Indien entsandt und entdeckte während dieser Forschungsreise den Erreger dieser Krankheit, *Vibrio cholerae*. Nach Berlin zurückgekehrt, ehrte man ihn mit einer Dotation von 100 000 Mark. 1885 wurde er zum Ordentlichen Professor, Geheimen Medizinalrat und Direktor des Hygieneinstituts der Friedrich-Wilhelms-Universität, das in der ehemaligen Gewerbeakademie an der Klosterstraße untergebracht war, ernannt. In diesen Jahren arbeiteten an diesem Institut bei Robert Koch später weltweit berühmt gewordene Wissenschaftler, wie Emil Behring (1901 geadelt), Friedrich Löffler, Paul Ehrlich, August Paul Wassermann, Ludwig Brieger, Paul Uhlenhuth, Richard Pfeiffer, Eduard Pfuhl, Hermann Kossel, Paul Frosch, Bernhard Nocht, Erwin von Esmarch, Bernhard Proskauer und Shibasaburo Kitasato.

Auf Initiative einer Reihe von Mitgliedern des Preußischen Abgeordnetenhauses und unterstützt vom großen Förderer der Wissenschaften im Preußischen Kultusministerium jener Zeit, Geheimrat Friedrich Althoff, wurde 1891 das «Königlich Preußische Institut für Infektionskrankheiten» gegründet, das später den Namen von Robert Koch erhielt. Als Institutsgebäude wurde zunächst ein der Charité gehörendes, bisher als Wohnhaus dienendes Gebäude, die «Triangel», nach Plänen von Robert Koch umgebaut. Von 1897 bis 1900 entstand das bekannte, im Krieg teilweise zerstörte, dann wiederaufgebaute Gebäude des Instituts am Nordufer und an der Föhrerstraße.

Das Arbeits- und Forschungsprogramm des Robert-Koch-Instituts richtete sich damals naturgemäß nach den praktisch drängenden Pro-

Arbeitskreis um Robert Koch um 1900. Oben von links: Richard Pfeiffer, Bernhard Nocht, Emil Behring, Paul Frosch. Unten: Erwin von Esmarch, Bernhard Proskauer, Robert Koch, Treuchel, Eduard Pfuhl.

Shibasaburo Kitasato.

Institutsgebäude in der Charité, die «Triangel».

Robert Koch in seinem Laboratorium. Zeichnung von H. Lüders, «Illustrirte Zeitung», 1890.

Institutsgebäude seit 1900 am Nordufer und an der Föhrerstraße.

blemen der allgemeinen epidemiologischen Lage bakteriologischer Infektionen nicht nur in Deutschland, sondern in der ganzen Welt. So standen die Milzbrand- und Tuberkuloseinfektionen im Mittelpunkt sowie die Cholera und sogar parasitäre Infektionen, wie die Malaria. In diesem Buch sollen aber vor allem die virologischen Arbeitsgebiete und Forschungsschwerpunkte des Robert-Koch-Instituts beleuchtet werden. Die herausragende Tat auf diesem Gebiet war 1897/98 die Entdeckung des Maul-und-Klauenseuche-Virus durch Friedrich Löffler und Paul Frosch. Löffler führte seine Arbeiten an diesem Virus in Greifswald zum Teil am dortigen Hygieneinstitut, vorwiegend aber auf der Insel Riems durch.

Die Entdeckung dieser zunächst nur durch experimentelle und methodische Parameter ihres Nachweises definierten Krankheitserreger beeinflußte ganz grundsätzlich die Denkweise und Auffassung der medizinischen und naturwissenschaftlichen Welt. Das betraf vor allem das Arbeiten mit dieser Erregergruppe, die eben nicht zu den bisher bekannten Bakterien gehörte, aber dennoch ein vermehrungsfähiges Agens darstellte und nicht nur ein «contagium vivum fluidum».

Da sich anfangs der 90er Jahre des letzten Jahrhunderts im Deutschen Reich, vor allem in den östlichen Provinzen Preußens, eine Zunahme der Tollwutinfektionen abzeichnete, erhielt das Institut vom Kultusministerium den Auftrag, sich in der Forschung und auch organisatorisch durch die «Errichtung einer Anstalt zur Schutzimpfung gegen Tollwut» diesem Problem zu widmen. Richard Pfeiffer wurde mit dieser Aufgabe betraut. Man begann den Pasteur-Impfstoff herzustellen und damit zu impfen. Die Impfung wurde in der Regel ambulant durchgeführt. Die Impflinge konnten in besonderen Fällen aber auch stationär in den zum Institut gehörenden Krankenstationen aufgenommen werden.

Ebenfalls aufgrund gesundheitspolitischer Aspekte wurde die «Pockenabteilung» am Institut eingerichtet, in der die ungelösten Probleme der Pockenschutzimpfung näher untersucht werden sollten, unter anderem auch, um den Angriffen der «Impfgegner» entgegentreten zu können. Hierfür wurde Heinrich Alexander Gins berufen, der am Institut ununterbrochen bis 1949 wirkte. Durch Personalunion des Leiters der Pockenabteilung des Robert-Koch-Instituts mit der Leitung der Staatlichen Impfanstalt Berlin kamen beide Einrichtungen in engere Beziehung, was sich in den folgenden Jahren günstig auswirkte.

Die ersten Arbeiten über das Poliomyelitisvirus beschränkten sich im Jahre 1910 auf Übertragungsversuche des Virus auf verschiedene Versuchstierarten.

In den folgenden Jahren und Jahrzehnten hat das Robert-Koch-Institut mit seinem nach dem damaligen Stand des Fachgebiets umfassenden Forschungsprogramm vor allem in der humanmedizinischen Virologie die führende Rolle in Deutschland gespielt. Die Ergebnisse dieser Arbeiten, vor allem in den 30er Jahren, sind zum großen Teil in den einzelnen Beiträgen der Institutsmitglieder zum 1939 erschienenen «Handbuch der Viruskrankheiten» dargestellt.

E. Gildemeister und Ahlfeld arbeiteten und berichteten 1936 über experimentelle Studien mit dem Herpes-simplex-Virus in der Maus und zeigten dabei das Fortschreiten der Infektion nach subkutaner Übertragung zur Enzephalitis. Ersten Versuchen zur «Serumtherapie» der Herpesinfektion war noch kein Erfolg beschieden. 1938 beschrieb Gildemeister ein Enzephalitisvirus, das er aus der Mäusekolonie des Instituts isoliert hatte. Es stand Theilers Enzephalitisvirus nahe. Eugen Haagen arbeitete über das Kaninchenmyxomvirus und wendete dabei schon die Gewebekulturtechnik in Form der «Ein-Tropfen-Kulturen» aus Gewebe von Kaninchenhoden, -milz und -lunge an sowie auch die 1935 von Ernest William Goodpasture eingeführte, später für die experimentelle Virusforschung so bedeutsame Methode der Beimpfung

Kollegium des Robert-Koch-Instituts 1946. Von links: Heinrich Gins, Heicken, Georg Blumenthal, Otto Lentz, Eduard Boecker, Friedrich-Karl Kleine, Georg Henneberg, H. Hackental.

der Chorioallantoismembran des Hühnerembryos im bebrüteten Hühnerei an. Eugen Haagen isolierte 1939 zusammen mit Scheng-Hsing Du erstmals einen Influenzavirusstamm in Deutschland.

International anerkannt wurden die frühen Ergebnisse von Haagens Arbeiten mit dem Psittakosevirus von Levinthal. Haagen und Crodel vermehrten schon damals das Virus in Gewebekulturen. Im Zuge dieser Arbeiten untersuchten Haagen und Mauer 1938 Bronchopneumonien bei Bewohnern der Faröer-Inseln, die mit jungen Sturmvögeln, die dort dem Verzehr dienten, in Kontakt gekommen waren. Sie entdeckten dabei, daß der Erreger dieser Pneumonien das Psittakosevirus war.

Bei Kriegsende 1945 war der Kreis der Wissenschaftler am Robert-Koch-Institut durch Todesfälle, Emigration, Kriegsgefangenschaft und aufgrund politischer Belastung auf ein Minimum reduziert. Die Institutsgebäude waren zum Teil zerstört. Auf Befehl der sowjetischen Militäradministration sollte das Berliner Gesundheitswesen wieder aufgebaut werden und sofort die Seuchenbekämpfung übernehmen, denn es drohten Masseninfektionen von Typhus, Ruhr und Fleckfieber. Das Robert-Koch-Institut sowie die Restbestände der Medizinaluntersuchungsämter gehörten zum Befehlsbereich der sowjetischen Administration und hatten mit dieser Arbeit zu beginnen. Später, als die anderen Besatzungsmächte in Berlin hinzukamen und die Viersektorenstadt entstanden war, ging die Kompetenz auf die Besatzungsmacht des jeweiligen Sektors über. Das Institut, das im französischen Sektor lag, erhielt erneut die Lizenz zum Arbeiten mit Krankheitserregern. Die Besatzungsmächte teilten sich in die Aufgabe, die Berliner Institute mit den notwendigen Materialien, wie Nährbodengrundstoffen, Versuchstieren, Tierfutter und auch mit Bruteiern für die Virologie, zu versorgen.

Bereits im Frühjahr 1946 konnte man – wenn auch in noch sehr beschränktem Umfang – mit der Arbeit in den Viruslaboratorien beginnen. Zu den ersten Aufgaben gehörten die Diagnostik der Influenza und die Isolierung von Influenzavirusstämmen sowie die Herstellung eines Influenzaadsorbatimpfstoffs.

Vor allem wegen der Seuchensituation mußte die Herstellung von Tollwutimpfstoff für Berlin wiederaufgenommen werden. Die frühere Tollwutstation des Robert-Koch-Instituts war 1943 bei einem Fliegerangriff zerstört worden. Durch Mittel aus dem Marshall-Plan wurde es vom Jahre 1946 an als einziges Institut in Berlin in die Lage versetzt, die Beratung und Behandlung von Tollwutpatienten zu übernehmen. Die Leitung der Wutschutzabteilung wurde Eduard Boecker übertragen, der bereits vor und während des Krieges als Wissenschaftler und Impfarzt große fachliche Erfahrungen gesammelt hatte. Die Tollwutimpfungen wurden im Robert-Koch-Institut selbst durchgeführt und die Impflinge zugleich ärztlich in der alten «Reichsseuchenbaracke» auf dem Gelände des benachbarten Rudolf-Virchow-Krankenhauses und in angemieteten Räumen in der Nachbarschaft betreut. Die Zahl der Patienten, die in der Wutschutzabteilung wegen Biß- oder anderen Verletzungen durch tollwutinfizierte oder tollwutverdächtige Tiere beobachtet oder behandelt werden mußten, nahm sehr schnell zu. Sie steigerte sich von 35 Patienten im Jahr 1946 auf 2342 im Jahr 1950 bis zum Höhepunkt der Epizootie 1951 mit 9655 Patienten. Die Produktion des damals verwendeten Hemptimpfstoffs lief auf vollen Touren.

Inzwischen war in Potsdam in der sowjetischen Besatzungszone ein Institut zur Bekämpfung der Tollwut aufgebaut worden, das die Methoden der Impfstoffherstellung, Impfstoffkontrolle und Schutzimpfung aus dem Robert-Koch-Institut übernahm. Es konnte im März 1953 mit seiner Arbeit beginnen. Die Patientenzahlen im Robert-Koch-Institut gingen daraufhin wesentlich zurück.

Die Jahre 1948/49 waren gekennzeichnet durch die großen Poliomyelitisepidemien. Am Robert-Koch-Institut wurde ein Speziallaboratorium für die Arbeiten mit Polioviren eingerichtet. Georg Henneberg war der Initiator der neuen Entwicklung. Er hat sich damit große Verdienste um Berlin erworben. Darüber hinaus konnte nach entsprechenden technischen Vorbereitungen auch mit der Herstellung eines Gelbfieberimpfstoffs begonnen werden, wofür das Institut die Lizenz der WHO erhalten hatte. In der immer weiter ausgebauten Laboratoriumsdiagnostik von virusbedingten Infektionskrankheiten arbeitete das Institut eng mit dem Hauptmedizinaluntersuchungsamt zusammen. Die Diagnostik umfaßte schon bald eine breite Palette an diagnostischen Möglichkeiten (Influenzaviren, Polio- und andere Enteroviren, Enzephalitisviren und Zytomegalievirus). Die vom Robert-Koch-Institut gepflegten Kontakte mit der Infektionsabteilung des Rudolf-Virchow-Krankenhauses erwiesen sich für beide Seiten als sehr förderlich. Wissenschaftler des Instituts nahmen wöchentlich an den Visiten teil. Die Nähe zum Patienten erwies sich für die Erfolge der Laboratoriumsdiagnostik als sehr nützlich, besonders bei der Gewinnung der Untersuchungsproben. Damals befand sich die virologische Laboratoriumsdiagnostik noch ganz am Anfang und war vor allem den Klinikern noch nicht vertraut.

Als 1952 das Robert-Koch-Institut als Teil des Bundesgesundheitsamts in den Bundeshaushalt übernommen wurde, umfaßte die Virusabteilung, deren Leiter Georg Henneberg war, 3 Wissenschaftler, 7 medizinisch-technische Assistentinnen und weitere technische Personalstellen.

Vom Jahre 1955 an hatte die Virusabteilung die Überwachung der Salk-Poliomyelitisimpfung übernommen und 1960 auch die des ersten Einsatzes eines Impfstoffs mit attenuiertem Poliovirus nach Harald R. Cox. Die damals genau beobachteten und beschriebenen Schwierigkeiten, die dieser Impfstoff mit sich brachte, wurden international stark beachtet und hatten ihren Einfluß auch auf den Einsatz des später zugelassenen Impfstoffs von Sabin.

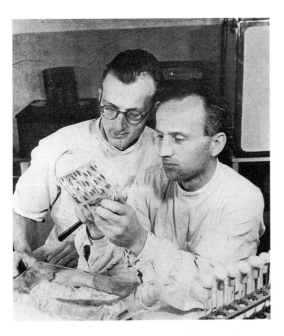

Georg Henneberg (rechts), Heinrich Brandenburg (links).

Georg Henneberg war seit dem 1. August 1945 Leiter der Virusabteilung des Robert-Koch-Instituts, ab 1947 stellvertretender Institutsleiter, seit 1949 kommissarischer Leiter, seit 1955 erster Direktor. 1960 wurde er auch noch Vizepräsident des Bundesgesundheitsamts, das er von 1969 an leitete und dessen Präsident er 1970–1974 war. Georg Henneberg wurde in Berlin-Charlottenburg geboren, studierte in Kiel drei Semester Bakteriologie, Botanik, Chemie und anschließend Medizin. 1935 promovierte er in Kiel und habilitierte 1950 an der Freien Universität in Berlin. Die Persönlichkeit von Georg Henneberg und seine Verdienste um das Robert-Koch-Institut würdigte 1973 der langjährige leitende Wissenschaftler des Instituts, Karl Ernst Gillert, zu Hennebergs 65. Geburtstag:

«Sie haben in unserem Institut mehr als ein Vierteljahrhundert gewirkt, zunächst als Leiter der Virusabteilung, den überwiegenden Teil dieser Zeit zugleich und hauptsächlich als Leiter des Instituts. Ihre nimmermüde Aktivität wird für uns Jüngere stets ein Vorbild bleiben. Mit zielstrebiger Energie haben Sie sich darum bemüht, den Wissenschaftlern des Robert-Koch-Instituts Arbeitsbedingungen zu schaffen, wie sie selten in dieser Form anzutreffen sind. Ihre hohen menschlichen Qualitäten und Ihre Einstellung dem Nächsten gegenüber, die keiner Not begegnen konnte, ohne sofort auf Abhilfe zu sinnen und sie konsequent ins Werk zu setzen, haben Ihnen innerhalb und außerhalb unseres Hauses Dankbarkeit und den größten Respekt eingetragen.»

Am 1. Oktober 1971 übernahm Heinz Bauer die Abteilung für Virologie am Robert-Koch-Institut. Er kam vom Max-Planck-Institut für Virusforschung in Tübingen. Dort hatte er einige Jahre bei Werner Schäfer über Retroviren gearbeitet. Mit ihm gingen von Schäfers Gruppe noch Karin Mölling, Reinhard Kurth und Hans Gelderblom von Tübingen nach Berlin. Auch in Berlin lag das wissenschaftliche Hauptinteresse der Gruppe um Bauer in der Charakterisierung verschiedener Retroviren und ihrer Virus-Zell-Interaktionen.

Heinz Bauer verließ das Institut 1974 und übernahm den Lehrstuhl und das Institut für Virologie an der Medizinischen Fakultät der Justus-Liebig-Universität in Gießen. Karin Mölling wechselte 1975 an das Max-Planck-Institut für Molekulare Genetik in Berlin, übernahm dort eine selbständige Arbeitsgruppe und setzte ihre in Tübingen und Berlin begonnenen Arbeiten über die zellulären Wachstumsfaktoren und zur Aufklärung retroviraler Onkogene und Replikationsmechanismen fort. Seit 1993 hat sie die Professur für Virologie an der Universität in Zürich inne.

Reinhard Kurth ging 1973 von Berlin für ein Jahr nach London, dann wieder nach Tübingen an das Friedrich-Miescher-Labor der Max-Planck-Institute und später an das Paul-Ehrlich-Institut nach Frankfurt.

Hans Gelderblom hatte in Tübingen begonnen, elektronenmikroskopisch zu arbeiten und sein Interesse an Fragen von Struktur und Funktion in der Virologie zu entwickeln. In Berlin führte er seine morphologischen Arbeiten zur Charakterisierung verschiedener Retroviren von Mensch und Tier fort. Im einzelnen bearbeitete er D-Typ-Retroviren, Hela-Virus/Mason-Pfizer-Monkey-Virus, Antigennachweis auf virusinfizierten Zellen, methodische Arbeiten in der Immunelektronenmikroskopie. 1977 wurde Gelderblom Fachgebietsleiter «Elektronenmikroskopie», heute heißt es «Feinstrukturforschung und Pathogenese». In diesem Zusammenhang übte er eine vielseitige elektronenmikroskopische Forschungstätigkeit aus und bearbeitete zahlreiche Virusarten. Hans Gelderblom hat es zu großer Präzision und Meisterschaft in der virologischen Strukturforschung gebracht. Seine frühe morphologische Aufklärung der Feinstruktur des «human immunodeficiency virus» (HIV) und die Entwicklung des HIV-Struktur-Funktions-Modells sind heute Allgemeingut der Virologie geworden.

1983 wurde Hans Gelderblom zum stellvertretenden Abteilungsleiter, 1988 zum Direktor und Professor am Robert-Koch-Institut ernannt und mit der Wahrnehmung der Geschäfte des Abteilungsleiters betraut.

Seit 1977 vertrat Heino Diringer als Leiter das Fachgebiet «Tumorviren und unkonventionelle Viren». Er wurde 1992 Leiter der Arbeitsgruppe «Unkonventionelle Viruskrankheiten». Heino Diringer kam gleichfalls von den Max-Planck-Instituten in Tübingen. Er hatte 1963 an den Arbeiten von Wolfram Weidel über die Struktur der bakteriellen Zellen teilgenommen und mit seiner Dissertation zur «Biosynthese des Tabakmosaikvirus» am Max-Planck-Institut für Virusforschung bei Gerhard Schramm in Tübingen promoviert. Er ging dann für einen Forschungsaufenthalt an das McArdle Laboratory for Cancer Research in Madison, Wisconsin, das wie viele Institute in den USA eine Ausbildungsstätte für Wissenschaftler der jüngeren deutschen Forschergeneration war. Dort arbeitete er in der Gruppe von Charles Heidelberger. Anschließend kam er wieder an das Max-Planck-Institut für Virusforschung nach Tübingen zurück und führte seine Arbeiten zur Biosynthese und Funktion von Phospholipiden sowie über die Wachstumsregulation bei virustransformierten Tumorzellen an der Abteilung von Fritz Anderer durch. 1974 habilitierte er für das Fach Biochemie in Tübingen und arbeitete bis 1977 am Institut für Virusforschung in Gießen über den Stoffwechsel des Phosphatidylinosits in retrovirustransformierten Zellen. Seine Arbeitsprogramme am Robert-Koch-Institut befassen sich mit der Ätiologie und Pathogenese human und animal übertragbarer spongiformer Enzephalopathien, der Creutzfeld-Jakob-Krankheit, Scrapie sowie mit der bovinen spongiformen Enzephalopathie. Ferner gehören zu seinen Arbeitsprogrammen Konzepte der versteckten Amyloidosen und deren Beziehungen zur Pathogenese der Alzheimer-Krankheit.

Institut für Veterinärhygiene und Tierseuchen, Institut für Virologie, Justus-Liebig-Universität, Gießen

Es ist Wilhelm Zwick zu verdanken, eine schon früh international anerkannte Virusforschung in Gießen begründet zu haben. Er wurde 1919 aus Wien auf den Lehrstuhl für Spezielle Pathologie und Therapie der Haustiere und zum Direktor der Medizinischen Veterinärklinik in Gießen berufen. Später wechselte er auf eigenen Wunsch an das dort 1926 neu geschaffene Ordinariat für Veterinärhygiene und Tierseuchenlehre über. Für das Veterinärhygiene- und Tierseucheninstitut wurde 1924 ein eigenes Institutsgebäude an der Frankfurterstraße gebaut.

Wilhelm Zwick wurde 1871 in Jebenhausen, Oberamt Göppingen in Württemberg, geboren. Nach dem Studium der Veterinärmedizin an der damaligen Tierärztlichen Hochschule in Stuttgart folgte ein Studium der Naturwissenschaften

Wilhelm Zwick.

in Tübingen, das er mit der Promotion zum Dr.rer.nat. abschloß. In den Jahren 1900–1908 war er als Prosektor am Veterinäranatomischen Institut in Stuttgart und als Ordentlicher Professor für Seuchenlehre/Veterinärpolizei und Fleischbeschau tätig. 1908 erfolgte die Ernennung zum Regierungsrat an der Veterinärabteilung des Reichsgesundheitsamts in Berlin-Dahlem unter Robert von Ostertag. Hier begann er sich mit bakteriologischen Problemen zu beschäftigen. 1913 übernahm Zwick die Ordentliche Professur für Pathologie, Therapie und Seuchenlehre an der Tierärztlichen Hochschule in Wien, die mit der Stellung des Direktors der Medizinischen Veterinärklinik verbunden war. Von dort aus bereiste er Bulgarien, um die dort herrschende Rinderpest zu studieren. Eine Berufung nach Berlin lehnte er 1918 ab, folgte aber 1919 dem Ruf auf das Ordinariat in Gießen. Im Gießener Hochschulleben genoß er bald hohes Ansehen. Die Universität wählte ihn 1926 zum Rektor. 1936 wurde Wilhelm Zwick emeritiert.

Er verstarb 1941 in München. F. Bert, einer seiner Biographen, charakterisierte Zwick, dessen äußeres Erscheinungsbild das eines Grandseigneurs war, mit folgenden Worten:

«Wilhelm Zwick war im wahrsten Sinne des Wortes ein 'Urschwabe', strebsam, ungeheuer fleißig, von großer Ausdauer, zielbewußt, zum Teil auch etwas schwerfällig, allem falschen Schein abhold; was er gesagt hatte, das hat er gesagt und das stand fest. Ebenso hat er niemals etwas geschrieben, was er widerrufen mußte.»

Zwicks Name ist vor allem mit der Erforschung der Bornakrankheit, einer Enzephalomyelitis der Pferde und Schafe, verbunden, die gehäuft in der Gegend der Stadt Borna in Sachsen, aber auch in Württemberg und Hessen aufgetreten war. Er wurde bei diesen Arbeiten von seinen Mitarbeitern O. Seifried, J. Witte und J. Schaaf unterstützt. Ihnen gelang 1926 der Nachweis, daß es sich bei dem übertragbaren Agens um ein Virus handle. Zugleich konnten sie das Virus auf das Kaninchen als Versuchstier übertragen. Die Untersuchungen gipfelten schließlich 1931 in der erfolgreichen Herstellung eines Lebendimpfstoffs aus Kaninchenhirnpassagevirus, der später vom Institut produziert und kommerziell vertrieben wurde.

Zwick verfügte über ausgezeichnete internationale Beziehungen. Sehr eng waren sie zum Rockefeller-Institut in Princeton, und dort besonders zu Richard E. Shope. Dieser war durch seine Untersuchungen über das Schweineinfluenzavirus und mehr noch durch die Entdeckung des nach ihm benannten Kaninchenpapillomvirus bekanntgeworden. Shope hatte einige Zeit als Gastwissenschaftler am Gießener Institut gearbeitet. Dafür gingen dann von Gießen O. Seifried und Erich Traub für mehrere Jahre nach Princeton. Traub arbeitete dort mit Shope selbst zusammen.

Zu einem weiteren von Zwick geförderten Forschungsgebiet gehörten die Pockenerkrankungen der Haustiere, besonders die der Hüh-

Die frühen Virologieinstitute

Karl Beller.

ner. Zwick, Seifried und Schaaf gelang die Adaptation des Hühnerpockenvirus an Tauben. Daraufhin konnten sie ein Taubenpassagevirus für eine wirksame Vakzine entwickeln, die durch Einreiben in die Federfollikel appliziert wurde. Sie wurde vom Institut ebenfalls kommerziell vertrieben. Hinzu kamen noch Arbeiten über Stomatitis pustulosa, infektiöse Anämie der Pferde und die Leukose der Hühner, die vor allem J. Schaaf durchführte. Sie befaßten sich hauptsächlich mit den Eigenschaften des Erregers, wie Übertragbarkeit und Resistenz.

Das von Zwick 1936 letztmalig herausgegebene «Lehrbuch der speziellen Pathologie und Therapie der Haustiere» hat weite Verbreitung gefunden.

Als Nachfolger von Zwick übernahm von 1936 an Karl Beller den Lehrstuhl, den er bis 1945 innehatte. Er war von Ankara nach Gießen berufen worden. Geboren wurde er 1895 in Schloß Burgberg bei Heidenheim. Nach Studium und Promotion in München war er am Pathologieinstitut in Rostock, am Tierärztlichen Landesuntersuchungsamt in Stuttgart und an der Landwirtschaftlichen Hochschule in Hohenheim tätig. Von 1926 bis 1935 war er, wie Zwick, Regierungsrat am Reichsgesundheitsamt in Berlin-Dahlem und ging dann als Ordentlicher Professor an die Landwirtschaftlich-Tierärztliche Hochschule nach Ankara in der Türkei. Nachdem er 1945 von Gießen fortgegangen war, übernahm er 1950 das Tierärztliche Untersuchungsamt in Stuttgart und leitete von 1954 bis zu seinem Tode 1956 in Tübingen das Institut für Tierheilkunde der Landwirtschaftlichen Hochschule in Hohenheim.

Zum Forschungsprogramm von Karl Beller gehörten in Gießen parasitologische und bakteriologische Probleme – vor allem der Tuberkulose. Zeitweise galt sein besonderes Interesse den Erkrankungen des Geflügels – man nannte ihn darum auch «Geflügel-Beller». In Anerkennung dieser Arbeiten wurde er 1931 zum Vizepräsidenten der World Poultry Association gewählt.

Seine virologische Forschung befaßte sich auch mit humanvirologischen Fragen, wie mit der Poliomyelitis, wobei er im Kinderkliniker Paul Keller, Freiburg, einen interessierten Partner fand. Ferner führte Beller Studien über virusbedingte Enzephalitiden des Menschen durch. Dabei gelang es ihm, ein Virus der Enzephalomyokarditisvirusgruppe zu isolieren. Für die tiervirologischen Arbeiten konnte er Erich Traub wiedergewinnen und vom Rockefeller-Institut an sein Institut zurückholen. Er gab ihm die Stelle eines Oberassistenten und Abteilungsleiters. Traub entwarf zusammen mit dem damals als Assistent am Institut tätigen Werner Schäfer, später Tübingen, ein umfangreiches Arbeitsprogramm. Beide gingen daran, dieses sogleich mit unermüdlichem Arbeitseifer in die Tat umzusetzen. Im Vordergrund stand zunächst die Fortführung der Untersuchungen über die lymphozytäre Choriomeningitis der Maus, die Traub in Princeton begonnen hatte. Dabei galt sein Hauptinteresse in Gießen den

Elmar Roots.

Immunitätsverhältnissen von Tieren, die als Träger des Virus der lymphozytären Choriomeningitis bekannt waren.

Das zu dieser Zeit in Deutschland gehäufte Auftreten einer atypischen Form der Geflügelpest veranlaßte Traub und Schäfer, sich intensiv auch mit diesem Virus zu beschäftigen. Später erkannte man, daß es mit dem «Newcastle disease virus» identisch ist. Ihre experimentellen Arbeiten führten Traub und Schäfer schon bald zur Entwicklung einer Formol-Aluminiumhydroxyd-Adsorbat-Vakzine. Einen gleichartigen Impfstoff hatten sie zuvor mit dem Virus der Schweinelähme entwickelt. Die Geflügelpesttotvakzine wurde lange Zeit von den Behringwerken vertrieben, bevor sie durch den heutigen Lebendimpfstoff abgelöst wurde.

Zum Forschungsprogramm des Instituts gehörten auch noch die amerikanische Fairbanks-Enzephalomeningitis, die schon genannte Schweinelähme und – auf Veranlassung der damaligen Wehrmacht – die infektiöse Anämie der Pferde. Bei der Anämie suchte man in aufwendigen Experimenten den Übertragungsmodus der Infektion aufzuklären.

Diese vielversprechende Phase der Virologie am Gießener Institut fand mit dem Fortgang der Kriegsereignisse ein jähes Ende. Die meisten Institutsangehörigen wurden zur Wehrmacht eingezogen. Zudem verließ auch Traub das Institut und ging an die Forschungsanstalt auf der Insel Riems. Am 14. März 1945 wurde ein großer Teil der veterinärmedizinischen Institute und damit auch das Veterinärhygiene- und Tierseucheninstitut bei einem Bombenangriff auf Gießen zerstört.

Im Mai 1946 konnte der Unterricht unter sehr ungünstigen Bedingungen wieder aufgenommen werden. 1947 wurde der Lehrstuhl für Veterinärhygiene und Tierseuchenhygiene mit Elmar Roots neu besetzt. Er setzte seine ganze Kraft für den Wiederaufbau des Instituts ein, das er schließlich baulich und apparativ auf den neuesten Stand brachte. Seine Mitarbeiter befaßten sich mit dem Virus der atypischen Geflügelpest und mit dem Bornavirus. Dabei konnten Harald von Sprockhoff und Erhard Nietzschke erstmals bei diesem Virus ein lösliches Antigen nachweisen.

Elmar Roots wurde 1900 in Löwenhof in Estland geboren. Er studierte Veterinärmedizin in Dorpat und war anschließend als Stipendiat in Wien, Leipzig und Utrecht. Wieder nach Dorpat zurückgekehrt, wurde er 1928 Dozent und 1931 Außerordentlicher Professor. Von 1938 bis 1941 war er Ordinarius und Direktor des Instituts für Hygiene und Milchhygiene in Dorpat. Nach 1941 arbeitete er am Institut für Lebensmittelhygiene und beim Impfstoffwerk Friesoyte in Oldenburg. 1947 erhielt er den Ruf an das Ordinariat in Gießen und wurde Direktor des Instituts für Veterinärhygiene und Tierseuchenlehre. Roots erlag 1962 den Folgen eines Herzinfarkts, den er auf einer Reise in die USA erlitten hatte.

Nach Roots' Ausscheiden wurde der Lehrstuhl aufgeteilt. Damit entstand in Deutschland

Rudolf Rott.

der erste Lehrstuhl für Virologie in der Veterinärmedizin, der 1964 mit dem vom Max-Planck-Institut für Virusforschung in Tübingen kommenden Rudolf Rott besetzt wurde. Er stammte aus Stuttgart, nunmehr der dritte Schwabe auf dem Lehrstuhl in Gießen, studierte Veterinärmedizin in Gießen, promovierte dort bei Roots und wurde sein Assistent. 1958 ging er zu Werner Schäfer an das Max-Planck-Institut für Virusforschung nach Tübingen und begann mit seinen Arbeiten über das klassische («Fowl plague virus») und das atypische («Newcastle disease virus») Geflügelpestvirus, mit denen er sich an der Veterinärmedizinischen Fakultät habilitierte und die er später, als er im April 1964 den Lehrstuhl in Gießen übernahm, fortsetzte und erweiterte.

Das Institut war zunächst behelfsmäßig in einem zuvor neu errichteten Stallgebäude untergebracht, in dem auch das 1966 gegründete Institut für Virologie der Humanmedizinischen Fakultät Platz fand. Seither bildeten beide Institute einen Verbund, was nicht nur in der Benutzung gemeinschaftlicher Einrichtungen zum Ausdruck kam, sondern auch bei der Bearbeitung von Forschungsvorhaben, an denen Wissenschaftler beider Institute kooperierten. Später, 1971, konnten von beiden Instituten in dem an der Nahtstelle zwischen den veterinär- und humanmedizinischen Fakultäten errichteten Mehrzweckgebäude Räume bezogen werden, die für diese besondere Organisationsform geplant worden waren. Dem Institut standen Räume mit etwa 1000 m^2 zur Verfügung, in denen praktisch immer 4 Professoren, 1 Wissenschaftlicher Rat, 2 Hochschulassistenten, etwa 20 wissenschaftliche Mitarbeiter (einschließlich Diplomanden und Doktoranden) und 16 technische Angestellte ihren Arbeitsplatz hatten. Mit der Einbeziehung der von Heinz Sänger geleiteten Viroidforschung wurde eine zu dieser Zeit wohl einmalige Konzentration virologischer Forschung unter einem Dach geschaffen. Mit seinen Mitarbeitern, von denen besonders Christoph Scholtissek und Rudolf Drzeniek, die ebenfalls aus Tübingen gekommen waren, genannt werden sollen, führte Rudolf Rott zunächst seine im kleineren Rahmen bei Werner Schäfer angefangene Forschung über die Ortho- und Paramyxoviren fort. Die in Gießen begonnenen Untersuchungen führten zur Entdeckung und Charakterisierung der Polymerase der Myxoviren sowie zur Aufklärung der funktionellen und immunogenen Bedeutung der viralen Neuraminidase. Der Befund, daß bei der Freisetzung umhüllter Viren aus der infizierten Zelle definierte zellspezifische Antigene in die Virushülle eingebaut werden, führte zum Hinweis, wie virusinduzierte Autoimmunkrankheiten entstehen können. Das Forschungsgebiet des Instituts wurde seit 1968 thematisch vom Sonderforschungsbereich 47 «Pathogenitätsmechanismen von Viren» bestimmt, den Rott über 20 Jahre mit großem wissenschaftlichem und integrierend-organisatorischem Erfolg als Sprecher führte. Nach Auslaufen des SFB 47 wurden die Arbeitsgruppen des

Mehrzweckbau für die Institute für Virologie der veterinärmedizinischen und humanmedizinischen Fakultäten.

Institutsgebäude der Institute für Virologie der veterinärmedizinischen und humanmedizinischen Fakultäten.

Instituts in den 1989 gegründeten SFB 272 «Molekulare Grundlagen von Entscheidungsprozesse in der Zelle» oder in die von Rott geleitete DFG-Forschergruppe «Pathogenitätsmechanismen von Viren» aufgenommen.

Die einzelnen im Institut durchgeführten Forschungsprojekte umfaßten Studien über Struktur, Funktion, Biosynthese und molekulare Genetik ausgewählter Modellviren und deren Komponenten. Als solche verwendeten Rott und seine Mitarbeiter, zu denen auch immer wieder Wissenschaftler aus dem Ausland gehörten, vorwiegend Ortho- und Paramyxoviren von Mensch und Tier, ferner die zu den Togaviren gehörenden Alpha- und Flaviviren sowie das Virus der infektiösen Bursitis der Hühner, dessen Zielorgan – die Bursa Fabricii – ein immunologisch wichtiges Organ darstellt, und schließlich benutzten sie auch das Virus der Bornakrankheit zum Studium einer progressiv verlaufenden Erkrankung des Zentralnervensystems.

Bei den Orthomyxoviren konnten Christoph Scholtissek und seine Mitarbeiter mit eigens dazu hergestellten temperatursensitiven Mutanten die verschiedenen Genprodukte den diese kodierenden Genen zuordnen. Durch weitere genetische Untersuchungen konnten sie die Bedeutung des Gen-Reassortments bei der Entstehung der beim Menschen aufgetretenen Subtypviren zeigen und durch Erweiterung der Studien die Grundlage einer molekularen Epidemiologie der Influenzaviren schaffen. Der nach Doppelinfektion einer einzelnen Zelle mögliche Austausch viraler Gene kann nicht nur zur Abschwächung, sondern auch zur Steigerung der Viruspathogenität führen, wobei den Genen, die für den viralen Polymerasekomplex kodieren, eine wichtige Rolle zukommt. Scholtissek hat auch gefunden, daß Defekte in einzelnen Genen durch Suppressor-Reassortment und Suppressor-Mutationen korrigiert werden können, was die Variabilität der Influenzaviren erhöhen kann. Durch die erfolgreichen Arbeiten über posttranslationale Modifikationen viraler Glykoproteine, wie der Glykolysierung, Fettsäureazylierung und proteolytischen Aktivierung, die in Zusammenarbeit mit Michel F. Gustav Schmidt und Ralph T. Schwarz sowie mit Hans Dieter Klenk vom Institut für Medizinische Virologie durchgeführt wurden, konnten neue Forschungsgebiete eröffnet werden. Mit rekonstituierten Virushüllen konnte die Bedeutung der proteolytischen Aktivierung viraler Glykoproteine für die bei der Initiation der Infektion der Zelle notwendige Fusion von Virus und Zellmembran nachgewiesen und gezeigt werden, daß die die Membranfusion vermittelnden Virusproteine essentielle Pathogenitätsdeterminanten darstellen. Da die virusaktivierenden Enzyme zelluläre Proteasen sind, entscheidet die Wirtszelle, ob die Glykoproteine proteolytisch gespalten und dadurch infektiöse Viruspartikel produziert werden. Die Anwesenheit solcher zur Glykoproteinaktivierung befähigten Proteasen in verschiedenen Zellarten bestimmt die klinische Manifestation der Infektion. Zur Aktivierung sind auch Proteasen bestimmter im Respirationstrakt vorkommender Bakterien befähigt, die auf diese Weise zur Pathogenitätssteigerung und zur Ausbildung einer Viruspneumonie führen können.

Beachtenswerte Arbeit wurde auch mit den von Gerd Wengler durchgeführten Untersuchungen über die Struktur und Strategie der Vermehrung von Alpha- und Flaviviren geleistet. Die Analysen der Struktur der genomischen RNA dieser Viren führten zur Beschreibung der besonderen funktionellen Eigenschaften dieser Moleküle. Die Primärstruktur des Core-Proteins eines Alphavirus wurde zunächst mit klassischen Sequenzierungsmethoden bestimmt. Dann wurde das Protein kristallisiert und seine Raumstruktur aufgeklärt. Daneben konnte unter anderem der Mechanismus der Freisetzung der viralen RNA durch Zerfall des Virus-Core an Ribosomen aufgezeigt werden.

Die Arbeitsgruppe von Hermann Becht konnte den Erreger der infektiösen Bursitis identifizieren, dessen ungewöhnliche Struktur aufklären, die für den Immunschutz wichtigen Epitope erfassen und Daten über die Vermehrung dieses Virus und die Pathogenese der Infektion liefern. Beim Studium von Virusvarianten wurde eine apathogene Mutante entdeckt, die sich in ausgedehnten Feldversuchen als geeignete Vakzine bewährte.

Die Pathogenese der bei Pferd und Schaf vorkommenden Bornakrankheit als einer virusinduzierten T-Zell-vermittelten immunpathologischen Reaktion konnte bei der Ratte durch die Mitarbeit von Opendra Narayan, Lothar Stitz und anderen weitgehend aufgeklärt werden. Die Immunzelle, welche die Erkrankung auslöst, gehört zum T-Helfer/Inducer-Phänotyp. Es spricht alles dafür, daß diese $CD4^+$-T-Zellen zusammen mit Makrophagen zu einer Überempfindlichkeitsreaktion vom verzögerten Typ führen und im Zusammenwirken mit anderen Zellen des Immunsystems die Erkrankung verursachen. Es wurden Hinweise dafür gefunden, daß das Virus der Bornakrankheit oder ein diesem verwandtes Virus auch den Menschen infizieren und zu psychiatrischen Erkrankungen führen kann.

Als letztes Beispiel der wissenschaftlichen Produktivität des Instituts ist die Erstisolierung von Viren durch Hermann Müller zu nennen, wie das Papillomvirus der Natalmaus und das erstmalig beschriebene aviäre Polyomavirus – Virus der Nestlingskrankheit der Wellensittiche –, womit interessante und ergiebige Gebiete der weiteren Erforschung zugänglich gemacht wurden.

Viroidforschung in Gießen

Im Zusammenhang mit dem Institut für Virologie soll die mit diesem eng verbundene Arbeitsgruppe von Heinz Ludwig Sänger erwähnt werden, der von 1963 bis zu seiner Berufung an das Max-Planck-Institut für Biochemie in Martinsried im Jahre 1982 die Pflanzenvirologie in Gießen vertrat. Er war zunächst am Institut für Phytopathologie unter Ernst Brandenburg tätig, der sich unter anderem mit «bodenbürtigen» (heute: nematoden- und pilzübertragbaren) Viruskrankheiten von Kulturpflanzen befaßte. Sänger untersuchte dort das Kartoffeln befallende «Tabak-Rattle-Virus» und klärte vor allem die gegenseitige funktionelle Komplementation der RNA seiner beiden unterschiedlich langen stäbchenförmigen Partikel auf. Im Rahmen dieser Arbeiten stieß er auf die Existenz «nackter», d.h. nicht in Partikeln verpackter infektiöser Tabak-Rattle-Virus-RNA im infizierten Pflanzengewebe. Diese infolge fehlender Komplementation durch die «kurze» Tabak-Rattle-Virus-RNA hüllproteinfrei bleibende «lange» Tabak-Rattle-Virus-RNA erwies sich als genetisch stabil und experimentell mechanisch übertragbar, und sie war außerdem in der Lage, eine persistierende eigene Krankheitsform, den «Wintertyp» des Tabak-Rattle-Virus, hervorzurufen. Aufgrund dieser eigentümlichen Befunde suchte Sänger dann in der Natur nach mechanisch übertragbaren virusähnlichen Pflanzenkrankheiten, bei denen man bis dahin noch keine Virionen hatte finden können. Er nahm an, daß solche Krankheitsformen möglicherweise durch «freie» infektiöse virale RNA, d.h. durch «nackte Viren», hervorgerufen werden. Seine Untersuchungen in den 60er Jahren an der Exokortiskrankheit von Zitrusgewächsen führten ihn schließlich 1971 zu der von amerikanischen Gruppen völlig unabhängigen Entdeckung und Charakterisierung einer kleinen infektiösen RNA als neuem subviralem Erregertyp, der dann später von Theodor Otto (Ted) Diener als «Viroid» bezeichnet wurde.

Ab Januar 1971 war Sänger auch räumlich und organisatorisch im Rahmen des SFB 47 in das Institut für Virologie integriert. Hier widmete er sich vor allem der Reindarstellung der Viroide. Als ihm dies 1975 nach vielen Rückschlägen endlich gelungen war, begann er eine intensive Kooperation mit verschiedenen auswärtigen Arbeitsgruppen, wie mit den Elektronenmikroskopikern Albrecht Karl Kleinschmidt und Günther Klotz in Ulm, der Biochemiegruppe von Hans J. Gross in Martinsried und den Physikochemiegruppen von Detlev Riesner, Hannover, in Darmstadt sowie in Düsseldorf. Im Rahmen dieser Zusammenarbeit konnten ab 1976 unter Verwendung sich gegenseitig ergänzender Methoden und verschiedener Viroide deren strukturelle Eigentümlichkeiten in allen Einzelheiten aufgeklärt werden. Dies ließ die Viroid-RNA neben der tRNA zu einem der bestuntersuchten RNA-Moleküle werden und brachte der deutschen Viroidforschung weltweite Anerkennung ein.

Die Viroide erwiesen sich als einsträngige, kovalent geschlossene ringförmige RNA-Moleküle, die im nativen Zustand zu etwa 70% als doppelsträngige stäbchenförmige Strukturen mit einem Molekulargewicht von etwa 120 000 D und einer Länge von etwa 30 nm vorliegen. In Zusammenarbeit mit Hans J. Gross und seiner Gruppe am Max-Planck-Institut für Biochemie in Martinsried gelang dann schließlich 1978 die vollständige Analyse der Primär- und Sekundärstruktur des Prototyps der Viroide, des «Potato-spindle-tuber»-Viroids, das aus 359 Nukleotiden besteht. Damit war es zum ersten Mal gelungen, die Struktur eines Krankheitserregers in allen ihren Einzelheiten aufzuklären. Parallel dazu wurden elektronenmikroskopische Studien zur Zytopathologie der Viroidinfektion und Versuche zur Aufklärung der funktionellen Besonderheiten der Viroide durchgeführt. So zeigten Studien mit Zellkulturen die Beteiligung der zellulären DNA-abhängigen RNA-Polymerase-II an der Viroidreplikation. Sie wurde isoliert und aufgereinigt. Es konnte gezeigt werden, daß sie in der Lage ist, mit der Viroid-RNA als Template (Matrize) viroidspezifische Kopien voller Länge zu synthetisieren.

Virusforschung in der Kaiser-Wilhelm-/ Max-Planck-Gesellschaft

Die Virusforschung in der Kaiser-Wilhelm-Gesellschaft begann 1936 an den beiden Instituten für Biochemie und für Biologie in Berlin-Dahlem. Die Kaiser-Wilhelm-Gesellschaft selbst wurde 1911 gegründet. Ihr Gründer war Adolf von Harnack.

Als die Friedrich-Wilhelms-Universität in Berlin im Jahre 1910 ihr 100jähriges Bestehen feierte, konnte sie mit Recht stolz auf die bisher errungenen wissenschaftlichen Erfolge sein. Man besann sich aber zu dieser Zeit auch auf die Anregung ihres Gründers, Wilhelm von Humboldt, der von Anfang an zum förderlichen Gedeihen der Wissenschaft selbständige Forschungsinstitute neben denen der Universitäten für notwendig hielt. Diesen Gedanken griff Adolf von Harnack auf und legte ihn seinen Ausführungen zugrunde, die er in einer Denkschrift auf Vorschlag des Ministerialdirektors Friedrich Schmidt-Ott Seiner Majestät, dem Kaiser Wilhelm II., unterbreitete. Darin entwickelte er den Plan, eine Gesellschaft zu gründen, die sich zum Ziel setzen sollte, unabhängige wissenschaftliche Arbeit in großzügiger Weise zu ermöglichen und zu fördern. Sie sollte finanziell von Mitteln getragen werden, die sich aus Beiträgen des Staats, der Industrie und anderer Stiftungen zusammensetzen sollten, um wirtschaftlich und wissenschaftlich unabhängig sein zu können. Es sollten Forschungsinstitute erbaut und in die Obhut dieser Gesellschaft genommen werden, an denen Gelehrte die Möglichkeiten hätten, frei von Pflichten gegenüber den Universitäten auf ihren selbstgewählten Gebieten, ausgestattet mit modernen Einrichtungen, zu arbeiten. Adolf von Harnacks Vorschlag fand bald allgemeine Anerkennung. Der Staat, die Industrie und zahlreiche einflußreiche und opferfreudige Bürger erklärten sich zur Mitarbeit bereit. So kam es dann am 1.11.1911 zur feierlichen Gründung der «Kaiser-Wilhelm-Gesellschaft zur Förderung der Wissenschaften». Erster Präsident wurde ihr Gründer Adolf von Harnack.

Der Preußische Staat hatte der Gesellschaft in Berlin einige Grundstücke seiner Domäne in Dahlem zur Verfügung gestellt. Auf diesem Gelände begann man mit dem Bau der Institute. Als erstes entstand das Chemische Institut, dann kamen hinzu das Institut für Physikalische Chemie, das Institut für Biologie und das Institut für Biochemie, das aus dem Institut für Experimentelle Therapie hervorgegangen war.

Kaiser-Wilhelm-/Max-Planck-Institute für Biochemie und für Biologie, Berlin-Dahlem und Tübingen

Als 1936 die Gesellschaft Deutscher Naturforscher und Ärzte, die 1822 von Lorenz Oken, Professor der Naturkunde in Jena, gegründet worden war, ihre jährliche Versammlung in Dresden abhielt, referierten Otto Waldmann, Insel Riems, und Kurt Herzberg, Greifswald, über die neuesten Fortschritte in der Virusforschung, dem damals noch relativ jungen Forschungsgebiet. Sie berichteten ausführlich über die soeben erschienene Arbeit von Wendell Meredith Stanley vom Rockefeller Institute for Medical Research in Princeton über «Isolation of a Cristalline Protein Possessing the Properties

Kaiser-Wilhelm-Institut für Biochemie in Berlin-Dahlem.

Kaiser-Wilhelm-Institut für Biologie in Berlin-Dahlem.

of Tabacco Mosaic Virus». Stanley sah als Biochemiker, der 1930 bei Heinrich Wieland in München als Gastwissenschaftler gearbeitet hatte, im Virus nicht nur den Krankheitserreger, sondern ihn interessierte die biochemische Natur des Virus. Er faßte es vor allem als chemischen Naturstoff auf und wendete bei seinen Experimenten mit dem Tabakmosaikvirus die methodischen Prinzipien der damals aufkommenden Naturstoffchemie an. Ihm gelang auf diese Weise die erste Reindarstellung eines Virus und schließlich sogar seine Kristallisation. Der Naturwissenschaftler beobachtete an diesem Ergebnis erstmals ein Phänomen der unbelebten Natur bei einer Materie, die die Fähigkeit zur Selbstvermehrung, d.h. die Potenzen des Lebens, in sich birgt. Die Virusforschung bekam damit eine neue Dimension. Das Virus wurde

Adolf Butenandt.

jetzt zugleich als «Makromolekül» betrachtet, das man im Experiment wie einen chemischen Naturstoff behandeln müsse. Stanleys Arbeiten wurden besonders deshalb sofort stark beachtet, weil sie in eine Epoche fielen, in der die Entdeckungen und Analysen von biochemischen, biologisch aktiven Wirkstoffen, wie Enzymen und Hormonen, die Naturwissenschaft und medizinische Forschung bewegten.

Unter den Zuhörern dieser Vorträge befand sich Adolf Butenandt, der gerade mit seinen Arbeiten über das Östrogen bahnbrechende Erfolge in der Naturstoffchemie errungen hatte. So war es nur folgerichtig, daß Adolf Butenandt, 33jährig, im gleichen Jahr, am 1. November 1936, zum Direktor des Kaiser-Wilhelm-Instituts für Biochemie in Berlin-Dahlem ernannt, sofort die eminente Bedeutung dieser neuen experimentellen Auffassung und modernen Forschungsrichtung erkannte. Sie entsprach ganz seiner eigenen Arbeitsweise mit Naturstoffen, wie den Hormonen. Er sah darum für die Virus-forschung neue Forschungsansätze. Der Virologe mußte jetzt das Virus als ein Makromolekül auffassen, das zudem noch die Eigenschaft der Selbstvermehrung besitzt. Von dieser Forschung erhoffte er neue Erkenntnisse über Replikationsvorgänge in der belebten Natur. Die gleichen Fragen verfolgten zu dieser Zeit auch seine Kollegen im benachbarten Kaiser-Wilhelm-Institut für Biologie, Fritz von Wettstein und Alfred Kühn. Die drei Institutsdirektoren beschlossen daraufhin, auf diesem Gebiet intensiver zusammenzuarbeiten und gemeinsam die Errichtung einer Forschungsstätte für Virusforschung anzustreben. Dabei kam ihnen die finanzielle Förderung ihres Plans durch den forschungsorientierten und weitblickenden Heinrich Hörlein von der IG Farbenindustrie AG sehr zustatten. So konnten sie schon 1938 die Arbeitsgemeinschaft für Virusforschung der Kaiser-Wilhelm-Institute für Biochemie und Biologie gründen. Aus dem Institut für Biochemie übernahm Gerhard Schramm die biochemisch und aus dem Institut für Biologie Georg Melchers die biologisch ausgerichteten Forschungsaufgaben.

Schramm machte sich zunächst bei The (Theodor) Svedberg und Arne Wilhelm Kaurin Tiselius in Uppsala mit der für die geplanten Untersuchungen unentbehrlichen, damals neu eingeführten Ultrazentrifugen- und Elektroresetechnik vertraut. Er entwickelte dann mit der Firma Phywe AG, Göttingen, die erste in Deutschland hergestellte Ultrazentrifuge, die in Anlehnung an ein amerikanisches Modell (Beams & Pickels) durch Druckluft angetrieben wurde.

Aus der anfangs nur locker zusammenhängenden Arbeitsgemeinschaft der beiden Kaiser-Wilhelm-Institute entstand 1941 die von der Kaiser-Wilhelm-Gesellschaft weiterhin geförderte Arbeitsstätte für Virusforschung der Kaiser-Wilhelm-Institute für Biochemie und Biologie in Berlin-Dahlem. Neben Melchers und Schramm, die nunmehr als Abteilungsleiter die Biologie und Biochemie vertraten, kamen noch der Zoologe Rolf Daneel und der Biologe Gernot Bergold als Wissenschafter und Abteilungsleiter hinzu. Bergold hatte kurz zuvor ein Laboratorium bei der IG Farbenindustrie AG in Oppau eingerichtet, in dem er über Insektenviren arbeitete. Dieses behielt er zunächst als Außenstelle der neugeschaffenen Arbeitsstätte für Virusforschung bei. Außerdem stand noch der Zoologe und Biologe Hans Friedrich-Freksa vom Kaiser-Wilhelm-Institut für Biochemie, in das er am 1. Juli 1937 eingetreten war, in enger Verbindung mit der neuen Arbeitsstätte.

Bevor in einem späteren Abschnitt auf die Entwicklung und Forschungsziele der einzelnen Abteilungen der Kaiser-Wilhelm-Institute, die sich mit Virusforschung befaßten, eingegangen wird, soll noch einiges über die Ergebnisse der Arbeitsgemeinschaft, später Arbeitsstätte für Virusforschung der Kaiser-Wilhelm-Institute für Biochemie und Biologie, gesagt werden. Wichtig für die Arbeiten der gesamten Gruppe war der Einatz moderner biochemischer molekularbiologischer Methoden, wie der schon erwähnten Ultrazentrifuge von Schramm. Ohne dieses Gerät wäre ein erfolgversprechendes Vorgehen in der Virusforschung damals nicht möglich gewesen, denn nur damit konnte mit dem Virus als Makromolekül präparativ und analytisch gearbeitet werden. Darin bestanden das vordringliche Arbeitsziel und die ganze experimentelle Ausrichtung.

Aufhorchen ließ Schramm schon in dieser Zeit durch seine Untersuchungen und Ergebnisse mit dem Tabakmosaikvirus. Er zeigte, daß das Virusstäbchen, das durch alkalische Spaltung und spätere morphologisch identische Reaggregation der Proteinuntereinheiten im Experiment wieder zur Stäbchenform zusammengesetzt wurde, nicht infektiös ist, denn die RNA war herausgelöst. Mit diesem Phänomen hat sich Schramm über ein Jahrzehnt befaßt. Das waren ganz frühe Arbeiten mit dem Virus als Makromolekül. Melchers isolierte beim Tabakmosaikvirus verschiedene Varianten, die in Zusammenarbeit mit Schramm und Friedrich-Freksa elektrophoretisch und immunologisch verglichen wurden. Auch hier wurden neue methodische Wege aufgezeigt. Bei den Insektenviren hatte Gernot Bergold schon in Oppau von verschiedenen Raupenarten die Polyeder gereinigt dargestellt, die er später als das pathogene Polyedervirus identifizierte. Dabei vermutete er zuerst, daß das Polyederprotein das infektiöse Prinzip repräsentiere. In Tübingen stellte er dann fest, daß die Infektiosität jedoch in den zylindrischen, an den Enden abgerundeten Partikeln enthalten ist, die in dem Polyederprotein eingebettet sind.

Alles in allem konnten sich die bis 1945 erzielten Erfolge der wissenschaftlichen Arbeiten der Arbeitsstätte durchaus sehen lassen, zumal wenn man bedenkt, unter welchen kriegsbedingt schwierigen äußeren Bedingungen sie erreicht wurden.

Als 1943 die schweren Bombenangriffe auf Berlin zunahmen, sah sich die Kaiser-Wilhelm-Gesellschaft veranlaßt, ihre in Berlin ansässigen Institute anzuweisen, die Verlegung in weniger gefährdete Gebiete des Reichs einzuleiten. Das Institut für Biochemie entschied sich für das Schwabenland. Dem schlossen sich noch andere Institute an, so auch jenes für Biologie. Man bestimmte Tübingen als Institutssitz für die Biochemie und Hechingen als Institutssitz für die Biologie. Der Entscheid für das Schwabenland und für Tübingen war auf Anregung von Friedrich-Freksa erfolgt. Tübingen war seine Alma mater. Ein ausschlaggebendes Argument, das er vorbrachte, war «die Krisenfestigkeit dieses Gebietes nach dem Ersten Weltkrieg, die teils durch den Charakter der Bevölkerung, teils durch die wirtschaftliche Struktur dieser Region bedingt war». So begann alsbald die Übersiedlung der Institute nach dem Süden.

Noch im März 1945 gelang es, den letzten Transport des Kaiser-Wilhelm-Instituts für Biochemie nach Tübingen zu bringen. Auch Bergold zog von Oppau nach Tübingen um. Rolf

Daneel schied zu dieser Zeit schon wieder aus der Arbeitsstätte aus und übernahm später den Lehrstuhl für Zoologie in Bonn.

Carlo Schmid, selbst früher ein Angehöriger der Kaiser-Wilhelm-Gesellschaft, war damals zuerst Kultusminister und später Ministerpräsident der ersten Nachkriegsregierung von Südwürttemberg-Hohenzollern in der französischen Besatzungszone, mit Sitz in Tübingen-Bebenhausen. Er stellte die neuankommenden Institute unter den besonderen Schutz des Landes. Das Institut für Biochemie konnte sich darüber hinaus noch des besonderen Entgegenkommens der Tübinger Universitätsleitung erfreuen, die seine Laboratorien zunächst behelfsmäßig in acht verschiedenen Universitätsinstituten unterbrachte.

Nach der Emeritierung des Ordinarius für Physiologische Chemie, Franz Knoop, im Jahre 1945 wurde Adolf Butenandt auf diesen Lehrstuhl und zum Direktor des Instituts für Physiologische Chemie der Medizinischen Fakultät berufen. Damit konnte er den Hauptteil seines Kaiser-Wilhelm-Instituts im Gebäude des Universitätsinstituts in der Gmelinstraße unterbringen.

Die Virusabteilung von Schramm fand auf ausdrücklichen Wunsch des damaligen Rektors der Universität und Ordinarius für Hygiene, Otto Stickl, in seinem Hygieneinstitut Unterkunft, in dem später sogar noch Quarantänelaboratorien für das Arbeiten mit dem Maul-und-Klauenseuche-Virus eingebaut wurden. Die Virusabteilung von Bergold bezog einen eher romantischen als für Laborräume geeigneten Anbau des Pharmakologischen Instituts an der Wilhelmstraße. Der vom Kaiser-Wilhelm-Institut für Biologie auch der Arbeitsstätte für Virusforschung zugehörende Georg Melchers zog – bereits 1943 – in das Botanische Institut der Universität ein, wo er allerdings kaum Arbeitsmöglichkeiten fand. Nach dem frühen Tod von Fritz von Wettstein wurde Georg Melchers zum Direktor der freigewordenen Abteilung am Institut für Biologie ernannt. Er konnte bald mit einem Neubau auf der Waldhäuser Höhe in Tübingen beginnen. Als Melchers zu dieser Zeit aus der Arbeitsstätte für Virusforschung ausschied, wurde diese zur Abteilung für Virusforschung am Institut für Biochemie erhoben. Ihr gehörte jetzt Hans Friedrich-Freksa auch offiziell an, der sein Labor im Hauptgebäude des Instituts in der Gmelinstraße hatte.

Max-Planck-Institut für Biochemie, Tübingen

Die Zentralverwaltung der Kaiser-Wilhelm-Gesellschaft befand sich nach 1945 in Göttingen. Präsident der Gesellschaft war bis zu seinem Tode 1949 Max Planck. Auf Anordnung der Militärregierungen der Alliierten wurde 1949 die Kaiser-Wilhelm-Gesellschaft in Max-Planck-Gesellschaft umbenannt und somit als deren Nachfolgeorganisation gegründet. Die in der französischen Zone angesiedelten Kaiser-Wilhelm-Institute wurden wieder mit der Gesellschaft vereinigt und ebenfalls in Max-Planck-Institute umbenannt. Damit hatte die bis dahin sehr prekäre finanzielle Situation, in der man mit minimalen Personal- und Sachmitteln auskommen mußte, endlich ein Ende.

Die Virusforschung nahm noch im Kaiser-Wilhelm-Institut für Biochemie mit der Abteilung für Virusforschung eine erste konkrete und institutionalisierte Form an. Allerdings hatte Gernot Bergold Tübingen schon 1948 verlassen und eine leitende Position am Laboratory for Insect Pathology in Sault-Ste-Marie, Kanada, übernommen. Als sein Nachfolger kam Werner Schäfer nach Tübingen, dessen Arbeitsgebiet tierpathogene Viren waren. Er war somit zusammen mit Hans Friedrich-Freksa und Gerhard Schramm der dritte leitende Wissenschaftler der Abteilung für Virusforschung. Für diese war ein Neubau an der Melanchthonstraße, nicht weit entfernt vom Hauptinstitut in der Gmelinstraße, geplant. Mit dem Bauen konnte schon vor der Währungsreform 1948 begonnen werden, al-

Institut für Physiologische Chemie der Universität und Max-Planck-Institut für Biochemie in der Gmelinstraße in Tübingen.

Max-Planck-Institut für Virusforschung in der Melanchthonstraße in Tübingen.

lerdings mit noch unzureichenden Mitteln und demzufolge mit viel Improvisation. Dabei konnte man sich noch manchen Vorteils durch die Unterstützung der Südwürttembergischen Landesregierung erfreuen. Der Neubau wurde im Frühjahr 1950 fertig und nahm die Biologisch-biophysikalische Abteilung von Friedrich-Freksa, die Biochemische Abteilung von Schramm und die Abteilung für Tierpathogene Viren (später Biologisch-medizinische Abteilung) von Schäfer auf. Im Dachgeschoß zogen die Familien von Schäfer und Schramm sowie die Hausmeistersfamilie von Wilhelm und Ottilie Schaal ein. Die Ausstattung der Laboratorien entsprach dem damals modernsten Stand und den Anforderungen der verschiedenen Arbeitsgebiete. Neben den Ultrazentrifugen- und Elektrophoreseanlagen kam ein Elektronenmikroskop mit Fotolabor hinzu. Zum Arbeiten mit hochkontagiösen Virusarten wurde ein Quarantänelabor eingerichtet, das seine eigene Abwasserdesinfektionsanlage besaß. Für die Versuchstiere waren in einem Seitenflügel Laboratorien und Stallungen gebaut worden.

Die frühen Virologieinstitute

Von links: Werner Schäfer, Klaus Munk, Gerhard Schramm, Hans Friedrich-Freksa, Fritz Kaudewitz, Gernot Bergold, zu Besuch, 1953.

Max-Planck-Institut für Virusforschung an der Speemannstraße in Tübingen.

Als Adolf Butenandt 1952 den Ruf auf das Ordinariat für Physiologische Chemie an der Ludwig-Maximilians-Universität in München angenommen hatte und damit auch feststand, daß das Max-Planck-Institut für Biochemie mit seinen Hauptanteilen gleichfalls nach München übersiedeln sollte, wurde die bisherige Abteilung für Virusforschung 1954 in das selbständige Max-Planck-Institut für Virusforschung umgewandelt. Es bestand anfangs aus den bisher genannten selbständigen Abteilungen von Friedrich-Freksa, Schäfer und Schramm. Während diese Abteilungen bis dahin jeweils nur über 1 Assistentenstelle verfügten, erhielten sie jetzt deren 4-5 für die Abteilung. Erster Direktor des Instituts wurde Friedrich-Freksa. Schon 2 Jahre später, 1956, wurde mit der Ernennung von Schäfer und Schramm zu Direktoren eine kollegiale Leitung des Instituts mit turnusmäßig wechselnder Geschäftsführung gebildet. Die Arbeiten des Instituts fanden bald allgemeine und weite nationale und internationale Anerkennung. Es zog viele Gastwissenschaftler vor allem aus dem Ausland an.

Wegen der zunehmenden Forschungsaktivitäten und zugleich der methodisch-technischen Entwicklung dieses stark wachsenden Wissenschaftsgebiets zeigte sich bald, daß das Institutsgebäude an der Melanchthonstraße den künftigen technischen Anforderungen nicht mehr zu genügen vermochte. Darum wurde erneut mit der Planung und 1957 mit der Errichtung eines größeren Institutskomplexes an der Speemannstraße auf der Waldhäuser Höhe begonnen, in der Nähe des Max-Planck-Instituts für Biologie und der Bundesforschungsanstalt für Viruskrankheiten der Tiere, die dort schon früher Neubauten erhalten hatten. Die neuen Institutsgebäude wurden 1960 bezogen. Jede Abteilung erhielt jetzt ein eigenes Gebäude. Sie waren durch eine Spange baulich miteinander verbunden und erhielten Laboratorien und Einrichtungen, die wiederum den modernsten Ansprüchen genügen konnten.

Als Gernot Bergold 1960 den an ihn ergangenen Ruf, als Wissenschaftliches Mitglied und Direktor wieder an das Institut nach Tübingen zurückzukehren, abgelehnt hatte, wurde Alfred Gierer, der bisher der Abteilung von Friedrich-Freksa angehörte, 1965 zum Direktor einer neugeschaffenen Molekularbiologischen Abteilung ernannt. Diese erhielt später ein zusätzliches, mit dem bisherigen Institutskomplex verbundenes eigenes Gebäude. 1972 wurde Fritz Anderer, der in der Biochemischen Abteilung arbeitete, zum Direktor des neugegründeten Friedrich-Miescher-Labors der Max-Planck-Gesellschaft ernannt und zog in das für diese Neugründung ebenfalls auf der Waldhäuser Höhe errichtete Institutsgebäude ein. Fritz Anderer beschäftigte sich zwar noch einige Zeit mit DNA-Tumorviren, wandte sich dann aber anderen Themen, wie der Immunchemie und Tumorforschung, zu.

Max-Planck-Institut für Virusforschung, Tübingen

Am Max-Planck-Institut für Virusforschung wurden die Arbeitsrichtungen und -programme der einzelnen Abteilungen ganz von den Forschungsinteressen der Abteilungsleiter geprägt. Damit folgte man auch hier einem Prinzip der Kaiser-Wilhelm- bzw. Max-Planck-Gesellschaften, das schon immer die Grundlage für die wissenschaftlichen Pionierleistungen und Erfolge der Institute bildete.

Biologisch-biophysikalische Abteilung von Hans Friedrich-Freksa

Hans Friedrich-Freksa war am 1. Juli 1937 an das Kaiser-Wilhelm-Institut für Biochemie in Berlin-Dahlem zu Adolf Butenandt gekommen. Er nahm zunächst an Arbeiten des Instituts über Hormone und Themen der Krebsforschung teil. Erst nach Übersiedelung des Instituts nach Tübingen begann er, an den Programmen der Virusforschung mitzuwirken. Im Dahlemer Insti-

Hans Friedrich-Freksa.

tut hatte er sich schon bald grundlegenden biologischen Fragen nach den Mechanismen der Autoreproduktion der lebenden Materie zugewandt. Heute muß man sich die Aufbruchstimmung dieser Jahre vor Augen halten. Man hatte gerade gelernt, wie man durch die Wirkung kleinster, bis dahin kaum gedachter, aber noch exakt meßbarer Mengen spezifischer Hormone oder Vitamine, die der Biochemiker zudem in kristallin gereinigter Form in der Hand hatte, im Tierexperiment sichtbare und morphologisch bedeutsame Veränderungen des Organismus hervorrufen kann. Man hatte damit zugleich erstmals die Macht der Naturstoffe in bisher ungeahnt kleinen Mengen auf den Organismus gesehen und auch erleben können, wie sie in der Therapie sensationell wirksam einzusetzen sind – zum Beispiel in der Hormon- und Vitamintherapie. In dieser wissenschaftlichen Atmosphäre faszinierte Friedrich-Freksa die Bedeutung der Nukleinsäure und der Proteine, in denen man immer mehr eigene spezifische Eigenschaften und formative Fähigkeiten im Prozeß des Lebens und der Vererbung vermutete, d.h. eben in der Selbstreproduktion der lebenden Materie. Als Ergebnis seiner Studien stellte Friedrich-Freksa 1940 die «Matrizentheorie» auf. Danach soll in der Zelle die Vervielfältigung der Eiweißmoleküle vergleichbar einem technischen Verfahren über eine «Druckmatrize» ablaufen. Als die hypothetische «Druckmatrize» sah er damals schon die Nukleinsäure der Zelle an. Auch wenn manche Formulierungen der ursprünglichen «Matrizentheorie» von Friedrich-Freksa mittlerweilen überholt sind, hat sie doch zu ihrer Zeit eine ungemein stimulierende Wirkung auf das Denken der Naturwissenschaftler ausgeübt, wurde aber durch die späteren Ergebnisse der molekularen Genetik und der heutigen Gentechnologie im Grundprinzip immer wieder bestätigt.

Am Institut für Virusforschung wurde Friedrich-Freksa der erste Geschäftsführende Direktor. Er war allerdings weniger mit der experimentellen Virusforschung beschäftigt. Er beteiligte sich nur eine gewisse Zeit an den Arbeiten über das Tabakmosaikvirus und das Polyedervirus der Seidenraupe und wandte sich dann hauptsächlich molekulargenetischen Fragen zu. Im Kollegium des Instituts und unter den Wissenschaftlern war er vor allem der begeisternde Anreger vieler wissenschaftlicher Fragestellungen und Lehrer naturwissenschaftlicher Denkweise. Er verfügte über ein tiefgründiges, nahezu die gesamten Naturwissenschaften seiner Zeit umfassendes Wissen. Zudem war er literarisch und philosophisch hochgebildet und von heiterer Gelassenheit. Sein gelegentlich lautes diabolisches Staccatolachen in heftigen wissenschaftlichen Diskussionen konnte alle erfrischen. Alle haben von ihm geistig und wissenschaftlich gewonnen. Aus seiner Abteilung sind darum Wissenschaftler hervorgegangen, die später in ihrem Wirkungsfeld erfolgreich gearbeitet haben: Fritz Kaudewitz, München, Peter Starlinger, Köln, Eberhard Weiler, Konstanz, Alfred Gierer, Tü-

Gerhard Schramm.

bingen, Peter K. Vogt, Los Angeles, Manfred Rajewsky, Essen.

Hans Friedrich-Freksa war unter den Abteilungsdirektoren des Instituts der an Jahren älteste. Er wurde 1906 in München geboren und besuchte dort das Gymnasium. In Königsberg studierte er Zoologie, Botanik, Physik und Physiologische Chemie und ging zum Schluß nach Tübingen. Dort promovierte er 1931 bei dem Zoologen Jürgen Harms, den er schon 1926/27 auf einer Expedition nach Niederländisch-Indien begleitet hatte. Bei ihm blieb er dann bis 1936 und arbeitete über entwicklungsphysiologische Fragen. Nach einer kurzen Zwischenzeit in Frankfurt ging er 1937 an das Kaiser-Wilhelm-Institut in Berlin-Dahlem und übersiedelte dann mit dem Institut wieder nach Tübingen, in die Stadt, die er selbst 1944 der Kaiser-Wilhelm-Gesellschaft als Ausweichquartier ihrer Institute vor dem Bombenkrieg vorgeschlagen hatte. 1950 wurde er Wissenschaftliches Mitglied der Max-Planck-Gesellschaft und Außerplanmäßiger Professor an der Universität Tübingen. Im Jahr 1973 verstarb Hans Friedrich-Freksa, noch vor seiner Emeritierung.

Biochemische Abteilung von Gerhard Schramm

Gerhard Schramm war wissenschaftlich in der Zeit der Naturstoff- bzw. Wirkstoffchemie großgeworden und hatte in Butenandts Institut mit enzymatischen Arbeiten begonnen. Zu dieser Zeit entstanden in den USA die Arbeiten von Wendell Meredith Stanley, die der virologischen Grundlagenforschung und der Auffassung vom Virus als «chemischem Naturstoff» eine neue Richtung gaben. Sie entsprachen ganz dem Ziel, das sich Schramm für seine Arbeiten gesetzt hatte. Er wollte die Vorgänge untersuchen, die sich bei der Vermehrung von Lebewesen und der Vererbung ihrer Eigenschaften abspielen, und diese als biochemischen Prozeß deuten, bis hin zur Frage, wie das «Leben» auf unserem Planeten entstanden sei. Die Faszination dieser Frage für die Naturwissenschaft muß man aus der damaligen Zeit an der Schwelle der Molekularbiologie und molekularen Genetik verstehen, deren Realisierung tatsächlich später auch aus diesen Forschungsrichtungen heraus zum Durchbruch kam und zu deren Pionieren Gerhard Schramm gehörte.

Schramm wählte als Modell für seine Studien das Tabakmosaikvirus, mit dem er sich dann bis zu seinem Lebensende befaßte. Als feststand, daß die wichtigsten biochemischen Komponenten des Virus Nukleinsäure und Protein sind, richtete er sein besonderes Interesse auf die Bedeutung und die Funktion dieser beiden biochemischen Naturstoffe. Zu Beginn seiner Arbeiten war über den Vermehrungsmechanismus des Tabakmosaikvirus, das, wie man später entdeckte, nur aus Protein und RNA besteht, noch nichts bekannt. Schramm zeigte bald, daß – im Gegensatz zu der damals vorherrschenden Ansicht – der Proteinanteil nicht die essentielle Komponente für die Virusvermehrung sein konnte. Wandelte er die Proteinhülle chemisch

Die frühen Virologieinstitute

ab oder brach er Stücke aus ihr heraus, so war das veränderte Virus trotzdem noch dazu fähig, eine neue Virusgeneration zu produzieren, also immer noch vermehrungsfähig. Einen entscheidenden Durchbruch bei seinen Arbeiten über die Tabakmosaikvirusproteine erreichte Gerhard Schramm in den Jahren 1942/43. Damals gelang es ihm, die Tabakmosaikviruspartikel durch Behandeln mit schwachem Alkali zu zerlegen. Nach anschließendem Zufügen von Säure konnte er im Reagenzglasversuch die Partikel wieder zur ursprünglichen Form zurückbilden. Diese Partikel waren aber nicht mehr vermehrungsfähig, sie enthielten keine Nukleinsäure mehr. Er hatte nur die Proteinkomponenten wieder zusammengesetzt. Aus der weiteren Bearbeitung dieses Phänomens zog Schramm seine Schlußfolgerung: Für den Zusammenbau der Proteinuntereinheiten zum Virusstäbchen ist ein Mitwirken der Wirtszelle nicht erforderlich. Ihre Form ist vielmehr durch die gestaltliche Beschaffenheit der Proteinsubstrukturen vorbestimmt. Weiterhin fand Schramm in diesen Befunden die Bestätigung seiner aus früheren Ergebnissen gewonnenen Ansicht, daß das Protein im Virus nicht die Information für seine Reproduktion enthalten konnte. Sie war vielmehr in seiner Nukleinsäure zu suchen. Dieser Befund wurde dann später durch die epochalen Ergebnisse über die «gereinigte infektiöse RNA» aus Tabakmosaikvirus verifiziert. Nach Vorarbeiten von Wolfram Zillig und Heinz Schuster und in Zusammenarbeit mit Alfred Gierer gelang es Schramm 1955/56, durch Zufügen von Phenol zu einer Tabakmosaikvirussuspension die proteinfreie RNA dieses Virus zu gewinnen. Er vermochte dann mit dieser «reinen» RNA zu zeigen, daß sie allein alle Informationen für die Replikation des Virus enthält. Unabhängig von diesen Untersuchungen kam Heinz L. Fränkel-Conrat am Virus Laboratory in Berkeley bei Wendell Meredith Stanley zu bestätigenden Ergebnissen.

Weitere international beachtete Arbeiten in Schramms Labor galten konsequenterweise der RNA des Tabakmosaikvirus und zielten auf die chemische Abwandlung der Virus-RNA. Er benutzte sie als Instrument für intensivere genetische Studien. Schramm konnte daraufhin zusammen mit Heinz Schuster experimentell zeigen, daß durch Einwirken von salpetriger Säure die RNA-Kette nicht zerstört wird, wohl aber einzelne Basenanteile in ihr verändert werden. Darüber hinaus fanden sie, daß die Veränderung einer einzigen Base im RNA-Molekül genügt, um genetische Eigenschaft und Funktion der RNA zu inaktivieren. Außerdem erkannten sie, daß neben den letalen Einwirkungen zugleich auch mutagene Treffer vorkommen. Auf der Basis dieser Beobachtungen war es dann Alfred Gierer und Karl Wolfgang Mundry – von der Abteilung Melchers – möglich, einzelne Mutationen des Tabakmosaikvirus im Reagenzglas durch klar definierte chemische Manipulationen an der RNA zu erzeugen. Dieses Verfahren gelangte später bei der Aufklärung des genetischen Codes der viralen Nukleinsäure zu besonderer Bedeutung. Wesentliche Voraussetzung hierfür waren die zeitgleichen Arbeiten anderer Mitarbeiter aus Schramms Abteilungen, wie die von Gerhard Braunitzer, J.W. Schneider und vor allem von Fritz Anderer, denen es zu dieser Zeit gelungen war, die Aminosäuresequenz des Tabakmosaikvirusproteins aufzuklären.

Von den weiteren Arbeiten aus Schramms Abteilung auf dem Proteingebiet seien hier noch die Studien über die chemischen Grundlagen der antigenen Spezifität des Virusproteins genannt. Schramm erwartete damals zu Recht, daß sich aus ihnen ein neuer Zugang zur immunologischen Bekämpfung von Viruskrankheiten finden ließe. Anfangs der 60er Jahre, in seinen letzten Lebensjahren, konzentrierte sich Schramm intensiv auf Versuche zur zellfreien chemischen Synthese der Nukleinsäure. Er hing dabei seinen alten Hoffnungen nach, Hinweise dafür zu gewinnen, wie diese Grundsubstanz allen Lebens aus lebloser Materie einmal hatte entstehen können. Sein unerwarteter Tod setzte leider seinem «faustischen» Streben ein allzu frühes Ende. Werner Schäfer erinnerte sich an ihn mit den folgenden Worten:

«Wissenschaftlich war Gerhard Schramm hochbegabt. Er verfügte über einen breiten, wohlfundierten Überblick über die Naturwissenschaften und war zugleich ein einfallsreicher Experimentator, der stets bemüht war, ein einmal aufgegriffenes Problem bis in die Tiefe aufzuhellen. Um dieses zu erreichen, zwang er sich bei seiner experimentellen Arbeit zur Konzentration auf wenige, aber ganz wesentliche Fragen. Die auf diese Weise gewonnenen Erkenntnisse von fundamentaler Bedeutung suchte er mit fortschreitendem Alter schließlich philosophisch zur Form eines naturwissenschaftlich fundierten Weltbildes zu verarbeiten.»

Gerhard Schramm wurde 1910 als Sohn einer Kaufmannsfamilie in Yokohama, Japan, geboren, machte in Hamburg sein Abitur und studierte Chemie in München und Göttingen. Dort fiel er dem Nobelpreisträger Adolf Windaus und dem damaligen Dozenten Adolf Butenandt im Allgemeinen Chemischen Universitätslaboratorium durch sein ungewöhnlich reiches Wissen auf. Butenandt nahm Schramm als seinen Schüler mit nach Danzig, der dort bei ihm an der Technischen Hochschule 1933 promovierte. Zusammen mit Butenandt ging Schramm 1936 an das Kaiser-Wilhelm-Institut für Biochemie nach Berlin-Dahlem. Dort begann er seine später so erfolgreichen wissenschaftlichen Arbeiten. In Tübingen wurde er 1954 zum Wissenschaftlichen Mitglied der Max-Planck-Gesellschaft und 1956 zum Direktor am Max-Planck-Institut für Virusforschung ernannt. Der Universität Tübingen gehörte er als Honorarprofessor an.

Abteilung für tierpathogene Viren, später Biologisch-medizinische Abteilung von Werner Schäfer
Diese Abteilung hat eine ganz eigentümliche Entwicklungsgeschichte, die besonders von den Lebensläufen der beiden leitenden Wissenschaftler geprägt wurde. Sie begann 1939 in Tanganjika.

Der Zoologe Gernot Bergold hatte schon während seines Studiums und später bis 1938 in verschiedenen europäischen Ländern über Parasiten der Insekten geforscht. Er sammelte vor allem solche Parasiten, die möglichst gegen alle die Insekten wirksam waren, die als Pflanzenschädlinge aus Europa nach Amerika exportiert worden waren. Sie sollten in den USA und Kanada zur Schädlingsbekämpfung eingesetzt werden. Dabei fiel ihm auf, daß bei dem Schwammspinner *Lymantriz dispar* eine bis dahin unbekannte «Polyederkrankheit» die Massenvermehrung der Insekten zusammenbrechen ließ. Eine ähnliche Krankheit gefährdete schon seit Jahrhunderten die Seidenraupenzucht in China.

Gernot Bergold ging 1939 mit einem Stipendium der Deutschen Forschungsgemeinschaft nach Tanganjika, um dort in einem Feldlabor bei Moshi am Kilimandscharo über Kaffeepflanzenschädlinge und deren Bekämpfung zu arbeiten. Dort lernte er Werner Schäfer kennen, der als Veterinär und Virologe mit seinen Erfahrungen von Gießen und der Insel Riems gleichfalls als Stipendiat der Deutschen Forschungsgemeinschaft arbeitete und sich um die Verbesserung der Diagnose- und Therapiemethoden bei Infektionskrankheiten der in Tanganjika heimischen Haustiere bemühte. Diese Begegnung in Afrika führte zu einer lebenslangen Freundschaft, die später für die Entwicklung der Virusforschung am Max-Planck-Institut ihre erfreulichen Folgen haben sollte. Zunächst nahm aber Ende September 1939 – kurz nach Kriegsausbruch – die Forschungsarbeit beider Wissenschaftler ein Ende. Beide kamen in das Internierungslager nach Moshi und später nach Dar-es-Salaam. In den Diskussionen während dieser Lagerzeit kam es dazu, daß der Virologe Schäfer dem Entomologen Bergold den Rat gab, sich doch in Zukunft ganz den Fragen der Viruskrankheiten von Insekten zu widmen. Er sei ja bei der Polyederkrankheit des Schwammspinners schon mit diesem Problem in Berührung gekommen.

Gernot Bergold.

Schon bald erhielt Bergold die Gelegenheit dazu. Denn als er – zusammen mit Schäfer – 1940 aus Afrika nach Deutschland zurückkehren konnte, fand er durch die Empfehlung des afrikanischen Farmers und seines Gastgebers Heinrich Bueb, dessen Vater Julius Bueb damals dem Vorstand der IG Farbenindustrie AG angehörte, in den Forschungslaboratorien dieses Unternehmens eine Anstellung. Dadurch kam er auch mit der Virusforschung am Kaiser-Wilhelm-Institut für Biochemie in Berührung. Er konnte dann ein Forschungslabor im Werk Oppau der IG Farbenindustrie AG einrichten, das 1941 in die schon beschriebene neugegründete Arbeitsstätte für Virusforschung des Kaiser-Wilhelm-Instituts für Biochemie wissenschaftlich integriert wurde.

In Oppau entwickelte Bergold ein Verfahren zur biologischen Bekämpfung des Kartoffelkäfers, dessen massive Einwanderung seinerzeit Deutschland vom Westen her bedrohte. Er unternahm zunächst Versuche, die Bekämpfung mit dem ihm bekannten Polyedervirus zu erreichen, mußte aber bald feststellen, daß sich dieses Virus nicht auf den Kartoffelkäfer übertragen läßt. Er wandte sich daraufhin der Polyederkrankheit und dem Polyedervirus der Seidenraupe *Bombyx mori* zu. Auch diese Forschung war damals kriegswichtig, da man die Seide für die Fallschirme benötigte. Bergold verlagerte 1943 sein Laboratorium nach Tübingen. Gleich in der ersten Nacht nach seinem Auszug wurden seine Laborräume in Oppau von Bomben vollständig zerstört. Glücklicherweise konnte er vorher die kostbare, von ihm noch weiterentwickelte Ultrazentrifuge vor dem Verlust retten. In Oppau hatte er diese mit einer selbstgebauten Apparatur zur Bestimmung der Diffusionskonstante ergänzt. Mit dieser Methode vermochte er, bei gleichzeitiger Bestimmung der durch die Ultrazentrifugation ermittelten Sedimentationskonstante, die physikalischen Größenparameter verschiedener Naturstoffe sowie auch Kunststoffe zu bestimmen. Gemeinsam mit Schramm hatte er auf diese Weise die Molekularbestimmung des Tabakmosaikvirus erreicht.

In seinen Tübinger Jahren widmete sich Bergold ganz dem Polyedervirus der Seidenraupe, nachdem er zuvor in Oppau das Virus, d.h. die Polyeder dieses Virus und auch die des Schwammspinners und der Nonnenraupe, noch rein dargestellt und die Charakterisierung der Virusproteine erreicht hatte. Beim Seidenraupenvirus bemühte er sich, das infektiöse Prinzip des komplex aufgebauten Viruspartikels zu identifizieren und es dessen morphologischen Strukturen zuzuordnen. Er vermutete zunächst, daß die Infektiosität mit den Proteinen verbunden sei, fand dann aber heraus, daß sie mit den größeren DNA-haltigen zylindrischen Strukturkomponenten des Viruspartikels verbunden ist, die von den Polyederproteinen umschlossen werden. Den Beweis hierfür konnte er in Versuchen erbringen, in denen er die Sedimentationskonstanten der verschiedenen Komponenten nicht nur optisch, sondern auch biologisch durch fortlaufende Bestimmung des Infektionstiters während des Absinkens der Gradienten der einzelnen Komponenten im Laufe der Zentrifugation bestimmte. Im schwach alkalischen Milieu ließen sich die zylindrischen Gebilde schonend aus den Polyedern herauslösen. Damit waren für Bergold die Voraussetzungen gegeben, diese infektiösen Viruskomponenten weiterhin eingehend physikalisch, biochemisch und immunologisch zu untersuchen. Auf diese Arbeiten folgten in Tübingen noch Studien über die Kapselviren, die im Tannentriebwickler *Cacoecia murinana* nach Infektion kleine granulöse Zelleinschlüsse verursachen. Die durch diese Viren ausgelöste Krankheit wird darum auch als «Granulose» bezeichnet. Bei diesem Virus läßt sich die Kapsel, die jeweils nur ein stäbchenförmiges DNA-haltiges Viruspartikel enthält, durch verdünnte Sodalösung auflösen. In der Folgezeit wurden solche als «Bergoldia» bezeichnete Kapselviren von Bergold selbst und anderen Wissenschaftlern auch noch bei weiteren Insekten gefunden. Aufgrund seiner Ergebnisse aus der Tübinger und später auch aus der Zeit in Kanada wird Bergold heute international als der Begründer der molekularbiologischen Insektenvirologie angesehen.

1948 verließ Bergold Tübingen und ging nach Soult-Ste-Marie in Kanada. Dort kam er, unter anderen, auf seine ursprünglichen Ziele der biologischen Bekämpfung von Insektenschädlingen, besonders des Fichtenwipfelspinners, zurück. Dieses Insekt war als Schädling für die zur Papierproduktion notwendige Holzgewinnung in Kanada von großer ökonomischer Bedeutung. 1959 wechselte er nochmals das Land und übernahm in Caracas, Venezuela, bis zu seiner Pensionierung die Virusabteilung des Instituto Venezolano de Investigaciones Científicas. Dort untersuchte er vor allem die menschen- und tierpathogenen Arboviren des Gelbfiebers und der venezolanischen Pferdeenzephalitis. Seine Verbindungen zu Tübingen rissen aber nie ab. Werner Schäfer beschreibt Gernot Bergold

«als sportliche Erscheinung, der man den erfahrenen Bergsteiger und geprüften Skilehrer ansah. Das Abenteuer hat er stets gesucht. Eine Safari mit ihm in Ostafrika oder eine gemeinsame Fahrt in das Innere Venezuelas waren unvergeßliche Erlebnisse. Dabei wurde einem bewußt, daß er nicht nur ein treuer, dem Gefährten in jeder Situation beistehender Kamerad ist, sondern auch mit Leib und Seele Biologe. Neben der Entomologie und Virologie galt seine Vorliebe vor allem den Orchideen, von denen einige, die er erstmals fand, seinen Namen tragen. Geistig ist Bergold erstaunlich flexibel. In kürzester Zeit konnte er sich in für ihn neue Forschungsgebiete einarbeiten, denen er sich dann mit kaum erlahmender Intensität widmete. Dabei sprudelte er über von neuen Ideen, die er dann mit großem technischem Geschick und sehr kritischer Einstellung experimentell anging. Auf die von ihm ermittelten Werte konnte man sich stets verlassen.»

Als Gernot Bergold 1948 seine Übersiedelung nach Kanada plante, war es für ihn selbstverständlich, seinen Freund aus der gemeinsamen Afrikazeit, Werner Schäfer, für seine Nachfolge vorzuschlagen. Schäfer war zu dieser Zeit in einer eigenen Tierarztpraxis tätig. Er folgte dem Angebot aus Tübingen und übernahm im Sommer 1948 die Laboratorien von Bergold. Damit begann er mit 37 Jahren gewissermaßen seine zweite wissenschaftliche Schaffensperiode.

Werner Schäfer wurde 1912 in Wanne in Westfalen geboren und wuchs in Korbach im Waldecker Land auf. Er studierte Veterinärmedizin in Gießen und trat nach der Promotion 1937 in das Veterinärhygienische und Tierseucheninstitut unter der Leitung von Karl Beller in Gießen ein. Dort arbeitete er zusammen mit dem vom Rockefeller Institute in Princeton zurückgekehrten Erich Traub über Schweinelähme und Choriomeningitis der Maus. Mit einem Stipendium der Deutschen Forschungsgemeinschaft ging er 1939 nach Tanganjika, um Untersuchungen über tropische Tierseuchen und die Verbesserung ihrer Diagnostik durchzuführen. Dort traf er Gernot Bergold. Nach der Rückkehr nach Deutschland und dem Kriegsdienst als

Werner Schäfer.

Veterinäroffizier wurde er 1944 an die Reichsforschungsanstalt auf der Insel Riems dienstverpflichtet, wo er wieder mit Traub zusammenarbeitete, jetzt über Maul- und Klauenseuche und die Influenza des Menschen. Zu dieser Zeit begann er schon, mit den beiden Geflügelpestviren zu arbeiten: mit den Viren der klassischen Geflügelpest («Fowl plague virus») und der atpyischen Geflügelpest («Newcastle disease virus»), die in seinem Lebenswerk eine so gewichtige Rolle spielen sollten.

In Tübingen wandte er sich 1948 sogleich wieder der Untersuchung dieser Virusarten zu. Später kam noch das von Rudolf Gönnert bei der Bayer AG isolierte Mäuseenzephalitisvirus (Elberfeldvirus) hinzu. Zunächst waren im Tübinger Labor die technischen und räumlichen Bedingungen für das Arbeiten mit tierpathogenen Viren sehr ungünstig. Die Labormäuse mußten in der Toilette des Pharmakologischen Instituts untergebracht werden. Viele der notwendigen modernen Geräte waren noch nicht im Handel erhältlich und mußten im Eigenbau hergestellt werden. Der Jahresetat betrug DM 10 000.–. Eine deutliche Besserung trat dann nach dem Einzug in das neugebaute Institut in der Melanchthonstraße ein.

Zu jener Zeit war über die biologisch-biophysikalischen Eigenschaften menschen- und tierpathogener Viren wenig bekannt im Vergleich zum Tabakmosaikvirus. So wie dieses Virus die Stellung eines Modells für derartige Studien einnahm, so begann Schäfer die Untersuchungen an seinen Viren gleichfalls unter diesem Aspekt. Er versuchte als erstes, die infektiösen Viruspartikel in «gereinigter Form» darzustellen und sie biophysikalisch durch die Bestimmung der Sedimentations- und Diffusionskonstanten zu vermessen. Zusätzlich suchte er dann auch, die neben den Viruspartikeln in der infizierten Zelle auftretenden nichtinfektiösen virusspezifischen Einheiten in reiner Form zu isolieren und zu identifizieren. Dazu gehörte das «S-Antigen» – ein lösliches («soluble») Antigen –, über dessen Bedeutung man sich noch nicht im klaren war. Anschließend sollten spezifische Antikörper nicht nur gegen die Viruspartikel selbst, sondern möglichst auch gegen die viralen Untereinheiten hergestellt werden. Unter Nutzung seiner bei diesen Untersuchungen gewonnenen Ergebnisse und methodischen Kenntnisse stellte er sich folgende Aufgaben:

– Vergleich der Modellviren mit anderen animalen Viren verschiedener Spezies, um Einblicke in die Systematik und eventuell vorhandene epidemiologische Zusammenhänge, wie z.B. das Übergreifen der Infektion von einer Tierart auf eine andere oder auf den Menschen, zu gewinnen.
– Untersuchungen über den Virusvermehrungsmechanismus, unter anderem mit dem Ziel, Anhaltspunkte für die Möglichkeit seiner Unterbrechung zu finden und in der Hoffnung auf eine antivirale Chemotherapie. Hier muß man sich daran erinnern, daß erst zu dieser Zeit in Deutschland die ersten

Erste Unterkunft der Abteilung Schäfer im Pharmakologischen Institut der Universität in Tübingen.

Kenntnisse und klinischen Erfahrungen mit der antibakteriellen Chemotherapie gewonnen werden konnten.
– Suche nach neuen Ansätzen einer Immunprophylaxe und -therapie.

Viele dieser geplanten Arbeiten wurden erfolgreich verwirklicht und führten zu fundamentalen Ergebnissen, nämlich zur biochemischen und serologischen Analyse des Erscheinens der einzelnen Viruskomponenten während des Vermehrungsablaufs, zum Modell des RNA-Viruspartikels sowie zur Entwicklung des Adsorbatimpfstoffs. Ergebnisse, die seinerzeit in Deutschland eine neue Ära der naturwissenschaftlichen Virologie einleiteten.

Schäfer konnte die Viren der klassischen und atypischen Geflügelpest schon bald in reiner Form und das Mäuseenzephalitisvirus sogar in kristalliner Form darstellen. Die Reindarstellung und biologisch-biophysikalische Charakterisierung gelang dann auch bei den virusspezifischen Untereinheiten, wie beim S-Antigen, den «inkompletten Formen» des Viruspartikels und den «Viromikrosomen». Bei der weiteren Analyse zeigte sich, daß das S-Antigen die Innenkomponente des Virions darstellt, die während des Vermehrungsablaufs im Überschuß produziert wird. Nach diesen Erkenntnissen konnten dann viruskomponentenspezifische Antiseren als wichtige Werkzeuge für die weiteren Untersuchungen hergestellt werden.

Schäfer zeigte dann, daß die beiden Myxoviren, die beim Huhn nahezu die gleichen Krankheitssymptome auslösen und deshalb als Varianten des gleichen Erregers angesehen wurden, verschiedenen Untergruppen angehören. Das Virus der atypischen Hühnerpest steht dem Mumps- und Masernvirus nahe und das Virus der klassischen Geflügelpest dem menschlichen Influenzavirus. Eingehende serologische Vergleichsuntersuchungen bewiesen dann eindeutig, daß das letztere ein Vertreter der Influenza-A-Viren ist. Aufbauend auf diesem unerwarteten Befund vertrat Schäfer die später auch von anderer Seite bestätigte Ansicht, daß die weitverbreiteten Geflügelviren dieser Art ein unerschöpfliches Reservoir für die Entstehung immer wieder neuer Influenzavirusvarianten sind.

Schäfers Arbeiten wurden in den ersten Nachkriegsjahren im Ausland als ebenbürtige wissenschaftliche Leistung in einem sich soeben aus großen wirtschaftlichen Schwierigkeiten heraus entwickelnden Land anerkannt und zunächst mit Überraschung zur Kenntnis genommen. Viele internationale Wissenschaftler kamen in diesen Jahren zu Besuch nach Tübingen.

In den Jahren 1963/64 schloß Schäfer seine Untersuchungen über die bisher bearbeiteten zytopathogenen Viren ab. Über die Viren der klassischen und der atypischen Geflügelpest arbeiteten seine früheren Mitarbeiter Rudolf Rott und Christoph Scholtissek in Gießen weiter und über das Mäuseenzephalitisvirus Robert Rückert in Madison, Wisconsin.

Von links: Gerhard Schramm, unbekannt, Werner Schäfer, Erich Traub, Hans Friedrich-Freksa, Sir Macfarlane Burnet, Frau Burnet, Klaus Munk.

Von links: Klaus Munk, Wendell Meredith Stanley, Werner Schäfer.

Die frühen Virologieinstitute

Von links: Thomas Francis Jr., Werner Schäfer. Gertrude und Werner Henle.

1963 begann sich Werner Schäfer den Retroviren zuzuwenden, die bei Tieren vielfältige Tumoren und Leukämien verursachen. Wiederum war zu jener Zeit von diesen Viren, ihrem Feinbau und ihren biochemischen Eigenschaften wenig bekannt. Er verfolgte dabei im wesentlichen das gleiche Forschungskonzept wie bei den zytopathogenen RNA-Viren. Er erforschte die Retroviren des Huhns, der Maus, der Katze und des Affen. Ein Retrovirus des Schweins wurde von ihm erstmals isoliert. Nach Entwicklung des Produktions- und Reinigungsverfahrens gelang es auch hier, die Viruspartikel zu reinigen, ihren recht komplexen Feinbau aufzuklären, die einzelnen Komponenten zu isolieren und spezifische Antikörper gegen diese herzustellen. Danach konnte ein detailliertes Strukturmodell der Retroviren aufgestellt werden, das heute allgemein anerkannt ist. Außerdem waren damit alle Voraussetzungen für weiterreichende Studien geschaffen. Sie führten zur Aufklärung der verwandtschaftlichen Beziehungen zwischen diesen Erregern, zur Entwicklung neuer Tests, zu neuen Diagnoseverfahren und zur Klärung einiger eigenartiger, speziell bei diesen Viren zu beobachtender Phänomene, wie das des Unterlaufens der Immunabwehr. Schon damals konnten in Schäfers Arbeitskreis erste Hinweise für die Existenz von Genelementen gewonnen werden, die später als Onkogene identifiziert wurden und die bei der Tumorentstehung eine Rolle spielen.

Aufgrund der Ergebnisse von Schäfers virusanalytischen Arbeiten konnten Impfstoffe für die Myxoviren entwickelt werden, die nur aus der für die immunogene Wirkung verantwortlichen Virusoberflächenkomponente bestehen. Solche «Spaltimpfstoffe» wurden später für die Influenza- und Masernimpfstoffe zum Vorbild.

Die Bedeutung der Arbeiten Schäfers über Retroviren wurde international außerordentlich hoch eingeschätzt. Die Folge war, daß sein Institut seit den 60er Jahren zu einem besonders gesuchten Gastinstitut für Wissenschaftler aus aller Welt wurde.

Werner Schäfer war durch seinen vielseitigen wissenschaftlichen Werdegang stark geprägt. Er behielt bei seiner virologischen Grundlagenforschung immer die Bedeutung des Virus als Krankheitserreger im Blick. Alle seine Forschungsansätze waren darauf ausgerichtet. In seiner Arbeit war er unermüdlich, ein begeisterter und geschickter Experimentator mit methodischer Imagination. In seinem wissenschaftlichen Denken, in den Anleitungen an seine Schüler war er streng wissenschaftlich und auf das experimentell Erreichbare hin orientiert, wobei aber in den Diskussionen für spekulative Vorstellungen dennoch weiter Raum blieb, der an Abenden über einem Glas Bier voll ausgeschöpft wurde. So wuchsen bei der Laborarbeit, bei Diskussionen, bei gemeinsamen Kongreßreisen Lehrer und Schüler zusammen. Schäfer förderte seine Schüler in hohem Maße. Von seinen Schülern ist eine Anzahl von Lehrstühlen und Instituten für Virologie besetzt worden: Manfred Mussgay, Hannover; Rudolf Rott, Gießen; Eberhard Wecker, Würzburg; Hans Eggers, Gießen und Köln; Klaus Munk, Heidelberg; Karin Mölling, Zürich; dazu gehören auch Reinhardt Kurth, Frankfurt/Langen; Thomas Graf, Heidelberg; Gerhard Hunsmann, Göttingen.

Eine entscheidende Änderung im Gefüge des Max-Planck-Instituts für Virusforschung begann sich abzuzeichnen, als Gerhard Schramm 1969 unerwartet gestorben war und 1973 auch Hans Friedrich-Freksa verstarb. Die Nachfolgeberufungen an die beiden Abteilungen brachten die Bildung anderer Forschungsschwerpunkte mit sich. Sie ließen erkennen, daß bei den Berufenen für eine Virusforschung künftig kaum noch eigentliches Interesse bestehen würde. Mit der Emeritierung von Werner Schäfer 1978 wurde sein Thema, mit dem er die Weltgeltung dieses Instituts begründet hatte und das mit der Retrovirologie gerade am Anfang einer neuen Entwicklung stand, nicht nur zu seinem eigenen großen Bedauern dann ganz aufgegeben. Das Institut wurde 1984 in Max-Planck-Institut für Entwicklungsbiologie umbenannt.

Max-Planck-Institut für Biologie, Tübingen

Georg Melchers war 1945 formal zu der Zeit aus der Arbeitsstätte für Virusforschung ausgeschieden, als er in das Botanische Institut der Universität Tübingen eingezogen war. Dennoch pflegte er bei seinen Arbeiten über das Tabakmosaikvirus weiterhin eine enge Zusammenarbeit mit Gerhard Schramm. Im vollen Umfang konnte er seine eigenen Arbeiten erst wieder aufnehmen, nachdem er – nach Ablehnung eines Rufs an die Universität zu Köln – zum Direktor einer selbständigen Abteilung am Max-Planck-Institut für Biologie ernannt worden war und zudem ein neues, mit ausreichendem Gewächshausraum ausgestattetes Institutsgebäude beziehen konnte, das auf der Waldhäuser Höhe in Tübingen erbaut und 1950 fertiggestellt wurde. Es war eines der ersten Institute der Gesellschaft auf Tübingens Anhöhen, in der Gegend, in der sich später auch alle anderen Institute der Gesellschaft ansiedelten.

Im neuen Institut befaßte sich Melchers nahezu ausschließlich mit dem Tabakmosaikvirus. Er schloß dabei an seine früheren Arbeiten in Dahlem an, die ihn in der schon erwähnten Gemeinschaft mit Schramm beschäftigt hatten. In dieser Zeit konnte er durch seine exzellente Beobachtungsgabe und sein großes experimentelles Geschick einen überraschenden Erfolg erzielen. Er hatte in Feldversuchen des Instituts an Tomaten eine Krankheit beobachtet, die er näher untersuchte. Dabei fand er heraus, daß neben dem Kartoffel-Y-Virus auch ein verwand-

Max-Planck-Institut für Biologie, Waldhäuser Höhe in Tübingen.

ter, bisher noch nicht beschriebener Typ des bekannten Tabakmosaikvirus vulgare als Erreger an dieser Tomatenkrankheit beteiligt war. Er gab dem neuen Stamm die Bezeichnung «TMV dahlemense». Als Melchers in der Folgezeit noch weitere spontane Mutanten von TMV vulgare und von TMV dahlemense mit symptomatischer Ähnlichkeit fand, knüpfte er an seine Befunde die Hoffnung, bei diesen relativ einfach aufgebauten Virusmodellen eine «vergleichende Anatomie auf molekularer Grundlage» – durch Analyse des Virusproteins – betreiben zu können. Die daraufhin zusammen mit Friedrich-Freksa und Schramm durchgeführten serologischen, elektrophoretischen und proteinchemischen Vergleichsuntersuchungen erbrachten jedoch keine schlüssigen Ergebnisse. Im neuen Tübinger Institut nahm dann Brigitte Wittmann diese Fragestellung mit verfeinerter moderner experimenteller Technik wieder auf. Es war jedoch nicht möglich, bei den verschiedenen Mutanten direkte Beziehungen zwischen den unterschiedlichen Aminosäuresequenzen und der charakteristischen Ausprägung der Symptome in der Pflanze festzustellen.

In Melchers Abteilung arbeiteten neben Günther und Brigitte Wittmann noch H.G. Haach, Harald Jockusch und Karl Wolfgang Mundry. Sie bemühten sich konsequent, neue, exakter arbeitende biologische Tests zur quantitativen Analyse von Mutationsraten zu entwickeln. Später nahmen sie die Aufklärung der Struktur der Virusproteinhülle durch die Aminosäuresequenzanalyse in Angriff. Darin wurden dann vor allem im Rahmen der schon genannten Vergleichsstudien die verschiedenen Tabakmosaikvirusmutanten einbezogen. Gleiche Untersuchungen liefen auch in Schramms Abteilung im Institut für Virusforschung, deren Ergebnisse miteinander ausgetauscht und verglichen wurden. Diese gemeinsamen Arbeiten führten schließlich 1958 zu den aufsehenerregenden Ergebnissen von Alfred Gierer und Karl Wolfgang Mundry über die Mutagenese von Tabakmosaikvirus durch salpetrige Säure. Das Verfahren erlangte später große Bedeutung bei der Aufklärung des genetischen Codes. Dafür war gleichzeitig von Fritz Anderer eine wichtige Voraussetzung geschaffen worden. Ihm war es schon zu jener frühen Zeit gelungen, die vollständige

Georg Melchers.

Wolfram Weidel.

Aminosäuresequenz des Tabakmosaikvirusproteins aufzuklären.

Georg Melchers wurde 1906 in Cordingen bei Walsrode in der Lüneburger Heide geboren und wuchs in Detmold auf. Seine Mitgliedschaft im «Wandervogel» hat ihn politisch stark geprägt. Er studierte in Freiburg, Kiel und Göttingen Botanik. Dort promovierte er 1930 bei Fritz von Wettstein, wurde sein Assistent in Göttingen und München und folgte ihm 1934 an das Kaiser-Wilhelm-Institut für Biologie nach Berlin-Dahlem. In Tübingen ernannte ihn die Universität schon 1947 zum Honorarprofessor. International fanden seine Arbeiten hohe Anerkennung. Zahlreiche wissenschaftlichen Gesellschaften ernannten ihn zu ihrem Ehrenmitglied. Er wurde Mitglied der National Academy of Sciences der USA und der Japanischen Akademie der Wissenschaften. 1976 wurde er emeritiert, blieb aber bei einer japanischen Firma auf dem Gebiet der Agrargenetik weiterhin wissenschaftlich sehr aktiv.

Neben Melchers Arbeiten über das Tabakmosaikvirus wurden auch die Bakteriophagen in das Arbeitsprogramm des Instituts für Biologie aufgenommen, die von Wolfram Weidel bearbeitet wurden. Er gehörte schon in Berlin-Dahlem und später in Tübingen dem Institut für Biochemie an. Dort erforschte er mit enzymbiochemischen Methoden die Schritte vom Gen zum resultierenden Merkmal am roten Cinnabarfarbstoff der *Drosophila melanogaster* nach der damals aufregenden «Ein-Gen-ein-Enzym»-Theorie. 1949 ging Weidel als einer der ersten deutschen Stipendiaten in die USA zu Max Delbrück nach Pasadena. Dort lernte er, die Phagen nach naturwissenschaftlichen Prinzipien zu bearbeiten. 1950 kehrte Weidel nach Tübingen zurück, jetzt an Melchers Institut. Er war damals mit einem Beitrag an dem vom Arbeitskreis um Delbrück herausgegebenen Buch «Viruses 1950» beteiligt, das mit seinen noch zumeist unbekannten neuen Forschungsaspekten eine breite Wirkung auf die Virologen in Deutsch-

Abteilung Weidel des Max-Planck-Instituts für Biologie, Waldhäuser Höhe in Tübingen.

land ausübte. Gleiches kann man auch über das von Weidel 1957 verfaßte Buch «Virus, die Geschichte vom geborgten Leben» sagen.

In Melchers Institut begann sich Weidel für den Infektionsmechanismus der Bakterienviren zu interessieren, für ihre Rezeptorsubstanz in der Bakterienzellwand sowie für das Enzym der Phagen, das ihrer DNA den Weg in das Innere der Zelle bahnt. Er charakterisierte es als ein Lysozym. Bei diesen Untersuchungen machte er die Feststellung, daß die eigentliche Stützlamelle der *Bacterium-coli*-Zelle ein riesiges Molekül ist, das die Form eines geschlossenen Beutels («sacculus») hat, und fand darüber hinaus, daß die Wirkung des Penizillins darauf beruht, daß es die Synthese dieser Zellstruktur stört.

Wolfram Weidel wurde 1916 in Magdeburg geboren, besuchte die Gymnasien in Magdeburg, Elbing und Breslau. Er studierte Chemie und Medizin in Rostock, Göttingen und Berlin. Zum Dr.rer.nat. promovierte er 1940 bei Butenandt am Kaiser-Wilhelm-Institut in Berlin-Dahlem und zum Dr.med. 1948 in Tübingen. 1956 wurde er Wissenschaftliches Mitglied der Max-Planck-Gesellschaft und Direktor am Max-Planck-Institut für Biologie in Tübingen und 1957 Außerplanmäßiger Professor an der Tübinger Universität. Wolfram Weidel war ein hochbegabter Forscher, dessen wissenschaftliche Interessen weit über sein Fachgebiet hinausgingen. Er befaßte sich mit der Psychologie – «Leib-Seele-Problem» – und später mit der Kybernetik. Seine musische Begabung lebte er im Cellospielen aus, seine sportliche Begeisterung im Segelfliegen. Mit 47 Jahren starb er viel zu früh an einem Herzinfarkt.

Beginn der Virologie an Universitätsinstituten

Berlin

Institut für Klinische und Experimentelle Virologie der Freien Universität

Den wissenschaftlichen Beginn des heutigen Instituts für Klinische und Experimentelle Virologie kann man auf die Initiative zweier Medizinstudenten zurückführen, denn noch während ihres Studiums haben Karl-Otto Habermehl und Wolfgang Diefenthal in einem Keller des Wenckebach-Krankenhauses in Berlin ein Forschungslaboratorium eingerichtet, in welchem sie sich mit virologischen Fragen des Organtropismus befaßten. Sie arbeiteten hier mit dem hepatotropen Ektromelievirus und einem neurotropen Virus, Theilers Enzephalomyelitisvirus, bei dem sie erstmals die diaplazentare Übertragung nachwiesen. Ihre Ergebnisse fanden allgemeine Anerkennung. Ihr Laboratorium erhielt seit 1952 die Unterstützung der Deutschen Forschungsgemeinschaft. Das führte in den Jahren zwischen 1970 und 1975 zur Errichtung eines von der DFG und dem Stifterverband für die Deutsche Wissenschaft unterstützten Instituts für Klinische und Experimentelle Virologie, zunächst als Unit der DFG, die von Habermehl und Diefenthal gemeinsam geleitet wurde. 1975 wurde sie als Institut für Klinische und Experimentelle Virologie in die Freie Universität Berlin eingegliedert und mit dem Lehrstuhl für Virologie verbunden. Auf diesen Lehrstuhl wurde Karl-Otto Habermehl 1975 berufen und zum Direktor des neugegründeten Instituts ernannt.

Habermehl hatte in Berlin Medizin studiert und 1952 promoviert. Am Wenckebach-Krankenhaus erhielt er seine klinische Ausbildung und Anerkennung zum Facharzt für Innere Krankheiten und Labormedizin. Mehrere Jahre hatte er hier die Stelle des Oberarztes und Leiters des Zentrallaboratoriums inne. Er habilitierte sich 1964 und arbeitete während längerer Forschungsaufenthalte an verschiedenen Instituten in den USA. 1976 wurde er Vorsitzender der Kuhn-Stiftung im Stifterverband der Deutschen Wissenschaft. 1977/78 war er Dekan der Fakultät für Klinisch-theoretische Medizin der Freien Universität Berlin.

Wolfgang Diefenthal schied aus der Unit aus und übernahm die Stelle des Chefarztes der Inneren Abteilung und des Ärztlichen Direktors des Wenckebach-Krankenhauses.

Die Arbeitsthemen der Unit und später des Instituts sowie des Lehrstuhls betrafen vom Anfang bis in die neuere Zeit hinein die Korrelation zwischen den verschiedenen Schritten der Virusreproduktion und den zellulären Pathogenitätsmechanismen. Es gelang die Aufklärung des Zusammenhangs zwischen virusinduzierter Proteinsynthese und Mitosestimulierung infizierter Zellen. Insbesondere konnte gezeigt werden, daß bereits die frühen Stadien der Reproduktion zu chromosomalen Aberrationen führen. Hiermit wurde nachgewiesen, daß die bei einer Virusinfektion freigesetzten lysosomalen Enzyme nicht für diesen Mechanismus verantwortlich sind. Weitere Untersuchungen befaßten sich mit dem Mechanismus der Einschleusung von Picornaviren in die Wirtszelle, dem Nachweis der ersten Schritte des viralen Uncoating in den Lysosomen sowie der Aufklärung des Transportmecha-

Institut für Klinische und Experimentelle Virologie in Berlin.

Karl-Otto Habermehl.

nismus mittels rezeptorvermittelter Endozytose. Diefenthal konnte erstmalig eine inhibitorresistente Periode der frühen Stadien der Virusreproduktion beweisen und einen virusinduzierten modifizierten Membrankomplex der Zelle nachweisen, der für die Reproduktion anderer Viren benutzt werden kann.

Eine Arbeitsgruppe des Instituts wandte sich der Aufklärung der Struktur des Polioviruskapsids zu. Mit Hilfe von «Cross-linking»-Experimenten konnte ein neues Kapsidmodell etabliert werden, das später durch kristallographische Untersuchungen seine internationale Bestätigung fand. Es erfolgte die Aufklärung der Stöchiometrie der Poliovirusneutralisation mit Hilfe polyklonaler Antikörper. Des weiteren wurde eine Arbeitsgruppe für Pseudorabies etabliert, die nach der Reproduktion von 50 verschiedenen monoklonalen Antikörpern die Struktur des

Kapsids wesentlich aufklären konnte. In jüngerer Zeit wurden der Rezeptor des Pseudorabiesvirus und die rezeptorbindenden Proteine identifiziert. Einen großen Raum in der Arbeit des Instituts nahm die Entwicklung von Schnellmethoden für die Virusdiagnostik ein. Mit der Computerisierung der Virusdiagnostik wurde das erste international kompatible Computersystem hierfür entwickelt, das von einer Reihe nationaler und internationaler Institutionen übernommen worden ist. Auf der Basis dieses Computersystems erfolgte dann im Auftrag der Deutschen Vereinigung zur Bekämpfung der Viruskrankheiten die statistische Erfassung aller in der Bundesrepublik diagnostizierter Viruskrankheiten (20 000 Befunde jährlich). Zugleich wurden die epidemiologischen Statistiken für die nationalen und internationalen Gesundheitsbehörden eingeführt.

Mit dem Auftreten der HIV-Problematik in Deutschland wurde im Auftrag der Bundesregierung innerhalb sehr kurzer Zeit die anonyme Laborberichtspflicht für HIV-Infektionen in der Bundesrepublik Deutschland etabliert. Später wurde diese Aufgabe dem Nationalen Aids-Zentrum übergeben, weil diese Tätigkeit den Aufgaben dieser Institution entspricht. Habermehl ist seit 1990 Mitglied des Nationalen Aids-Beirats der Bundesrepublik Deutschland.

Auf dem Gebiet der HIV-Infektionen wurden in den letzten Jahren umfangreiche Arbeiten durchgeführt, von denen die ersten Standardisierungen der HIV-Bestätigungstests sowie die Herstellung eines gereinigten Virusproteinstandards und die Entwicklung eines Enzymimmunassays auf biotechnologischer Basis (Oligopeptid-Elisa) hervorgehoben werden müssen.

Auch in der allgemeinen Virusdiagnostik war das Institut unter Habermehl führend und durch seine Mitgliedschaft im Diagnostikausschuß der Deutschen Vereinigung zur Bekämpfung der Viruskrankheiten und als Mitglied im Beirat des Paul-Ehrlich-Instituts, Bundesamt für Sera und Impfstoffe, maßgeblich an der Standardisierung der Virusdiagnostik beteiligt. Im Auftrag der Bundesärztekammer wurde die externe Qualitätskontrolle für Virusdiagnostik in der Bundesrepublik Deutschland etabliert und praktisch durchgeführt. Im Anschluß daran wurde auch für die WHO die gleiche internationale externe Qualitätskontrolle für Laboratorien der Dritten Welt eingeführt.

Karl-Otto Habermehl hat sich stark in wissenschaftlichen Gesellschaften engagiert. Er war 1981–1983 der erste Virologe, der Präsident der Deutschen Gesellschaft für Hygiene und Mikrobiologie wurde. Seit 1978 war er Vorstandsmitglied der Deutschen Vereinigung zur Bekämpfung der Viruskrankheiten und Vorsitzender des Diagnostikausschußes dieser Vereinigung, seit 1978 Vorstandsmitglied der European Group for Rapid Viral Diagnosis, um nur einige der engeren Fachgesellschaften zu nennen. 1981 war er Vorsitzender der traditionsreichen Berliner Medizinischen Gesellschaft.

Institut für Virologie im Fachbereich Veterinärmedizin der Freien Universität

Das Institut für Virologie im Fachbereich Veterinärmedizin der Freien Universität wurde im Jahre 1978 gegründet. Bis zu dieser Zeit war die Virologie als Teil der gesamten Mikrobiologie zuerst von Hans Hartwig, dann von Gerhard Monreal und bis zur Gründung des Instituts für Virologie von Ernst Hellmann im Fachbereich Veterinärmedizin vertreten worden.

Bei der Gründung des Instituts für Virologie in der Veterinärmedizin stand der Direktor des Instituts für Klinische und Experimentelle Virologie und Ordinarius an der Freien Universität, Karl-Otto Habermehl, Pate, denn er unterstützte diese Neugründung in der Tierärztlichen Fakultät mit Nachdruck. Im Juli 1978 nahm Hanns Ludwig den Ruf auf die Leitung des Instituts und den Lehrstuhl für Virologie am Fachbereich Veterinärmedizin der Freien Universität Berlin an. Er kam aus Gießen und hatte dort von 1971 bis 1978 am Institut für Virolo-

Hanns Ludwig.

gie im Fachbereich Veterinärmedizin mit Rudolf Rott, Hermann Becht und Christoph Scholtissek zusammengearbeitet. Nach seinem veterinärmedizinischen Studium in Zürich und Gießen und einem Studium der Biophysik in Gießen war Hanns Ludwig von 1965 bis 1968 im Fach der Veterinärhygiene am dortigen Institut für Hygiene und Infektionskrankheiten der Tiere tätig. Die Promotion erfolgte 1964 in Gießen, die Habilitation 1973. 1969–1971 war er Research Associate am Department of Virology and Epidemiology, Baylor College of Medicine in Houston, Texas. Von dort aus ging er nach Gießen.

Die Räume des Instituts sind im Robert-Koch-Institut am Nordufer untergebracht. Zugleich bestehen eine diagnostische Abteilung und ein Versuchstierstall in der Domäne Dahlem. Zu den Forschungsprogrammen des Instituts gehörten von Anfang an die Grundlagenforschung über animale Herpesviren und Vergleichsuntersuchungen mit humanen und Affen-

herpesviren. Es konnten Glykoproteine von Affenherpesviren sequenziert und die ersten Deletionen bei Pseudorabiesviren bestimmt werden. Darüber hinaus wurden Antigenverwandtschaften von Herpes-simplex-Viren untersucht. In einem zweiten Schwerpunkt der Forschungsprogramme befaßt sich das Institut mit der Bornakrankheit aus molekularbiologischer, immunologischer und pathogenetischer Sicht. Dazu gehört auch die tägliche diagnostische Tätigkeit, die sehr intensiv fortgeführt wird. Die Zunahme der Bornavirusinfektionen und dazu die in Kooperation mit dem Robert-Koch-Institut entdeckte Bornavirusinfektion des Menschen machten diese Problematik zu einem Hauptarbeitsgebiet des Instituts.

In der Anfangs- und Aufbauphase des Instituts hatte Georg Pauli, der zusammen mit Ludwig aus Gießen kam, an den Arbeiten mitgewirkt. Als er 1990 das Institut verließ, kam Michel F. Gustav Schmidt als Professor für Molekularbiologie an seine Stelle, wurde aber bei der Fusion der Fachbereiche der Freien Universität mit der Humboldt-Universität von dieser wieder übernommen.

Institut für Virologie an der Charité, Humboldt-Universität

Die Virusforschung wurde an der Medizinischen Fakultät der Humboldt-Universität in der zweiten Hälfte der 50er Jahre institutionalisiert. 1956 wurde an der Charité eine Abteilung für Virologie gegründet, die aus zwei Laborräumen und dem Zimmer des Abteilungsleiters mit einem Sekretariat bestand. Sie befand sich bis 1959 im Keller des Pharmakologischen Instituts an der Clara-Zetkin-Straße (Dorotheenstraße). Ihr erster Leiter war Ewald Edlinger, der vom Pasteur-Institut in Paris kam. Seine Mitarbeiter waren Konstantin Spies, Brigitte Mauersberger-Dietel und Hans-Alfred Rosenthal.

Am 9. Juli 1958 unterzeichnete der damalige Staatssekretär für das Hochschulwesen die Gründungsurkunde für ein Institut für Virolo-

Von links: Detlev Herbert Krüger,
Ewald Edlinger,
Hans-Alfred Rosenthal.

gie, zu dessen Direktor Ewald Edlinger ernannt wurde. Das Institut zog 1959 aus dem Keller der Pharmakologie in das zweitälteste Gebäude der Charité, in die Räume der damaligen Hautklinik ein. An dieser Klinik hatte es für kurze Zeit schon einmal ein Viruslaboratorium gegeben, das dem Direktor der Hautklinik unterstand. Der Oberarzt der Klinik, Wilfried Rhode, leitete das Labor. Sein Interesse galt dem Erreger der Keratokonjunktivitis. Später wurde das Labor dem Institut für Virologie zugeordnet.

In dem neugegründeten Institut für Virologie legte Edlinger das Schwergewicht auf die Etablierung einer leistungsfähigen Zellkultur. Sie sollte als methodische Grundlage für die Untersuchung tier- und menschenpathogener Viren dienen. Edlingers wissenschaftliches Interesse galt mehreren Gebieten. So veranlaßte er Konstantin Spies, nach dem Erreger der Hepatitis zu suchen, eine damals aktuelle Frage, deren Lösung allerdings unter den gegebenen Voraussetzungen nicht möglich war und darum auch nicht von Erfolg gekrönt sein konnte. Die experimentellen Arbeiten von Spies erleichterten aber später die Einführung einer Hepatitisdiagnostik in diesem Institut. Brigitte Mauersberger-Dietel sollte die Zellkultur weiter ausbauen und Hans-Alfred Rosental befaßte sich mit Bakteriopha-

gen. 1961 verließ Edlinger das Institut und ging an das Pasteur-Institut nach Tunis.

Von 1961 bis 1966 war Konstantin Spies Direktor des Instituts. Dieses wurde 1966 mit dem Institut für Medizinische und Allgemeine Mikrobiologie, Virologie und Epidemiologie vereinigt und erhielt wiederum den Status einer Abteilung. Von 1968 an leitete Hans-Alfred Rosenthal kommissarisch die Abteilung. 1984 trat erneut eine Änderung ein. Aus der Abteilung entstand wieder das Institut für Virologie im Bereich Medizin der Charité, und Hans-Alfred Rosenthal, der seit 1983 als Ordinarius den Lehrstuhl für Virologie innehatte, wurde zu seinem Direktor ernannt. Das Institut gliederte sich in die Abteilungen Allgemeine Virologie und Virusdiagnostik, Leiter Hans-Alfred Rosenthal, und in die Abteilung Molekulare Virologie und Chemotherapie, Leiter Detlev H. Krüger. Das Institut hatte seit Mitte der 70er Jahre bei 34 Planstellen stets etwa 30 Mitarbeiter. Die Hälfte davon waren Wissenschaftler.

Wissenschaftlich war das Institut rege und vielseitig. Einige Programme waren von der Notwendigkeit bestimmt, neue Testmethoden für die diagnostischen Aufgaben zu entwickeln und die erforderlichen Labormaterialien, die es nicht zu kaufen gab, optimal herzustellen. Die

Gebiete der Grundlagenforschung des Instituts betrafen Hepatitisviren, RNA-Tumorviren, antivirale Chemotherapeutika (Herpesviren, Ortho- und Paramyxoviren), Molekularbiologie der Bakterienviren T3 und T7, weitere molekularbiologische Studien am HIV- und am bovinen Leukämievirus. Das Institut war DDR-Referenzlaboratorium für Hepatitisviren und führte eine umfangreiche Labordiagnostik für die Universitätskliniken und andere Einrichtungen durch. Seit 1986 wurden HIV-Antikörper-Bestimmungen durchgeführt.

In der Lehre vertrat Edlinger erstmals seit 1960 die Medizinische Virologie in der Mikrobiologieausbildung. Das Lehrprogramm führten nach seinem Fortgang Spies und Rosenthal sowie später Krüger weiter. An der Charité bestand eine Vereinbarung, die das Verhältnis von Virologievorlesungen zu Mikrobiologie, Parasitologie und anderen dazugehörenden Vorlesungen wie ein Viertel zu Dreiviertel bestimmte. Die wissenschaftlichen Mitarbeiter des Instituts hielten Vorlesungen und Kurse für Mediziner, Zahnmediziner, Biologen und medizinische Assistenzberufe.

Im September 1989 wurde Hans-Alfred Rosenthal emeritiert. Nach ihm leitet Detlev Herbert Krüger das Institut. Er widmet sich vor allem der Entwicklung einer modernen virologischen Krankenversorgung und bearbeitet klinisch angewandte Probleme. Einen Schwerpunkt der Arbeiten bildet die Virusinfektion des immundefizienten Patienten.

Bochum

Abteilung für Medizinische Mikrobiologie und Virologie, Institut für Hygiene und Mikrobiologie der Ruhr-Universität

Die Gründung der Ruhr-Universität beschloß der Nordrhein-Westfälische Landtag am 18. Juli 1961. Damit sollte die dringend benötigte qualifizierte Hochschulausbildung im Ruhrgebiet einen angemessenen Platz finden und zugleich die Universitäten Köln, Aachen und Münster entlastet werden. Die Einrichtung einer Medizinischen Fakultät wurde von Anfang an – nicht zuletzt auch auf Empfehlung des Wissenschaftsrats hin – beschlossen. Der Gründungsausschuß konstituierte sich am 15. September 1961. Unter seinen 17 Mitgliedern befanden sich zwei Mediziner, der Internist Paul Martini aus Bonn und der Pathologe Hubert Meesen aus Düsseldorf. An der Ruhr-Universität bestand 1973 nur die Fakultät für Naturwissenschaftliche Medizin, mit jeweils zwei Parallellehrstühlen für Anatomie, Physiologie und Physiologische Chemie sowie einem Lehrstuhl für Humangenetik. Der Aufbau der Fakultät für Theoretische Medizin mit den Lehrstühlen für Pharmakologie, Pathologie, Hygiene, Bakteriologie, Virologie und Sozialmedizin vollzog sich unter schwierigen Bedingungen in Provisorien. Gleichzeitig übernahm die Fakultät für Theoretische Medizin die Planung für die dritte Medizinische Fakultät, die Klinische Medizin. Im Bereich der Medizinischen Mikrobiologie wurden drei Lehrstühle geschaffen: Bakteriologie, Virologie und Immunologie. Zusammen mit dem Fach Allgemeine und Umwelthygiene bilden diese Lehrstühle und Abteilungen heute das Institut für Hygiene und Mikrobiologie der Universität.

Den Lehrstuhl für Virologie sowie die Abteilung für Mikrobiologie und Virologie übernahm Hermann Werchau im Januar 1973. Er hatte seine Ausbildung in Virologie bei Richard Haas am Hygieneinstitut in Freiburg erhalten. Nach seiner Medizinalassistentenzeit hatte Werchau als Stipendiat der DFG am Biochemischen Institut in Freiburg gearbeitet. Nach seinem Wechsel an das Hygieneinstitut im Januar 1964 begann er dort mit Untersuchungen des Nukleinsäurestoffwechsels von Affennierenzellkulturen. Mit Arbeiten über das onkogene Virus SV40 habilitierte sich Werchau 1968 für Hygiene und Mikrobiologie. Im Hygieneinstitut war er zugleich für die virologische Diagnostik verantwortlich.

Hermann Werchau.

stellung rekombinanter Proteine wurden die für die Erzeugung einer Immunität wichtigen Epitope charakterisiert. Die Interaktion der Immunzellen nach der Virusinfektion untersuchte Werchau mit seinen Mitarbeitern sowohl im Tierexperiment als auch an den mit durch Invitro-Experimente vom Menschen gewonnenen Immunzellen.

Die Abteilung für Medizinische Mikrobiologie und Virologie verfügt über 4 Planstellen für Wissenschaftler und 6 Stellen für Technische Assistentinnen. Die Abteilung führt ihre Arbeiten mit den im Bochumer Modell zusammengeschlossenen Universitätskliniken durch. In der Lehrtätigkeit erfüllen die Wissenschaftler ein breites Programm an Vorlesungen und Kursen im Rahmen der Medizinischen Mikrobiologie. In der Molekularen Virologie werden vierwöchige Praktika für Biologiestudenten abgehalten.

In seinen experimentellen Arbeiten befaßte sich Werchau 1968–1971 in Freiburg mit Untersuchungen des Nukleinsäurestoffwechsels von Affennierengewebekulturen nach Infektion mit dem onkogenen Virus SV40. 1971/72 arbeitete er als Stipendiat der DFG am Salk Institute for Biological Studies in La Jolla, California, über Zellmembranveränderungen während der Zelltransformation durch onkogene Viren.

In Bochum führte Werchau seine in Freiburg begonnenen experimentellen Arbeiten über das onkogene SV40-Virus und Polyomavirus fort. 1980 begann er mit Arbeiten über Molekularbiologie und Epidemiologie von Rotaviren. Von 1987 an beschäftigten sich Werchau und seine Arbeitsgruppe mit der Replikation und der Pathogenese des «respiratory syncytial virus». Bei beiden Infektionskrankheiten ist der Zusammenhang zwischen lokaler und systemischer Immunität von besonderem Interesse, sowohl bei der humoralen als auch bei der zellulären Abwehr. Mit Hilfe der Peptidstrategie und der Her-

Bonn

Virologie am Institut für Mikrobiologie und Immunologie der Rheinischen Friedrich-Wilhelms-Universität

Im Jahre 1967 wurde das vom Hygieneinstitut der Universität abgezweigte Institut für Medizinische Mikrobiologie und Immunologie in Bonn gegründet und seine Leitung von Henning Brandis übernommen. Dorthin folgte ihm 1968 Karl-Eduard Schneweis, der bisher am Hygieneinstitut in Göttingen tätig war, um am Bonner Institut eine Virologiearbeitsgruppe aufzubauen. Dieser Gruppe wurden, zusammen mit 3 wissenschaftlichen Mitarbeitern, eine ausreichende Zahl technischer Hilfskräfte zugeordnet, um eine umfassende virologisch-serologische Diagnostik zu bewältigen. Die Arbeitsgruppe umfaßte einschließlich der mit Drittmitteln finanzierten technischen und wissenschaftlichen Mitarbeiter mehr als 30 Personen. Dennoch ist es bisher noch nicht gelungen, dieser verdienstvollen Arbeitsgruppe den Status einer selbstän-

Karl-Eduard Schneweis.

digen Abteilung für Virologie zu erwirken, wie es für Einheiten gleicher Größe dieses eigenständigen wissenschaftlichen Fachgebiets an fast allen Universitäten der Bundesrepublik Deutschland seit Jahren geschehen ist.

Karl-Eduard Schneweis hatte in Bonn und Göttingen Medizin studiert und in Göttingen promoviert. Nach seinen Tätigkeiten am Staatlichen Medizinaluntersuchungsamt in Hannover und am Hygieneinstitut in Hamburg sowie am Max-Planck-Institut in Berlin in der Abteilung für Gewebezüchtung bei Else Knacke, der ersten und berühmt gewordenen Wissenschaftlerin auf diesem speziellen experimentellen Gebiet, arbeitete er zunächst von 1957 bis 1967 am Hygieneinstitut in Bonn bei Henning Brandis. Dort hatte er sich 1962 habilitiert. 1969 befand er sich zu einem Forschungsaufenthalt bei André J. Nahmias an der Emory University School of Medicine in Atlanta, Georgia.

Die Forschungsaktivitäten von Karl-Eduard Schneweis in Bonn schlossen sich an die 1961 in Göttingen begonnenen Untersuchungen der beiden Herpes-simplex-Virus-Typen 1 und 2 und deren Zuordnung zu verschiedenen Krankheitslokalisationen an. Mit den damals verfügbaren Methoden wurde gezeigt, daß die Typendifferenzen zwischen HSV-1 und HSV-2 nicht auf unterschiedlichen Epitopen in weitgehend typengemeinsamen Antigenen beruhen, sondern daß typengemeinsame und typenspezifische Antigene unterschieden werden können. Solche typenspezifische Antigene, die heute mit Hilfe monoklonaler Antikörper oder mit der Immunoblotmethode separiert werden können, standen bei den seroepidemiologischen Untersuchungen zur Frage des kausalen Zusammenhangs zwischen den – meist genital lokalisierten – HSV-2-Infektionen und Gebärmutterhalskarzinomen noch nicht zur Verfügung. Aber auch ohne diese konnte gezeigt werden, daß die epidemiologischen Voraussetzungen, die zu Infektionen mit HSV-2 führen, für sich allein nicht ausreichen, um die Häufigkeit von HSV-2-Antikörpern bei Zervixkarzinompatientinnen zu erklären. Neben den Untersuchungen über die beiden Herpes-simplex-Virus-Typen wurde an der Standardisierung der serologischen Rötelnvirusdiagnostik gearbeitet. Darüber hinaus wurden die Möglichkeiten und Fehlerquellen bei der Anreicherung und Größenbestimmung von Viren durch Membranfiltration an Trink- und Oberflächenwasserproben untersucht.

Im Jahr 1976 begannen Untersuchungen zur Erforschung der Pathogenese der Herpes-simplex-Virusinfektion am Mausmodell. Durch Virusinokulation auf die unverletzte Schleimhaut wurde der natürliche Infektionsmodus nachgeahmt und der Infektionsablauf unter Einsatz der unterschiedlichen Möglichkeiten zu aktiver, passiver und adoptiver Immunisierung sowie unter Ausschaltung verschiedener Immunmechanismen verfolgt.

Für das Zustandekommen der latenten persistierenden Infektion in den Spinalganglien ist die Verhinderung der lymphohämotogenen

Streuung, die – wie beim Neugeborenenherpes – zur lebensbedrohlichen Generalisation des Virus führt, eine erste Voraussetzung. Es zeigte sich, daß von der Virusvermehrung auf der Schleimhaut immer dann eine lymphohämatogene Streuung ausgeht, wenn die für die unspezifische Infektabwehr verantwortlichen Zellen, wie die Makrophagen und NK-Zellen, entweder noch unreif oder funktionsunfähig sind. Hiermit war der neurale Weg für die Virusausbreitung determiniert.

Mit dem Jahr 1985 entwickelte sich die HIV-Forschung zu einem zweiten Forschungsschwerpunkt, denn 402 der 686 in Bonn betreuten Hämophiliepatienten erwiesen sich als HIV-Antikörper-positiv.

Nach seiner Pensionierung im Jahre 1990 hat Karl-Eduard Schneweis die Bonner Virologie noch weitere zwei Jahre geleitet. 1992 übernahm Bertfried Matz seine Position. Matz hatte seine Virologieausbildung in Heidelberg und Glasgow erhalten. Während seiner Tätigkeit in Freiburg konnte er sich mit seinen Arbeiten über die Genregulation beim Herpes-simplex-Virus und deren Wechselwirkungen mit anderen viralen und zellulären Genen habilitieren und internationale Anerkennung erwerben.

Angelika Vallbracht.

Bremen

Institut für Virologie der Universität

Die Gründung des Lehrstuhls und Instituts für Virologie der Universität Bremen ist einer privaten Stiftung des Landwirts Georg Tönjes Vagt in Bremen-Woltmershausen zu verdanken. Er hatte eine Stiftung, die «Tönjes-Vagt-Stiftung», zum Gedenken an seinen Sohn Tönjes Vagt vermacht, der am 20. März 1959 im Alter von 23 Jahren an einer damals als Virusinfektion diagnostizierten kurzen Krankheit verstorben war. Der Stifter Georg Tönjes Vagt wurde 1900 geboren, entstammte einer großbäuerlichen Familie und übernahm in dieser Tradition die Bewirtschaftung seines väterlichen Hofes. Er verstarb 1982.

Die Stiftung soll in Bremen der Förderung virologischer Forschung zur Bekämpfung viraler Infektionskrankheiten dienen. Hier besteht im norddeutschen Raum eine deutliche Parallele zur Reemtsma-Stiftung in Hamburg, aus der das Heinrich-Pette-Institut hervorgegangen ist. Der Kaufmann Philipp Reemtsma hatte 1943 seine Stiftung ebenfalls im Andenken an seinen an Poliomyelitis verstorbenen Sohn errichtet.

Den Ruf auf den neugegründeten Lehrstuhl und die Leitung des Instituts für Virologie, das sich zur Zeit der Drucklegung dieses Buchs noch ganz im Aufbau befindet, nahm Angelika Vallbracht 1990 an. Sie kam aus der Abteilung für Virologie des Hygieneinstituts in Tübingen, wo sie sich mit Fragen der Hepatitis A beschäftigt hatte. Der Lehrstuhl für Virologie ist im Fachbereich Biologie/Chemie angesiedelt. Angelika Vallbracht sieht darin die Möglichkeit, Studenten der Naturwissenschaften in den molekularen Grundlagen der Virologie auszubilden.

Düsseldorf

Institut für Medizinische Mikrobiologie und Virologie der Heinrich-Heine-Universität

Die Heinrich-Heine-Universität entwickelte sich mit ihren heute fünf Fakultäten aus den 1907 eröffneten Allgemeinen Krankenanstalten zunächst als Düsseldorfer Akademie für Praktische Medizin. Sie erhielt 1923, nunmehr als Medizinische Akademie, eine Rektoratsverfassung und das Recht zur klinischen Ausbildung von Studenten. Es wurde nach Gründung der Universität Düsseldorf 1965 auf die Aufnahme von Studienanfängern in den vorklinischen Fächern ausgedehnt. Ihren heutigen Namen erhielt die Universität 1988.

Die Aufgaben eines Hygieneinstituts wurden anfangs von einer hygienisch-bakteriologischen Abteilung wahrgenommen, die zunächst dem Institut für Experimentelle Therapie angehörte und 1913 dem Institut für Pathologie zugeordnet wurde. Die Entwicklung zur Eigenständigkeit verlief über die Bildung einer selbstständigen Einheit zunächst als Bakteriologisches Institut, dann 1920 als Hygieneinstitut, bis es 1948 den Namen Institut für Hygiene und Mikrobiologie erhielt. Daraus entstanden 1966 das Institut für Hygiene und das Institut für Mikrobiologie und Virologie.

Die Anfänge der virologischen Forschung lassen sich in Düsseldorf auf Kurt Herzberg zurückführen. Er kam 1927 vom Reichsgesundheitsamt in Berlin-Dahlem als Oberarzt an das Hygieneinstitut zu Paul Manteufel, der zuvor selbst Mitglied des Reichsgesundheitsamts war. In Düsseldorf habilitierte sich Herzberg alsbald mit der Arbeit «Eine Methode zur Zählung von Herpes- und Vaccinekeimen», wobei er die Zählung wie mit einem Plaquetest auf der Kaninchenkornea durchführte. Anschließend wandte er sich zu dieser Zeit schon den Arbeiten über das Vacciniavirus zu, die er in allen späteren Stationen seines Wirkens verfolgte und die zu seinem Lebenswerk wurden. Hier entwickelte er die Viktoriablaufärbung des Vacciniavirus, untersuchte die Virusvermehrung auf der Chorioallantoismembran des embryonierten Hühnereies und befaßte sich mit der postvakzinalen Enzephalitis. 1936 verließ er Düsseldorf und übernahm den Lehrstuhl für Hygiene in Greifswald.

Seinem Nachfolger Walter Kikuth kommt das Verdienst zu, die Virologie als eine dauerhafte Arbeitsrichtung in Düsseldorf begründet zu haben. Kikuth hatte sich 1931 an der Medizinischen Akademie habilitiert und gehörte dem Lehrkörper als Privatdozent auch während seiner schon 1929 begonnenen Tätigkeit als Leiter des Chemotherapeutischen Instituts der damaligen Farbenfabriken Bayer in der IG Farbenindustrie AG in Elberfeld. Im Kapitel über die Virologie in der Bayer-Pharma-Forschung sind die umfangreichen Erfolge seiner virologischen Arbeiten beschrieben. 1946 übernahm Kikuth die kommissarische Leitung des Instituts und 1948 das Ordinariat für Hygiene und Mikrobiologie an der Medizinischen Akademie, war aber immer noch bis 1950 zugleich bei Bayer tätig. Kikuth hat sich sehr für die Entwicklung des Fachs der Virologie an vielen Universitätsinstituten eingesetzt.

Walter Hennessen war 1953 als Wissenschaftlicher Assistent in das Institut eingetreten. Nach seinem Medizinstudium hatte er dort schon als Doktorand und kurze Zeit als Volontärassistent bei Kikuth gearbeitet. Oktober 1951 bis Juli 1952 war er am National Institute for Medical Research in London bei Sir Christopher Howard Andrewes, dem damals führenden Influenzavirologen, tätig. Von Oktober 1952 bis Oktober 1953 lernte er bei Albert Bruce Sabin an der Children's Hospital Research Foundation der University of Cincinnati die Enterovirologie gründlich kennen, das Gebiet, auf dem er in Düsseldorf weiterarbeitete und mit dem er sich habilitierte. Er errichtete dort das erste virologisch-diagnostische Laboratorium ein. Gerade in diesen Jahren traten gehäuft Erkrankungen an aseptischer Meningitis auf, die zum Teil den

Charakter von Epidemien annahmen. Von diesen Erkrankungsfällen konnte Hennessen die ersten Echo-9- und Echo-6-Virusstämme isolieren.

Hennessen ging 1958 als Leiter der Abteilung für Virusforschung und Impfstoffproduktion bei den Behringwerken nach Marburg. Im selben Jahr übernahm Ferdinand Müller die Leitung der Virusabteilung und habilitierte sich 1960 mit «Studien über die Komplementbindung an Virus-Antikörper-Komplexen». Nach einer kurzen Zwischentätigkeit als niedergelassener Arzt erhielt er die Leitung der Serologischen Abteilung des Hygieneinstituts in Hamburg.

Nach der Emeritierung von Walter Kikuth im Jahre 1965 und der Einrichtung des Instituts für Medizinische Mikrobiologie und Virologie wurde Gerhard Brand 1966 zu seinem ersten Direktor ernannt. Brand hatte durch seine früheren Arbeiten am Institut für Hygiene und Bakteriologie in Lübeck, am Bernhard-Nocht-Institut in Hamburg, am Institut für Hygiene und Medizinische Mikrobiologie in Berlin und schließlich an der University of Minnesota in Minneapolis wissenschaftliche Erfolge mit seinen Arbeiten über Leptospiren, Rickettsien und Viren vorzuweisen. Seine Tätigkeit in Düsseldorf fand schon nach einem Jahr mit seiner Rückkehr nach Minnesota ein baldiges Ende. Er hinterließ einen eigens für seine Forschungsabsichten erstellten Neubau, der in den Folgejahren die Virologie beherbergte und 1978 bei einer Feuersbrunst zerstört wurde. Die Virologie zog dann in einen gerade fertiggestellten Institutsneubau, der großzügig für die Mikrobiologie geplant war und seither beide Disziplinen beherbergt.

Die Virusabteilung des Instituts übernahm 1968 Kurt Schmidt. Nach wissenschaftlicher Betätigung in der Botanik hatte Kurt Schmidt von 1960 bis 1965 am Staatlichen Medizinaluntersuchungsamt in Hannover über die Präparation von Enterovirusantigenen, dann in Homburg an der Abteilung für Virologie bei Reinhard Wigand über Adenovirusantigene und ihre serologischen Reaktionen gearbeitet. In Düsseldorf setzte er diese Arbeiten fort und hatte gerade vor der Einführung der Elisa-Technik Bemühungen unternommen, die Latexagglutinationsreaktion für diagnostische Zwecke brauchbar zu machen. Im Jahr 1971 wurde Schmidt zum Wissenschaftlichen Rat und Professor ernannt, 1981 dann zum Professor auf Lebenszeit. 1982 ging Kurt Schmidt wegen der Folgewirkungen seiner Kriegsverletzungen in den vorzeitigen Ruhestand.

Andreas Scheid.

Zu seinem Nachfolger wurde 1983 Andreas Scheid berufen. Seine Arbeiten als Doktorand und Medizinalassistent bei Wilhelm Stoffel in Köln hatten das Interesse an Strukturen und Funktionen biologischer Membranen geweckt und 1969 zu einem Forschungsaufenthalt bei Purnell W. Choppin an der Rockefeller University in New York geführt. Dort hat er über Glykoproteine von Paramyxoviren gearbeitet, ihnen nach Zuordnung von Struktur und Funktion ihre Namen HN und F gegeben. Ferner hat er Beiträge zur wirtsabhängigen Aktivierung und Pathogenese geleistet sowie zur Charakterisierung der membranfusionierenden Eigenschaften des F-Proteins beigetragen. 1973 wurde Scheid am Rockefeller Institute Assistant Professor und 1976 Associate Professor.

Mit der Berufung nach Düsseldorf hat Scheid die virologische Diagnostik für das Universitätsklinikum übernommen und nach anfänglicher Kooperation mit den Mitarbeitern des Rockefeller Institute eine Forschungsgruppe aufgebaut, die sich mit der Funktion und Expression des HIV-Glykoproteins befaßt.

Der Personalstand der Virologie am Institut umfaßt 3 akademische Mitarbeiter und 12 weitere Mitarbeiter, dazu Diplomanden und Doktoranden der Biologie und Medizin.

Peter Wutzler.

Erfurt

Institut für Antivirale Chemotherapie des Zentrums für Klinisch-theoretische Medizin der Friedrich-Schiller-Universität Jena

Martin Sprößig, ein Schüler von Kurt Herzberg, übernahm 1959 den Lehrstuhl für Medizinische Mikrobiologie an der Medizinischen Akademie in Erfurt und baute am Institut für Medizinische Mikrobiologie die Abteilung für Virologie auf. 1985 wurde Peter Wutzler als sein Nachfolger zum Direktor des Instituts berufen. Als am 31. Dezember 1993 die Medizinische Akademie in Erfurt geschlossen wurde, gliederte man das Institut in Erfurt unter dem Direktorat von Peter Wutzler mit der neuen Bezeichnung Institut für Antivirale Chemotherapie formal in das Zentrum für Klinisch-theoretische Medizin der Friedrich-Schiller-Universität Jena ein.

Zu Beginn der virologischen Arbeiten am Institut etablierte Martin Sprößig 1959 eine leistungsfähige Zellkultur, die es ihm ermöglichte, humanpathogene Viren anzuzüchten und Virusantigene für die virologisch-serologische Diagnostik herzustellen. Mit der Immunfluoreszenzmethode gelang es ihm Ende der 60er Jahre, Adenoviren in Lunge und Gehirn nachzuweisen sowie Influenza-A-Virus im Herzmuskel und Gehirn. Experimentell erarbeitete er ein Modell der Virusmyokarditis in der mit Coxsackievirus infizierten Maus. In einem praxisbezogenen Programm führte er 1961, zusammen mit dem Chemiker Horst Mücke, die Peressigsäure mit dem Handelsnamen Wofasteril® als antibakteriell, antiviral und sporozid wirkendes Desinfektionsmittel ein.

Seit Beginn der 70er Jahre konzentrierten sich die Arbeiten des Instituts auf Fragen der Pathogenese, der Latenzmechanismen und der Diagnostik von Herpesviren. Das Institut wurde Referenzlabor für Herpesvirusinfektionen und übernahm in dieser Funktion wegen der allgemein fehlenden kommerziellen Herpesvirusantigene die gesamte virologische Diagnostik für Herpes-simplex-Virus, Varicella-zoster-Virus, Zytomegalievirus und Epstein-Barr-Virus für die südlichen und mittleren Bezirke der DDR und versorgte mehrere Transplantationszentren. In diesem Zusammenhang wurden wissenschaftliche Veranstaltungen durchgeführt, wie die alle drei Jahre stattfindenden «Wartburg-Herpes-Kolloquien» des Referenzzentrums, die weiten Anklang fanden.

Unter der wissenschaftlichen Leitung von Wutzler wurde seit 1985 eine Reihe von wissenschaftlichen Projekten bearbeitet und erfolgreich abgeschlossen, die von Forschungsverbänden der DDR vergeben worden waren. Als Leiter der interdisziplinären Forschungsgruppe «Herpesviren und maligne Erkrankungen» führte Wutzler Internisten, HNO-Ärzte, Pathologen und Mikrobiologen zusammen. In diesem Rahmen untersuchte er die mögliche Virusassoziation von Tumoren des Waldayer-Rachenrings sowie Fragen der Epstein-Barr-Virus-assoziierten Non-Hodgkin-Lymphome. Das Bundesministerium für Jugend, Familie und Gesundheit ernannte das Institut 1991 zum Referenzzentrum für Alpha-Herpesviren.

Einen wissenschaftlichen Schwerpunkt des Instituts bilden die Synthese von potentiellen Virostatika sowie die Aufklärung ihres Wirkmechanismus und Wirkungsspektrums. Schon anfangs der 80er Jahre wurden Methoden zur In-vitro- und In-vivo-Testung von Virusinhibitoren entwickelt. Zur Zeit sind alle wesentlichen Tiermodelle für die experimentelle Herpes-simplex-Virus-Infektion, wie Enzephalitis, Kornea- und Hautinfektionen, sowie Hepatitis und das Mäuseohrmodell, einsetzbar.

Untersuchungen von Phenolkörperpolymerisaten durch Renate Klöcking trugen wesentlich zur Aufklärung des Wirkungsspektrums, des Wirkmechanismus und der Struktur dieser polyanionischen Inhibitoren der Virusadsorption bei. Die Experimente wurden gemeinsam mit einer finnischen und einer belgischen Arbeitsgruppe durchgeführt. Neben den Phenolkörperpolymerisaten wurden vor allem nukleosidanaloge und pyrophosphatanaloge Verbindungen in ihrer Wirkung auf das Herpes-simplex-Virus und das Varicella-zoster-Virus untersucht. Dazu gehörten auch die Entwicklung, die tierexperimentelle sowie die klinische Prüfung des Nukleosidanalogons Brivudin® mit dem Handelsnamen Helpin® zur Behandlung von Varicella-zoster-Virus-Infektionen bei immunsupprimierten Patienten sowie des Pyrophosphats Trinatriumphosphonoformiat mit dem Handelsnamen Triapten® als antivirale Salbe zur topischen Behandlung von Herpes-simplex-Virus-Infektionen. Gegenwärtig wird diese Arbeitsrichtung weiterverfolgt, wobei die Entwicklung und Testung neuer Pyrophosphate und die Etablierung eines Kaninchenmodells für Epstein-Barr-Virus-Infektionen besondere Schwerpunkte bilden.

Erlangen

Institut für Klinische und Molekulare Virologie der Friedrich-Alexander-Universität

Gründer des heutigen Instituts für Klinische und Molekulare Virologie an der Friedrich-Alexander-Universität Erlangen-Nürnberg war der Kinderkliniker Adolf Windorfer. Er hatte sich schon seit vielen Jahren wissenschaftlich mit der Epidemiologie und Klinik der Poliomyelitis, der Bornholm-Krankheit und anderen Virusinfektionen des Kindes beschäftigt und in Zeitschriften und Monographien vielbeachtete Beiträge veröffentlicht. Er interessierte sich Ende der 50er Jahre besonders für die Laboratoriumsdiagnostik der Poliomyelitis und der anderen für die klinische Differentialdiagnose in Frage kommenden Virusinfektionen. Die virologisch-serologische Laboratoriumsdiagnostik hatte während jener Jahre ihre ersten Schritte gemacht und das Interesse der Kliniker geweckt. Zu dieser Zeit lernte Windorfer die Arbeit der Poliomyelitisstation und des Viruslabors der Fried-

Harald zur Hausen.

rich-Baur-Stiftung an der II. Medizinischen Universitätsklinik in München kennen. Die enge Zusammenarbeit von Klinik und Labor unter einem Dach, wie sie dort verwirklicht worden war, hatte ihn dann wohl dazu geführt, auch in seiner Klinik ein Viruslabor einzurichten. Daraus entstand später das Institut für Klinische Virologie, mit einer Bezeichnung, die für ein Virusinstitut seinerzeit kaum so gebräuchlich war, sondern eher zukunftsweisend die zunehmende praktische Bedeutung der Virusforschung und -diagnostik für die Kinderklinik unterstrich. Die Räume des Instituts schloß er darum auch seiner neuen Klinik für Infektionskrankheiten an.

Das Bayerische Kultusministerium in München richtete 1971 einen neuen Lehrstuhl für Klinische Virologie an der Universität Erlangen-Nürnberg ein. Auf diesen wurde im gleichen Jahr Harald zur Hausen berufen, der bisher am Institut für Virologie in Würzburg tätig war. Er wurde im Alter von 36 Jahren der erste Lehrstuhlinhaber für das Fach Virologie an der Friedrich-Alexander-Universität. Harald zur Hausen hatte vor seiner Würzburger Zeit mehrere Jahre am Childrens Hospital in Philadelphia bei Werner und Gertrude Henle gearbeitet, bei denen so viele deutsche Virologen ihre wissenschaftlich prägendsten Lehrjahre verbracht haben und ihnen Anregung und Wissen verdanken. Dort untersuchte er Chromosomen-Rearrangements nach Adenovirusinfektionen. In seinen Würzburger Arbeiten erbrachte er den Nachweis des Epstein-Barr-Virus im Burkitt-Lymphom. Damit erlangte er sogleich internationale Aufmerksamkeit. In Erlangen befaßte er sich zunächst noch mit dem Epstein-Barr-Virus, begann aber dann sein Forschungsprogramm auf die Papillomviren zu erweitern. In Zusammenarbeit mit dem Dermatologen Otto Hornstein und vor allem mit seinem Oberarzt Wolfgang Meinhof gelang es zur Hausen, aus Operationsmaterial von Fußwarzen Papillomviren zu isolieren. Er verfolgte dabei das Prinzip, Virusisolierungen nur aus individuellen Warzen vorzunehmen, im Gegensatz zu Gérard Orth in Paris, der damals auf dem gleichen Gebiet arbeitete und die Isolate aus Warzen-Pools gewann. Zur Hausens Vorstellung war dabei, daß das Papillomvirus – wie andere Virusarten – auch aus unterschiedlichen Virustypen bestehen könnte. Die englische Virologin June Almeida hatte berichtet, daß Seren von Fußwarzenträgern nicht nur das Virus aus Fußwarzen, sondern auch aus Genitalwarzen agglutinieren, demgegenüber aber Seren von Genitalwarzenträgern nicht mit Virusmaterial aus Fußwarzen reagieren, also nur eine partielle Verwandtschaft unter den Papillomviren bestehen müsse. Das war der Ausgangspunkt für die späteren ausgedehnten Untersuchungen über dieses Virus und die Bestimmung der Vielzahl von Papillomvirustypen mit differenzierten Eigenschaften und aus unterschiedlichen klinischen Lokalisationen. Zur Hausen stellte schon sehr bald die Frage nach der kausalen Beteiligung des Papillom-

Bernhard Fleckenstein.

virus aus genitaler Lokalisation an der Entstehung des Genitalkrebses bei der Frau, aber auch beim Mann. Die Bemühungen zur Klärung dieser Fragen sollten seine ganze künftige Forschungsarbeit bestimmen.

Neben dem Papillomvirusprogramm verfolgte zur Hausen mit seinen Mitarbeitern noch Untersuchungen über das Epstein-Barr-Virus und andere Herpesviren und zusätzlich ein Projekt zur Charakterisierung von modifiziertem Adenovirus, das nach Passage in Vero-Affennierenzellen entstanden war. Darüber hinaus hatte das Institut labordiagnostische Verpflichtungen für die Universitätskliniken zu erfüllen.

1977 folgte zur Hausen dem Ruf auf den durch die Emeritierung von Richard Haas freigewordenen Lehrstuhl für Virologie an der Albert-Ludwigs-Universität in Freiburg und verließ das Erlanger Institut.

Als Nachfolger kam Bernhard Fleckenstein nach Erlangen. Zu seinen Forschungsthemen gehörten die T-lymphotropen Herpesviren nichtmenschlicher Primaten, die funktionelle Analyse regulatorischer HIV-Proteine durch eukaryote Expressionsklonierung in T-Lymphozyten, das menschliche lymphotrope Herpesvirus (HHV6), die Transformation menschlicher T-Lymphozyten durch ein neuartiges Herpesvirusonkogen, die Transformation humaner T-Lymphozyten durch Rhadinoviren, die Rolle des Regulationsproteins *vpr* für Replikation und Pathogenität des «simian immunodeficiency virus».

Herbert Pfister, der 1982 auf eine Professorenstelle an das Institut berufen wurde, beschäftigte sich mit der Rolle humanpathogener Papillomviren in menschlichen Tumoren. Im einzelnen bemühte er sich um den Nachweis dieser Viren in menschlichen Tumoren, die Klonierung und Charakterisierung der viralen DNA, die noduläre Struktur viraler Enhancer und DNA-Protein-Wechselwirkungen im Bereich der Kontrollsequenzen, die funktionelle Charakterisierung pathogenetisch relevanter viraler Gene über Expression mittels eukarioter Expressionsvektoren nach Transfektion von Zielzellen, die Abhängigkeit der humanpathogenen Papillomviren-Genexpression vom Differenzierungsstatus der Wirtszelle, die Analyse mittels In-situ-Hybridisierung mit genspezifischen RNA-Sonden und schließlich um die humorale Immunantwort auf Infektionen mit diesen Viren.

Gerhard Jahn bearbeitete am Institut Themen wie die Genexpression und Persistenz von menschlichem Zytomegalievirus in Zellen des hämatopoetischen Systems und die Rolle der Tegumentproteine in Replikation und Persistenz des humanen Zytomegalievirus sowie über die molekulare und biologische Heterogenität von humanen Immundefizienzviren des Typs 2 und über die Rolle ihrer Regulatorproteine *nef* und *vpr* für ihre Pathogenität. Er übernahm 1992 den Lehrstuhl für Virologie an der Eberhard-Karls-Universität in Tübingen.

Robert-Koch-Haus in Essen. Die Abteilung Virologie befindet sich im 4. Stock in den Vorbauten.

Essen

Institut für Medizinische Virologie und Immunologie der Gesamthochschule

Wie häufig in solchen Städten, in denen in neuerer Zeit eine Hochschule gegründet wurde, sind einige der heutigen Hochschulinstitute aus früheren städtischen medizinischen Einrichtungen hervorgegangen. So entwickelten sich auch in Essen die heutigen Hochschulkliniken und -institute aus früheren städtischen Einrichtungen. Diese Änderung vollzog sich nicht nur im administrativ-strukturellen Bereich, sondern auch im medizinisch-wissenschaftlichen Wandel.

Die Entstehung des Hygieneinstituts und damit zugleich eines Mikrobiologielabors geht in Essen auf die ganz frühe Zeit von Robert Koch zurück. Seine Entdeckung der Erreger der Tuberkulose und anderer Infektionskrankheiten führten um die Jahrhundertwende zur Gründung zahlreicher bakteriologischer Untersuchungsanstalten. Im Ruhrgebiet wurde auf Initiative von Robert Koch im Jahr 1902 in Gelsenkirchen ein Hygieneinstitut gegründet. Träger dieses Instituts war der Verein zur Bekämpfung der Volkskrankheiten im Ruhrgebiet. Die starke Zunahme der anfallenden Untersuchungen machte 1907/08 die Einrichtung von Zweigstellen in Essen und anderen Städten des Ruhrgebiets notwendig. Mit der Gründung wurde Josef Hohn beauftragt, der das nunmehrige Bakteriologisch-serologische Institut in Essen bis 1947 leitete. Sein Nachfolger wurde 1947 Werner Herrmann.

Als die Gesamthochschule Essen aufgebaut wurde, ernannte das Ministerium des Landes Werner Herrmann aufgrund seiner wissenschaftlichen Verdienste zum Leiter des Mikrobiologischen Instituts der Gesamthochschule Essen. Herrmann plante seit 1964 zugleich die Gründung einer Virologiearbeitsgruppe an seinem Institut. Er hatte auch schon die dazugehörigen Räume für die Virologie im Neubau des Robert-Koch-Hauses vorgesehen.

Seit 1966 stand das Institut für Medizinische Mikrobiologie unter der Leitung von Götz Linzenmeier, der auch seinerseits die Entwicklung

Ernst K. Kuwert.

einer Abteilung für Virologie von Anfang an unterstützte.

Ernst K. Kuwert wurde dann 1964 mit dem Aufbau der virologischen Laboratorien beauftragt, 1969 zum Wissenschaftlichen Abteilungsvorsteher und Professor ernannt und mit der Leitung der Abteilung für Virologie und Immunologie beauftragt. 1972 wurde die Abteilung zum Institut für Medizinische Virologie und Immunologie umgewandelt. Ernst K. Kuwert wurde zum Ordinarius und Direktor des Instituts ernannt.

Ernst K. Kuwert wurde 1931 in Marienburg, Ostpreußen, geboren, studierte Tiermedizin bis zur Promotion zum Dr. med. vet. in Leipzig. 1956–1960 war er am Friedrich-Löffler-Institut auf der Insel Riems, zuletzt als Oberassistent, tätig. Nach einer kurzen Zwischentätigkeit 1960 am Institut für Tollwutschutzimpfung in Potsdam ging er 1961 an das Heinrich-Pette-Institut nach Hamburg. 1964 begann er seine Tätigkeit am Institut für Medizinische Mikrobiologie in Essen. Seine Habilitation für Medizinische Virologie und Immunologie erhielt er 1967. Ein Gastwissenschaftleraufenthalt am Wistar Institute of Anatomy and Biology in Philadelphia bei Hilary Koprowski schloß sich 1967/68 an. Dort setzte er seine Arbeiten über das Tollwutvirus fort, die er später am Institut in Essen in sein Forschungsprogramm übernahm. Nach seiner Ernennung zum Ordinarius und neben seinen umfangreichen Aufgaben als Direktor des Instituts für Medizinische Virologie und Immunologie absolvierte er von 1972 an ein Medizinstudium, das er 1980 mit der Approbation und Promotion zum Dr. med. abschloß.

Großes Engagement bewies Ernst Kuwert für die akademische Selbstverwaltung. 1972–1974 war er als Prorektor für Forschung ein Mitglied des Gründungsrektorats der Universität Essen und 1975/76 und erneut 1980/81 Dekan der Medizinischen Fakultät; 1980–1984 war er Präsidiumsmitglied des Deutschen Hochschulverbandes. Auch in Fachorganisationen war Kuwert in Beratungsgremien aktiv. Seit 1975 war er Vorsitzender der Desinfektionsmittelkommission der Deutschen Vereinigung zur Bekämpfung der Viruskrankheiten und seit 1982 Direktor des WHO Collaborating Centre for References and Research on Neurological Zoonoses.

1985 verstarb Ernst K. Kuwert unerwartet aus vollem Arbeitsleben. Bis 1987 leitete Norbert Scheiermann das Institut kommissarisch. 1988 wurde Olaf Traenhart zum kommissarischen Direktor des Instituts bestellt.

Über die wissenschaftlichen Programme und Arbeiten des Instituts unter der Leitung von Kuwert schrieb Olaf Traenhart wie folgt:

1975–1980: Wegen des Einsatzes von Desinfektionsmitteln zur Reduzierung von Hepatitis-B-Virus-Infektionen – Impfstoffe waren damals noch nicht verfügbar – wird eine Reagenzglasmethode zur Überprüfung der Effizienz von entsprechenden Desinfektionsverfahren in Zusammenarbeit mit dem Institut für Anatomie des

Klinikums Essen (R. Dermietzel) entwickelt. Dieser Morphologische Alterations- und Desintegrationstest (MADT) ermöglicht die Reduzierung sonst notwendiger Versuche am Schimpansen. Der MADT wird mittlerweile von amtlichen Stellen der Desinfektionsmittelzulassung in mehreren Ländern Europas als Prüfmethode anerkannt.

1976: Erstmalig wird die von Kuwert in den USA mitentwickelte Gewebekulturvakzine gegen Tollwut mit einem von ihm entwickelten Impfschema nach dem Biß oder nach Kontakt mit tollwütigen Tieren bei Erwachsenen und sogar bei Kindern angewendet.

Die WHO nimmt dieses «Essen-Schema» der sechsmaligen Impfung in ihre Empfehlungen auf.

1980: Das WHO Collaborating Centre for References and Research on Neurological Zoonoses (WHO CC Essen) am Institut veranstaltet nach seiner Etablierung unter Mitarbeit der WHO das erste Essen-Meeting über «Cell Culture Rabies Vaccines and their Protective Effect in Man». Wissenschaftler aus elf Ländern nahmen daran teil.

1983–1985: Durch alarmierende Berichte über die Aids-Ausbreitung werden erste immunologische und später virologische Untersuchungen bei Aids-Patienten und Blutspendern aufgenommen.

Als weitere Forschungsschwerpunkte sind noch zu nennen:
- Seroepidemiologische Untersuchungen zur Risikoerkennung und Impfindikation bei der Bekämpfung von Poliomyelitis, Influenza und Hepatitis B.
- Immunologie der multiplen Sklerose.
- Immunogenitätsuntersuchungen nach Tollwutschutzimpfung sowie Wertigkeitsbestimmung dieser Vakzine im Tier- und Reagenzglasversuch in Zusammenarbeit mit anderen WHO-Referenzzentren.

Im akademischen Unterricht werden vom Institut Vorlesungen und Praktika in Virologie, Immunologie und Tropenmedizin angeboten. Am Institut arbeiten internationale Gastwissenschaftler aus zahlreichen Ländern. Die Möglichkeit der Weiterbildung zum Laborfacharzt ist gegeben.

Der Lehrstuhl für Virologie wurde 1991 mit Michael Roggendorf, der vom Max-von-Pettenkofer-Institut in München kam, neu besetzt.

Frankfurt am Main

Institut für Medizinische Virologie des Zentrums der Hygiene der Johann-Wolfgang-Goethe-Universität

Mit der Berufung von Kurt Herzberg 1956 von Marburg aus auf das Ordinariat und das Institut für Hygiene der Universität Frankfurt am Main begann die Virologie an dieser Universität. Herzberg hatte schon während seiner Tätigkeit in Greifswald 1936 und später in Marburg mit Studien über die Morphologie des Pokkenvirus und über die Impfstoffentwicklung virologisch gearbeitet. Darum widmete er sich in Frankfurt weniger dem Gebiet der Hygiene als der virologischen Forschung. Er gehört zu den Pionieren der deutschen Virologie.

Kurt Herzberg wurde 1896 in Berlin geboren, studierte Medizin in Berlin und Rostock und promovierte in Berlin. Zunächst arbeitete er am Physiologisch-chemischen Institut der Charité und von 1921 bis 1927 am Reichsgesundheitsamt in Berlin in der Hygiene und Bakteriologie. Er habilitierte sich während seiner Zeit von 1927 bis 1936 als Oberarzt am Hygieneinstitut der Medizinischen Akademie in Düsseldorf für das Fach Hygiene und Bakteriologie. 1936 folgte er dem Ruf an das Hygieneinstitut und auf den Lehrstuhl in Greifswald. Dort begann er seine virologischen Forschungen mit Arbeiten über das Influenzavirus und später über die «Balkangrippe», deren Erreger er mikroskopisch als «großes Virus» identifizierte. Das war der Anfang seiner umfangreichen morphologischen

Untersuchungen. Sie prägten seine ganze spätere Forschung.

Herzbergs Viktoriablaufärbung des Pockenvirus war bei Variolainfektionen damals von großer Bedeutung wegen der frühen labordiagnostischen Differenzierungsmöglichkeiten zwischen Pocken- und Herpesviren, die man an Präparaten von Material aus der infizierten Chorioallantoismembran vornehmen konnte.

Zuerst in Marburg, dann in Frankfurt arbeitete Herzberg licht- und elektronenmikroskopisch über die Vermehrung der Kanarienpocken. Dieses Virus interessierte ihn deshalb, weil er, wie bei der Balkangrippe, die später Q-Fieber genannt und deren Erreger zu den Rickettsien eingeordnet wurde, eine «Zweiteilung» an den färberisch nachgewiesenen Partikeln in der Zelle zu erkennen hoffte. Er hat dann ein Modell der Poxvirusstruktur und des Zusammenbaus des Pockenvirus im Zytoplasma erarbeitet. Zugleich schloß er Herpes-simplex-Viren, Varicella-zoster- und Influenzaviren in sein Forschungsprogramm ein. Darüber hinaus richtete Herzberg seinen Blick auch auf neue Gebiete der Virusforschung. Aus dieser Zeit erinnert sich Albrecht Karl Kleinschmidt an eine bemerkenswerte Laudatio, die Herzberg als Dekan anläßlich einer Preisverleihung zu Ehren des Nobelpreisträgers Otto Warburg mit folgender Bemerkung gehalten hatte:

> «Der Virologe sagte dabei dem Biochemiker, er glaube nicht an die biochemisch begründete Säuerungshypothese als Ursache der Transformation von proliferierenden Zellen zu Krebszellen. Vielmehr sei diese bei allen Tumorzellen auf virale Faktoren zurückzuführen. Welch zukunftsweisendes Statement Jahrzehnte vor den Onkogenen.»

Herzberg veröffentlichte 1947 einen «Virusatlas», der sein morphologisches Oeuvre zusammenfaßte und seinerzeit in der Lehre viel benutzt wurde. Obwohl dieser Atlas bei der schnell fortschreitenden elektronenmikroskopischen Präparationstechnik bald überholt war, darf man ihn doch als historisches Dokument in der Virologie ansehen. Kurt Herzberg wurde 1966 emeritiert. Er starb 1976 in Frankfurt.

Seit 1957 waren Albrecht Karl Kleinschmidt und Gerhard May Mitarbeiter des Virologieinstituts. Kleinschmidt war elektronenmikroskopisch tätig. Er ging später in die USA und arbeitete dort sehr erfolgreich in der Elektronenmikroskopie der viralen DNA-Darstellung, bevor er 1973 auf den Lehrstuhl nach Ulm berufen wurde.

Gerhard May baute am Frankfurter Institut eine virologische Laboratoriumsdiagnostik auf und wurde Leiter der entsprechenden Abteilung des Medizinaluntersuchungsamts. Er nahm mit seinen virologisch-diagnostischen Arbeiten an der damals schnellen Entwicklung auf diesem Gebiet teil. Er untersuchte und optimierte Virostatika gegen Influenza und Herpes labialis. Zudem entwickelte er eine spezielle Methode zur Wirksamkeitsprüfung virologischer Sterilisations- und Desinfektionsverfahren, wobei er Bakteriophagen als Testviren verwendete.

Als 1967 Lehrstuhl und Leitung des Instituts für Hygiene an Hans Knothe übergingen, erhielt Gerhard May das Extraordinariat und die Leitung der neu geschaffenen Abteilung für Medizinische Virologie. Er setzte in dieser Funktion seine Arbeiten in der virologischen Laboratoriumsdiagnostik fort. 1984 wurde Gerhard May pensioniert.

Das erste Ordinariat für Virologie an der Johann-Wolfgang-Goethe-Universität entstand 1984. Hans Wilhelm Doerr wurde auf diesen Lehrstuhl berufen und zugleich zum Leiter des Instituts für Medizinische Virologie ernannt. Hans Wilhelm Doerr hatte nach dem Medizinstudium in München seine virologische Ausbildung bei Richard Haas in Freiburg erhalten. 1977 wurde er Wissenschaftlicher Mitarbeiter am Institut für Medizinische Virologie in Heidelberg bei Klaus Munk. Er habilitierte sich dort für das Gesamtgebiet Medizinische Mikrobiologie und Allgemeine Hygiene mit biometrischen, serodia-

Hans Wilhelm Doerr.

gnostischen und molekularbiologischen «Beiträgen zur Epidemiologie und Infektionskrankheiten am Modell der humanen Herpesviren», wurde Oberarzt des Instituts und Professor. Von dort aus erhielt er den Ruf nach Frankfurt. Hans W. Doerr baute seine Abteilung in Frankfurt zu einem EDV-gestützten regionalen Zentrum der Klinischen Virologie aus. Pro Jahr werden etwa 45 000 Materialproben mit allen einschlägigen Methoden der Virologie und Infektionsserologie laboratoriumsdiagnostisch untersucht.

Wissenschaftlich arbeitete die Virologie in mehreren Schwerpunkten: Ein erster galt der Optimierung der virologischen Laboratoriumsdiagnostik und der epidemiologischen Untersuchungen. Dazu gehörte die Entwicklung von Zellkulturen, die in proteinfreien Nährmedien gehalten werden, somit auch ohne Zusatz von Wachstumsfaktoren. Die Bedeutung solcher Zellkulturen liegt in der biotechnologischen Produktion von Pharmaka, Impfstoffherstellung und diagnostischen Virusisolierung. In Zusammenarbeit mit der forschenden pharmazeutischen Industrie und dem Paul-Ehrlich-Institut wurden in einer Monographie «Kriterien für die Infektionssicherheit biotechnologischer Pharmazeutika aus virologischer Sicht» erarbeitet.

Als nächstes wurden zur Erforschung der Pathogenität des Zytomegalievirus nichtfibroblastoide Zellkulturen entwickelt, die permissiv für eine produktive menschliche Zytomegalievirusinfektion sind. Die serodiagnostischen und epidemiologischen Untersuchungen galten bevorzugt den Zytomegalie- und Aids-Infektionen, mit besonderem Schwerpunkt auf den Prognosefaktoren und der Risikogruppenanalyse. Zum anderen gehörten dazu die Evaluation und Entwicklung von Virostatika sowie Untersuchungen von Resistenzmechanismen.

Hans W. Doerr wurde 1990 zum Leiter der Sektion Antivirale Chemotherapie in der Paul-Ehrlich-Gesellschaft ernannt und übernahm gleichzeitig den Vorsitz einer entsprechenden Kommission in der Gesellschaft für Virologie. Zur Erfüllung dieser Aufgaben wurden am Frankfurter Institut In-vitro-Systeme etabliert, um neue Substanzen biologischer Herkunft oder synthetischer Produktion auf virostatische Wirksamkeit zu prüfen. In Zusammenhang mit der pädiatrischen Onkologie geht es im Programm des Instituts um die Erforschung zellulärer Mechanismen, die eine Virusinfektion gegen Virostatika resistent machen, was in Analogie zum «Multidrug-resistance»-Mechanismus bei Zytostatika zu sehen ist.

Freiburg

Abteilung Virologie des Instituts für Medizinische Mikrobiologie der Albert-Ludwigs-Universität

Als Richard Haas 1955 auf den Lehrstuhl für Hygiene und als Direktor an das Hygieneinstitut, das heutige Institut für Mikrobiologie und Hygiene, nach Freiburg berufen wurde, wechsel-

Richard Haas.

«Ihre Berufung war ein Glücksfall. Sie hatten in den Behringwerken in Marburg mit der Herstellung des Poliomyelitis-Impfstoffes nach Salk begonnen. Dies hatte zwei Konsequenzen:
1. Die Produktion des Impfstoffes war nur auf der Basis moderner virologischer Methoden möglich. Vor allem die Methode der Gewebekultur eröffnete die neue Dimension, die Wechselwirkung einer Mikrobe mit dem Wirtsorganismus wenigstens teilweise in vitro untersuchen zu können.
2. Die aktive Schutzimpfung gegen die seinerzeit furchterregend zunehmende Poliomyelitis machte das Fachgebiet der Virologie mit einem Schlage zu einem der Bannerträger medizinischen Fortschrittes. Wie Phoenix aus der Asche stieg die Virologie aus der seinerzeit verödeten Forschungslandschaft der Hygiene empor. Das Freiburger Institut profitierte von diesen Impulsen. Professor Haas setzte mit der Einführung der neuen Methoden unter Einbeziehung von Grenzgebieten der Zytologie, der Biochemie, der Mikrobiologie und der Immunologie in die medizinische Virologie mit der dafür erforderlichen Einrichtung technisch perfekter Laboratorien von bis dahin an unseren Hygiene-Instituten völlig unbekannter Qualität ganz neue Maßstäbe.»

te er von einer erfolgreichen Industriepraxis bei den Behringwerken in Marburg zu einer Hochschullehrertätigkeit. Darum paarte er bei seinen Arbeitszielen immer praktische Aspekte der experimentellen Forschung mit dem Einsatz modernster und exaktester Methodik in der anwendungsorientierten Virusforschung. Das führte ihn dazu, in Freiburg die Klinische Virologie zum Forschungsprogramm seines Instituts zu machen, in der Erkenntnis, daß hier in der Medizin die dringendsten Forderungen an die Virologie gestellt wurden und daß gerade in jener Zeit die neuen experimentellen Methoden, z.B. die Einführung der Zellkulturtechnik und die ersten Anfänge der Molekularbiologie, die besten Chancen für eine erfolgreiche klinisch-virologische Arbeit bieten würden.

Was diese Perspektiven für den Lehrstuhl und das Institut bedeuteten, schilderte Reiner Thomssen in seiner Laudatio zum 75. Geburtstag von Richard Haas:

Es war darum nur konsequent, wenn sich die ersten Arbeiten in der neuen Freiburger Arbeitsgruppe aus dem Kreis der Probleme um die Poliomyelitisschutzimpfung entwickelten. Da inzwischen auch der Impfstoff mit aktivem abgewandeltem Virus nach Sabin vor seinem allgemeinen Einsatz stand, unternahm das Institut eine der ersten Evaluierungen der «Schluckimpfung», zusammen mit einem Berner Institut, das den Impfstoff bei Schweizer Schulkindern einsetzte. Virusstammcharakterisierungen zur Unterscheidung von Wildvirus- und Impfvirusstämmen wurden entwickelt. Ein erster Festphasen-Radioimmuntest zum Antikörpernachweis gegen Polioviren entstand. Das SV40, das man erst durch die Verwendung primärer Affennierenzellen bei der Polioimpfstoffherstellung in diesen Zellen entdeckte, wurde in seiner proteinchemischen Zusammensetzung richtig analysiert. Im Zusammenhang mit den für die Impfstoffproduktion benötigten und importierten Affen war das später so bezeichnete Marburgvirus eingeschleppt worden. Richard Haas war es zu verdanken, daß die verseuchte Tiergruppe, wenigstens soweit das Freiburger Institut davon Tiere erhalten hatte, nicht getötet wurde und so als gesichertes Ausgangsmaterial für weitere Untersuchungen zur Verfügung stand.

Das Forschungsprogramm von Haas und seinen Mitarbeitern erweiterte sich in der Folgezeit auch auf andere Virusarten. Arbeiten zur exakten Größenbestimmung des Rötelnvirus und damit zu seiner morphologischen Identifizierung, ferner zur Nukleinsäure dieses Virus sowie zur Natur des Hämagglutinininhibitors entstanden. Bei Untersuchungen über das Hepatitis-B-Virus wurde die Bedeutung des IgM-anti-HBc erkannt. Der damals aktuellen Frage nach den Beziehungen zwischen Herpes-simplex-Virus und Portiokarzinom wurde intensiv nachgegangen. Entwicklungsarbeiten zur Optimierung der virologischen Laboratoriumsdiagnostik nahmen breiten Raum ein. Das galt insbesondere für die Diagnostik des Zytomegalievirus.

Viele dieser Forschungsarbeiten und deren Ergebnisse waren Gegenstand der Habilitationsarbeiten von Mitarbeitern des Instituts, die später selbst leitende Positionen in der Virologie an Universitäten, Medizinaluntersuchungsämtern und anderen wissenschaftlichen Einrichtungen erhalten haben. Aus dem Institut sind hervorgegangen: Reiner Thomssen, Universität Göttingen; Hermann Werchau, Universität Bochum; Herbert Schmitz, Bernhard-Nocht-Institut für Tropenmedizin Hamburg; Günther Maass, Landesmedizinaluntersuchungsamt Münster. Im Institut und am Klinikum der Universität Freiburg haben Dieter Neumann-Haefelin, Gerhard Brandner und Eiko Petersen leitende Stellungen inne.

Zusammen mit Werner Schäfer vom Max-Planck-Institut für Virusforschung in Tübingen hat Richard Haas die neue Generation medizinisch-klinischer Virologen in Deutschland am stärksten geprägt. Er selbst gehörte zu den führenden Virologen, die in der Nachkriegszeit diesem Fach in Deutschland vor allem auf medizinisch-klinischem Gebiet wissenschaftlich wieder Bedeutung verschafft haben.

Richard Haas wurde 1910 in Chemnitz geboren. Er studierte ab 1930 Medizin und Chemie in München, Göttingen und Leipzig und schloß 1935/36 mit ärztlicher Approbation, Promotion und dem Chemiediplom ab. Diese Kombination von Medizin und einem naturwissenschaftlichen Fach hat immer sein wissenschaftliches Denken und Handeln geprägt. Im Frühjahr 1937 trat er in das Institut «Experimentelle Therapie: Emil von Behring» ein. Seine ersten wissenschaftlichen Interessen galten bakteriologischen Fragestellungen, wie der Art der Toxinbildung bei den Shiga-Kruse-Bakterien, wie dem Endotoxin bei *Shigella sonnei,* dem Erreger der E-Ruhr, das er erstmals nachweisen konnte.

Der Krieg brachte für ihn eine völlige Wendung. Haas wurde zur Produktion eines Impfstoffs gegen den Erreger des Fleckfiebers, *Rikkettsia prowazeki,* nach Posen und Lemberg abkommandiert. Dort sammelte er seine ersten Erfahrungen in der immunprophylaktischen Bekämpfung viraler Infektionen. Sie bildeten die Grundlage für seine folgende Tätigkeit, denn 1951 übernahm er die wissenschaftliche Leitung der humanmedizinischen, bakteriologischen und virologischen Forschung der Behringwerke in Marburg. Dort begann er sofort, mit großzügiger Unterstützung des damaligen Vorstandsvorsitzenden der Hoechst AG Karl Winnacker, die technischen Voraussetzungen für die Produktion eines Impfstoffs gegen die Poliomyelitis vom Typ Salk zu schaffen. Neue Laboratorien mußten gebaut werden und die unerläßliche Methodik der Zellkultur mit ihren Sterillaboratorien wurde eingeführt.

Zu dieser Zeit begann er sich auch für die standespolitischen Probleme der Einführung des Impfstoffs zum damaligen Zeitpunkt einzusetzen. Das brachte ihn wohl dazu, sich weiterhin auf diesen Gebieten zu engagieren. Er war 14

Jahre lang Präsident der Deutschen Vereinigung zur Bekämpfung der Kinderlähmung und anderer Viruskrankheiten. Zusammen mit dem Kinderkliniker Walter Keller gründete Haas in Freiburg eine Arbeitsgemeinschaft zwischen Kinderklinik und Hygieneinstitut, die das Kernstück des DFG-Schwerpunkts Klinische Virologie bildete. Er war 15 Jahre lang Vorsitzender des Wissenschaftlichen Beirats des Paul-Ehrlich-Instituts, 16 Jahre lang Mitglied der Ständigen Impfkommission des Bundesgesundheitsamts und 12 Jahre lang Mitglied des Wissenschaftlichen Beirats der Bundesärztekammer.

Reiner Thomssen schilderte den Hochschullehrer Richard Haas «als unermüdlichen Anreger, der Mut verbreitete, kritisierte und förderte, der besorgt den Lebensweg seiner ihm Anvertrauten verfolgte und ihnen Chancen bot».

Zur baulichen Seite des Instituts sei noch nachgetragen, daß Richard Haas bei der Übernahme des Instituts 1955 ein Gebäude vorfand, das den modernen Anforderungen, insbesondere den arbeitshygienischen Erfordernissen einer Virologie mit Zellzüchtung und Umgang mit infektiösem Material, nicht mehr entsprach. Es gelang ihm, bei der Landesregierung die Errichtung eines Neubaus durchzusetzen. In Anlehnung an seine Erfahrungen beim Bau eines Laborgebäudes für die Herstellung des Polioimpfstoffs bei den Behringwerken in Marburg konnte er dann in den Jahren 1959/60 den ersten Abschnitt eines neuen Institutsgebäudes planen und dann errichten lassen, einen in seiner Funktionalität und Architektur bemerkenswerten Bau. Der nächste Bauabschnitt wurde einige Jahre später verwirklicht. Einen dritten Bauabschnitt für die Virologie erhielt das Institut unter der Leitung von Otto Albrecht Haller. Darin stehen 800 m^2 Laborflächen zur Verfügung, die dem neuesten Stand der Technik entsprechen und mit den modernsten wissenschaftlichen Geräten ausgestattet sind. Die Laboratorien erlauben gentechnische Arbeiten der Sicherheitsstufen 2 und 3.

Das Freiburger Hygieneinstitut blieb bis zur Emeritierung von Richard Haas im Jahre 1975 auf der Direktorenebene ungeteilt. Auf der mittleren Ebene in der Virologie, Bakteriologie, Mykologie, Immunologie und Blutgruppenserologie entwickelten sich jedoch unabhängige Arbeitsgruppen, die größtenteils von Wissenschaftlern geleitet wurden, die in Freiburg ihre fachliche Entwicklung erfahren hatten. Ein Teil der Arbeitsgruppen wurde nach dem Fortgang von Haas verselbständigt.

Nachfolger von Richard Haas wurde 1977 Harald zur Hausen, der bis dahin den Lehrstuhl für Virologie in Erlangen innehatte. Sein wissenschaftliches Programm in Freiburg entsprach zunächst in wesentlichen Teilen einer Fortsetzung seiner eigenen bisherigen Arbeiten, zumal ihm mehrere seiner Erlanger Mitarbeiter nach Freiburg gefolgt waren. Von ihnen bearbeitete Georg Bornkamm Fragen der Epstein-Barr-Virus-Genomstruktur, der Epstein-Barr-viralen Persistenz in lymphoblastoiden Zellen und der Zelltransformation durch das Epstein-Barr-Virus. Das Papillomvirusprogramm wurde von zur Hausen zusammen mit Lutz Gissmann und Herbert Pfister verfolgt. Bei Untersuchungen von genitalen Warzen konnten sie 1979 ein Papillomvirus isolieren und rein darstellen, das sich als neuer Papillomvirustyp – HPV-6 – erwies. Die genauere Charakterisierung und Klonierung des Virus wurde anschließend von Ethel-Michelle de Villiers durchgeführt. Aus kindlichen Larynxpapillomen konnte außerdem ein neuer Papillomvirustyp – HPV-11 – isoliert und identifiziert werden.

Weitere sehr wesentliche Arbeiten und Ergebnisse des Arbeitskreises um Harald zur Hausen betrafen die erstmalige Beobachtung, daß tumorpromovierende Chemikalien, wie der Phorbolester, den Erich Hecker vom Deutschen Krebsforschungszentrum in Heidelberg rein dargestellt und in seiner Funktion als «tumor promoting agent» beschrieben hatte, die Eigenschaft besitzt, latente Herpesviren zu aktivieren, ein Befund, der für die Analyse synergistischer Vorgänge bei der viralen und chemischen Tumorgenese sehr aufschlußreich war. 1978/79 wurde ein lymphotropes Papovavirus in B-Lymphozyten afrikanischer Grüner Meerkatzen nachgewiesen. Antikörper gegen dieses eigenartige Agens der Polyomavirusgruppe fanden sich auch bei fast 20% der Seren erwachsener Personen.

Schon in den ersten Jahren in Freiburg konnte zur Hausen den DFG-Sonderforschungsbereich Medizinische Virologie, Tumorentstehung und -entwicklung wiederbeleben bzw. neu formieren. 1983 folgte Harald zur Hausen dem Ruf nach Heidelberg als Vorsitzender des Stiftungsvorstands des Deutschen Krebsforschungszentrums. Das Freiburger Institut wurde zwischenzeitlich von Dieter Neumann-Haefelin kommissarisch geleitet. 1989 erhielt Otto Albrecht Haller, der am Institut für Immunologie und Virologie der Universität Zürich wirkte, den Ruf nach Freiburg und übernahm den Lehrstuhl und die Leitung der Abteilung Virologie am Institut für Medizinische Mikrobiologie.

Haller führte in Freiburg die Grundlagenforschung und vor allem die Klinische Virologie fort. Im Vordergrund standen seither Virusinfektionen, die zu chronischen und rezidivierenden Erkrankungen führen. Dazu gehören Infektionen aufgrund von Immunsuppression bei Organtransplantationen und bei Chemotherapie von Krebserkrankungen ebenso wie ungeklärte Infektionen des zentralen Nervensystems. Ferner wurde der Problemkreis Aids in die Forschung einbezogen. Weitere aktuelle Forschungsschwerpunkte des Instituts sind:

- Abwehrmechanismen gegen Viren: Diese Arbeiten werden seit 1992 im Forschungsschwerpunktprogramm des Landes unter dem Titel «Mechanismen der Virusabwehr: Rolle der Mx-Gene bei Mensch und Tier» und auch durch Programme der Europäischen Gemeinschaft gefördert. Erforscht wird ein Resistenzgen im menschlichen Erbgut, das bei der Abwehr von Influenzaviren durch Interferone eine herausragende Rolle spielt.
- Molekularbiologie der Influenzavirusvermehrung: Diese Projekte werden weitgehend von der DFG gefördert. Hier soll geklärt werden, wie das Mx-Abwehrprotein des Menschen in die einzelnen Schritte der Influenzavirusvermehrung eingreift.
- Pathogenese von HIV und verwandten Retroviren: Diese Arbeiten werden seit 1992 im Landesforschungsschwerpunkt «Zytopathogenität und Latenz von Retroviren» sowie von der DFG gefördert. Die Retroviren des Menschen und der nichtmenschlichen Primaten zeigen eine besonders komplexe Regulation der Virusvermehrung. Haller und seine Mitarbeiter studieren am Beispiel des Aids-Virus und der Foamyviren wichtige Aspekte der Viruslatenz und der Zytopathogenese. Es ist geplant, neue Virusvektoren herzustellen, die dazu benutzt werden können, Fremdgene in andere Zellen oder Organismen zu übertragen. Ferner werden Studien zur Variabilität der HIV-Virusstrukturen, die von zytotoxischen T-Killer-Zellen erkannt werden, durchgeführt.
- Tumorviren und Mechanismen der malignen Transformation: Das Zusammenspiel von Viren mit bestimmten Wachstumsfaktoren und anderen Zytokinen sowie mit intrazellulären Onkogenen bzw. Antionkogenen wird hier untersucht.
- Schwerpunkte der Virusdiagnostik: Mit den modernen molekularbiologischen Methoden der Virusdiagnostik wird bei Patienten nach Knochenmarktransplantationen untersucht, in welchen Zellen des Bluts oder des Knochenmarks sich das Zytomegalievirus aktiv vermehrt. Die Auswirkungen der Zytomegalievirusinfektion auf die Blutbildung werden analysiert. Diese in Zusammenarbeit mit der Medizinischen Klinik durchgeführten Arbeiten werden innerhalb des Forschungsschwer-

punkts «Komplikation der Organtransplantation durch Herpesvirus» des Förderschwerpunkts Infektionsforschung des Bundesministeriums für Forschung und Technologie vorgenommen.

Gießen

Institut für Virologie an der Humanmedizinischen Fakultät der Justus-Liebig-Universität

Die Gründung eines Instituts für Virologie an der Medizinischen Fakultät der Justus-Liebig-Universität wurde 1965 beschlossen. Im Januar 1966 erging der Ruf auf den dazugehörigen Lehrstuhl an Hans Joachim Eggers, der gleichzeitig einen Ruf auf den Lehrstuhl für Medizinische Mikrobiologie an der Medizinischen Hochschule Hannover erhalten hatte. Er entschied sich für Gießen und wurde am 23. Juni 1966 zum Ordentlichen Professor für Virologie und zum Direktor des Instituts für Virologie ernannt.

Hans Joachim Eggers hatte zunächst eine mehrjährige klinische Ausbildung bei Werner Scheid an der Universitätsnervenklinik in Köln erhalten. Diese Zeit hatte sein wissenschaftliches Denken geprägt und zugleich auch sein späteres virologisches Arbeitsgebiet bestimmt, denn Scheid interessierte sich in Klinik und Forschung besonders für die Viruserkrankungen des Zentralnervensystems. Es war die Zeit der Poliomyelitisforschung, in deren Folge die Coxsackie- und Echoviren in schneller Folge entdeckt und identifiziert wurden. Scheid förderte darum auch Eggers Streben, auf diesem Gebiet experimentell zu arbeiten. Eggers erkannte aber, wie er sich erinnert, daß eine solide klinische Ausbildung und gleichzeitig eine intensive Virusforschung kaum miteinander zu verbinden seien und daß die Chancen für eine experimentelle Ausbildung auf seinem Wunschgebiet Virologie eher im Ausland lagen. So ging er zunächst zu Sven Gard, der damals zu den führenden Poliomyelitisvirologen gehörte, an das Karolinska Institutet nach Stockholm. Später wechselte er zu Wilson Smith an die University of London und begann im September 1957 bei Albert Bruce Sabin, dessen Name durch die orale Polioimpfung gerade populär geworden war, am Children's Hospital der University of Cincinnati, Ohio, zu arbeiten. Nach weiteren 2 Jahren ging er nach New York an das Rockefeller Institute und arbeitete dort bei Frank L. Horsfall vor allem mit Igor Tamm zusammen. 1965 kehrte Eggers in die Bundesrepublik Deutschland zurück, nach Tübingen, an das Max-Planck-Institut für Virusforschung zu Werner Schäfer. Dort erreichte ihn der Ruf nach Gießen.

Die Forschungsgebiete, die Hans Joachim Eggers bearbeitete, entstammten zu Beginn seiner virologischen Forschung den Anregungen aus der Neurologischen Klinik in Köln. So begann er mit experimentellen Arbeiten über die Pathogenese von Enteroviren und zur Verbesserung der Labordiagnostik bei Enterovirusinfektionen. Bei den zum Teil epidemieartig auftretenden Polioerkrankungen und besonders auch den Echo-9-Virus-Infektionen wurde diese Ergänzung zur klinischen Diagnose immer dringlicher.

Am Rockefeller Institute befaßte sich Eggers 1959 intensiv mit der Biochemie der Picornavirusreplikation und den Möglichkeiten zur Hemmung der Virusvermehrung durch selektive Inhibitoren. Dabei wurde von ihm erstmals eine spezifische Hemmung der Virus-RNA-Synthese beschrieben, bei der die zelluläre RNA-Synthese ganz unbeeinflußt blieb. Im Gefolge dieser Arbeiten kam es zur Isolierung der RNA-abhängigen RNA-Polymerase des Poliovirus. Die Phänomene der Inhibitorresistenz und -abhängigkeit bei Viren wurden von ihm dargestellt, ebenso wie die Möglichkeiten synergistischer Inhibitorwirkungen.

Als Eggers nach Gießen kam, nahm Rudolf Rott, der den Lehrstuhl für Virologie an der

Veterinärmedizinischen Fakultät innehatte, in großzügiger Weise das neugegründete Institut in seinem Institutsgebäude auf. Das bestand zur damaligen Zeit noch aus dem seinerzeit für die Unterbringung seines Instituts ausgebauten Stallgebäude. Die Laboratorien für das Humanmedizinische Institut wurden im Erdgeschoß so zügig eingerichtet, daß schon im Herbst 1966 mit den experimentellen Arbeiten begonnen werden konnte.

Hier führte Hans Joachim Eggers die Arbeiten über antivirale Substanzen fort. Er untersuchte den Wirkmechanismus des Adamantanhydrochlorids, einer Substanz, die selektiv Influenza-A-Viren hemmt. Ferner konnte er mit einem Chlorbenzoylhydrazin – IMCBH – einen selektiven Hemmstoff der Ausschleusung eines Virus, in diesem Falle des Vacciniavirus, beschreiben. Bei den Studien zur Biochemie der Picornavirusreplikation wurden temperatursensitive Poliovirusmutanten untersucht. Weitere Arbeiten betrafen die Struktur des SV40 und die Regulation der Interferonsynthese.

In Gießen befand sich einer der erfolgreichsten und am längsten bestehenden Sonderforschungsbereiche der DFG, der SFB 47 «Pathogenitätsmechanismen», der ganz den Arbeitsgebieten von Rudolf Rott und Hans Joachim Eggers entsprach und der – von beiden gemeinsam koordiniert – ganz ausgezeichnet florierte.

Anfang der 70er Jahre erhielt Eggers einen Ruf auf den Lehrstuhl für Mikrobiologie an der Universität Ulm und den Ruf auf den neugegründeten Lehrstuhl für Virologie an der Universität zu Köln.

«Schweren Herzens entschloß ich mich, dem Ruf nach Köln zu folgen», schrieb Eggers. «Der Entschluß war um so gravierender, als inzwischen das moderne ‹Mehrzweckinstitut› hatte bezogen werden können, wo unter einem Dach die Virologie, Bakteriologie und Pharmakologie der Medizinischen und Veterinärmedizinischen Fakultäten untergebracht waren, und nicht zuletzt die Pflanzenvirologie-Gruppe von Heinz Sänger.»

Nachfolger von Eggers wurde Heinz Bauer, der vom Robert-Koch-Institut in Berlin kam und zuvor bei Werner Schäfer in Tübingen gearbeitet hatte. Als Bauer Präsident der Universität wurde, kam Wolfram H. Gerlich 1991 von Göttingen aus auf diesen Lehrstuhl.

Göttingen

Abteilung Medizinische Mikrobiologie am Zentrum für Hygiene und Humangenetik der Georg-August-Universität

Den Lehrstuhl für Hygiene und Bakteriologie der Universität Göttingen übernahm 1968 Reiner Thomssen. Zugleich wurde er Direktor des Hygieneinstituts der Universität und des Medizinaluntersuchungsamts für den damaligen Regierungsbezirk Hildesheim. Sein Vorgänger, Henning Brandis, wechselte auf den Lehrstuhl und an das Institut für Medizinische Mikrobiologie und Immunologie in Bonn. Ihm folgte gleichzeitig Karl-Eduard Schneweis nach Bonn. Er hatte am Göttinger Institut die Virologie vertreten und führte sie am Bonner Institut weiter. Schneweis arbeitete über das Herpessimplex-Virus und hatte in Göttingen seine grundlegenden Veröffentlichungen über die Existenz und die serologische Definition zweier Typen dieses Virus herausgebracht, die in die internationale Standardnomenklatur übernommen wurden.

1968 kam mit Reiner Thomssen ein Mikrobiologe nach Göttingen, dessen Forschungsschwerpunkt in der Virologie lag, denn er war Schüler von Richard Haas in Freiburg. Zu ihm ging er 1958 nach seiner Promotion 1955 in Freiburg und einer klinischen Tätigkeit in der Neurologischen Klinik. Der Arbeitskreis um Haas war damals ganz auf die klinische Virologie ausgerichtet, denn die Virologie und Epidemiologie der Poliomyelitis, zusammen mit den in diesen Jahren entwickelten und in Erprobung stehenden Impfstoffen von Salk und Sabin, stan-

Reiner Thomssen.

den ganz im Vordergrund der Virusforschung jener Jahre. So war Thomssen im Rahmen von Feldversuchen in die Evaluierung der Sicherheit und Wirksamkeit von Poliovirusimpfstoffen eingebunden. Beachtung fand damals die Entwicklung eines Radioimmuntests zur Bestimmung von Antikörpern gegen das Poliovirus, wodurch diese Tests in der diagnostischen Virologie ihren Platz fanden. Des weiteren führte die präzise Ermittlung der Bindungsparameter von Polioviren an Aluminiumhydroxyd zur stammspezifischen Charakterisierung der drei Impfviren für die orale Poliomyelitisschutzimpfung.

Nach seiner Habilitation 1964 wandte sich Thomssen dem Rötelnvirus zu. Er bestimmte durch Nachweis der festen Assoziation des Rötelnvirushämagglutinins mit dem Viruspartikel und der darauf aufbauenden physikalisch-chemischen Analyse die Größe des Virus und bestätigte dies elektronenoptisch. Ferner identifizierte er den Rötelnvirus-Hämagglutinationsinhibitor als β-Lipoprotein, erkannte das Rötelnvirus als RNA-Virus und charakterisierte die mit Enteroviren interferierende Aktivität.

Ab Mitte der 70er Jahre wurde das Hygieneinstitut in Göttingen zum Zentrum für Hygiene und Humangenetik erweitert und in mehrere selbständige Abteilungen gegliedert: Medizinische Mikrobiologie, Allgemeine Hygiene und Tropenhygiene, Immunologie, Arbeitsmedizin, Transfusionswesen, Spezielle medizinische Mikrobiologie.

Thomssen leitet seit 1974 die Abteilung für Medizinische Mikrobiologie und das Medizinaluntersuchungsamt. Später wurde dieser Abteilung noch eine Schwerpunktprofessur für Molekulare medizinische Mikrobiologie eingegliedert, die mit Wolfram H. Gerlich besetzt war, bis er 1991 den Lehrstuhl für Medizinische Virologie in Gießen übernahm.

Thomssen hielt eine enge Verknüpfung der einzelnen Disziplinen der Medizinischen Mikrobiologie aus Gründen der Lehre, Forschung und ärztlichen Dienstleistung für sinnvoll.

Die Schwerpunkte der virologischen Forschung des Arbeitskreises um Thomssen in Göttingen betrafen in den Jahren seit Gründung der Abteilung für Medizinische Mikrobiologie:

- Rötelnvirus: Fortsetzung der Freiburger Arbeiten über die Erregereigenschaften. Entwicklung eines IgM-Antirötelnvirus-Nachweisverfahrens nach dem «Capture»-Prinzip; serologische Kriterien für die akute Phase einer Rötelninfektion. Evaluierung der Rötelschutzimpfung in einem 5jährigen Großversuch mit 27 000 Personen (14jährige Mädchen des ehemaligen Regierungsbezirks Hildesheim). Bildung von Gruppen mit natürlicher Immunität, antikörpernegativ geimpften und nichtgeimpften Personen. Verwendung von zwei Impfstoffen. Evaluierung durch Bestimmung des Antikörpertiterverlaufs und der Superinfektionsrate nach 5 und 12 Jahren.
- Hepatitis-B-Virus: Die Forschung auf diesem Gebiet hat Thomssen mit seinen Mitarbeitern schon ein Jahr, nachdem er nach Göttin-

gen kam, aufgenommen und in den letzten 25 ahren in verschiedenen Richtungen intensiv verfolgt.

a) Entwicklung und Evaluierung von Meßsystemen für das Hepatitis-B-Virus, seiner Antigene, Antikörper, Nukleinsäure und Polymerase, einschließlich der Standardisierung dieser Methode mit Schaffung nationaler und internationaler Referenzpräparate. Entwicklung des Anti-HBs-Radioimmuntests und des IgM-anti-HBc-Tests. Die Evaluierung erfolgte im Rahmen zweier größerer prospektiver Studien in Zusammenarbeit mit verschiedenen Universitätskliniken, Pathologieinstituten und unter statistischem Beistand mit den Hauptfragestellungen: Schicksal der akuten Hepatitis B, A, und C und Schicksal anti-HBe-positiver HBs-Antigen-Träger. Ernennung der Abteilung zum Nationalen Referenzzentrum für Virushepatitis im Jahre 1975.

b) Entwicklung eines Plasmaimpfstoffs gegen die Hepatitis B nebst Evaluierung an etwa 4000 Impflingen in Göttingen, Hannover, Hamburg, Rotenburg, Berlin, Essen, Köln, Wuppertal, Oldenburg, München, Bielefeld und Frankfurt, wobei hier der Betonung des Sicherheitsproblems besonders Rechnung getragen wurde.

c) Grundlagenforschung zur Virologie der Hepatitis B: Nachweis der Infektiosität hochgereinigter Hepatitis-B-Virionen im Schimpanseninfektionsversuch. Beschreibung der komplexen Natur der Hüllproteine des Hepatitis-B-Virus. Klonierung und Sequenzierung des Hepatitis-B-Virus-Stamms 991. Rolle der Prä-C-Gen-Region für die Produktion des HBe-Antigens. Klonierung und Expression des Genoms der Hepatitis-B-Polymerase in *Escherichia coli* und Untersuchung ihrer Bindungsstelle an der genomischen RNA des Hepatitis-B-Virus. Induktion von Leberkarzinomen in Mäusen nach Transfektion von Mäusehepatozyten und Mäusefibroblasten mit Hepatitis-B-Virus-Gen-Konstrukten oder X-Gen-Konstrukten.

d) Nukleotidsequenzanalysen in verschiedenen Abschnitten des Hepatitis-B-Virus-Genoms zu Charakterisierung klinisch auffälliger Hepatitis-B-Virus-Infektionen und als epidemiologisch verwendbares Merkmal.

e) Untersuchungen zur Morphogenese des Hepatitis-B-Virus, insbesondere der Rolle der Prä-S1, Prä-S2 und S-Gen-Region des Hepatitis-B-Virus sowie der Rolle von Zysteinen bei der Faltung des S-Proteins und der Rolle bestimmter Abschnitte des Core-Proteins für die Core-Bildung.

– Viren als Adjuvantien: Entdeckung, daß Vacciniaviren und Mäusehepatitisviren im Zuge ihrer Vermehrung in verschiedenen Zellsystemen die Immunogenität der Zellmembranen ihrer Wirtszellen stark erhöhen. Regression von Mastozytomen durch Infektion mit Vacciniavirus.

– Virusbedingte Zytolyse: Zytolytische Wirkung antiviraler Antikörper und zytotoxischer T-Lymphozyten auf virusinfizierte Zellkulturen (Sendaivirus- und Vacciniavirussystem). Beschreibung von Phänomenen der Restriktion der zytotoxischen Immunantwort im Vacciniasystem.

– Impfstoffentwicklung gegen Herpesvirus saimiri und ateles, Evaluierung im Schutzversuch an Affen.

– Hepatitis-A-Virus: Untersuchung der Natur der erhöhten IgM-Immunglobuline im Serum von Patienten mit akuter Hepatitis.

– Hepatitis-D-Virus: Beschreibung der beiden Proteine des Delta-Antigens des Hepatitis-D-Virus.

– Epstein-Barr-Virus: Entdeckung von zwei Antikörpern der IgM-Klasse, die regelmäßig in der akuten Phase einer infektiösen Mononukleose nachweisbar und gegen Triosephosphatisomerase bzw. gegen Superoxiddismutase gerichtet sind. Untersuchung der pathogenetischen Bedeutung.

- Immunantwort bei Zervixkarzinom: Expression sämtlicher offener Leserahmen des HPV16, -18 und -6b. Verwendung der Antigene für Antikörperbestimmungen im Immunoblotverfahren und im Enzymimmuntest. Stark erhöhte Häufigkeit von Anti-E7, Anti-E4 (Immunoblot) und Anti-L1 (Enzymimmuntest) bei Zervixkarzinomträgerinnen.
- Virologie des HPV16 und -18: Untersuchung von Eigenschaften des Frühproteins L1.
- Epidemiologische Studien zu Hantavirusinfektionen und Parvovirusinfektionen.
- Hepatitis-C-Virus: Infektion von Schimpansen mit Plasmamaterial von Patienten eines Hepatitis-Non-A-Non-B-Ausbruchs. Elektronenoptische Untersuchungen von Leberzellschnitten mit Nachweis infektionstypischer Strukturen. Evaluierung der neuen Anti-Hepatitis-C-Virus-Nachweisverfahren in prospektiven klinischen Studien. Entdeckung der Bindung von Hepatitis-C-Virus an β-Lipoproteinen. Untersuchung der pathogenetischen Bedeutung dieser Bindung für die Persistenz der Infektion.
- Andere ausgewählte virologische Themen: Marek-disease-Virus, Restriktionskartenvergleiche zwischen Marek-disease-Virus und dem für Hühner avirulenten Truthahnherpesvirus. Lymphozytäre-Choriomeningitis-Virus: Viruspartikelgröße und epidemiologische Studien bei Goldhamsterhaltung. Mammakarzinom und Typ-B-Partikel-Häufigkeit.

Dieses umfangreiche und vielseitige wissenschaftliche Programm wurde von einem großen Mitarbeiterkreis über mehr als zwei Jahrzehnte hinweg bearbeitet. Damit wurde das Göttinger Institut von Reiner Thomssen zu einem der führenden Institute der medizinisch-klinischen Virologie. Dazu gehörten noch die bakteriologischen und mykologischen Arbeiten des Instituts.

Thomssen setzte sich sehr stark in den berufsständigen und wissenschaftlichen Organisationen für die Virologie ein. Bei ihren Tagungen wurde sein kritisches Wort stets gehört und beachtet. Reiner Thomssen war Präsident der Deutschen Gesellschaft für Hygiene und Mikrobiologie und Vorsitzender deren Sektion Virologie, Mitglied der Ständigen Impfkommission beim Bundesgesundheitsamt, Beirat des Robert-Koch-Instituts in Berlin und Beiratsvorsitzender des Bernhard-Nocht-Instituts für Tropenmedizin in Hamburg, SFB-Berichterstatter und Fachgutachter der DFG, Fachvertreter am Institut für medizinische und pharmazeutische Prüfungsfragen in Mainz.

10 Mitarbeiter haben sich in dieser Zeit in der Medizinischen Mikrobiologie am Göttinger Institut und an der Fakultät habilitiert. Von ihnen besetzen heute Lehrstühle: Rainer Laufs, Hamburg; Rainer Ansorg, Essen; Ulrich Koszinowski, zuerst Ulm, jetzt Heidelberg; Wolfram H. Gerlich, Gießen. Reinhard Rüchel ist C3-Schwerpunkt-Professor am Institut, Gerd Bandlow Leiter des Medizinaluntersuchungsamts Osnabrück.

Greifswald

Hygieneinstitut und Institut für Medizinische Mikrobiologie der Ernst-Moritz-Arndt-Universität

Das Hygieneinstitut in Greifswald gehört zu den frühesten Instituten in Deutschland, in denen die Erforschung der Viren das Hauptthema bildete. Friedrich Löffler hatte als Assistent von Robert Koch 1888 den Ruf auf den Lehrstuhl für Hygiene in Greifswald erhalten und im Wintersemester 1888/89 mit seinen Vorlesungen begonnen. Seine Labormöglichkeiten waren jedoch zu Beginn sehr unzulänglich. Löffler hielt in diesen Jahren immer engen Kontakt zu seinem früheren Wirkungskreis in Berlin, besonders zu Paul Frosch. Mit ihm zusammen führte er die Filtrationsversuche durch, mit denen sie den Erreger der Maul- und Klauenseuche als ein selbstvermehrendes Agens bewiesen hatten und die 1898 zur Entdeckung des ersten tier- und menschenpathogenen Virus führten. Damit wurden Löffler und Frosch zu den Begründern der Wissenschaft von den tier- und menschenpathogenen Viren.

In Greifswald wurde Löfflers Maul-und-Klauenseuche-Forschung seit 1899 vom preußischen Staat mit jährlich 30 000 Mark und 2 Assistentenstellen unterstützt. Er hatte für seine Arbeiten und für die Unterbringung seiner Tiere zunächst ein Gehöft an der Gützkower Chaussee in Greifswald angekauft. In zunehmendem Maße bekam Löffler aber Schwierigkeiten mit den benachbarten Bauern, die ihn mehrmals mit der Beschuldigung, ihre Tierbestände mit Maul- und Klauenseuche angesteckt zu haben, vor Gericht brachten, das oft gegen ihn entschied. Aus diesem Grunde setzte er schließlich seinen Vorschlag an das Kultusministerium in die Tat um, die Insel Riems zu kaufen, um dort seine Forschung in einem Quarantänebereich fortführen zu können. 1906 folgte Friedrich Löffler dem Ruf als Nachfolger seines Lehrers Robert Koch und wurde Direktor des Königlichen Instituts für Infektionskrankheiten in Berlin.

Die Nachfolger Löfflers in Greifswald widmeten sich vorwiegend hygienisch-bakteriologischen Themen. Mit der Übernahme des Lehrstuhls und Instituts 1936 durch Kurt Herzberg, der von der Medizinischen Akademie Düsseldorf kam, zog wieder die virologische Forschung in das Institut ein. Herzberg begann hier seine Pionierarbeiten über die Morphologie der Pokken-, Varizellen-, Ektromelie- und Kanarienpokkenviren. Er entwickelte die Viktoriablaufärbemethode weiter, die ihn weltbekannt machte und mit der er später auch in Marburg und Frankfurt seine virologischen Arbeiten fortführte. Zu Herzbergs Forschung in Greifswald gehörten die folgenden Arbeiten:
– Identifizierung und Darstellung des Q-Fieber-Erregers, ferner seine Züchtung im Brutei sowie die Ausarbeitung der Diagnostik des Q-Fiebers im Meerschweinchenversuch.

Kurt Herzberg.

– Herstellung eines Virusgrippeadsorbatimpfstoffs und Nachweis seiner Brauchbarkeit.
– Untersuchungen über die interstitielle Pneumonie.
– Studien über die Hepatitis epidemica.

Unter Herzbergs Leitung wurde das Institut ständig modernisiert und auf einen technisch hohen Stand gebracht. Herzberg hatte dann die schwierige Aufgabe, das Institut durch die Kriegs- und vor allem durch die schweren Nachkriegsjahre zu führen. 1951 nahm Herzberg den Ruf nach Marburg an.

Von den Nachfolgern Herzbergs war Joachim Schmidt wieder in der virologischen Forschung tätig. Er war 1969 zum Direktor des Instituts ernannt worden und befaßte sich als Leiter des Forschungsprojekts «Virusschnelldiagnostik» vorwiegend mit der Einführung der modernen diagnostischen Methodik. 1975 folgte er dem Ruf an die Friedrich-Schiller-Universität in Jena. Im gleichen Jahr übernahm Leopold Döhner das Institut als Direktor. Sein Forschungsgebiet betraf die Adenoviren. Gleichzeitig arbeitete Werner Seidel dort auf diesem Gebiet.

Hamburg

Heinrich-Pette-Institut für Experimentelle Virologie und Immunologie an der Universität

Das Heinrich-Pette-Institut verdankt seine Entstehung einem Vermächtnis des Hamburger Kaufmanns Philipp Reemtsma. Sein Sohn war im Jahre 1943 an Poliomyelitis erkrankt und daran gestorben. Philipp Reemtsma stellte seinerzeit über eine Million Reichsmark für die Erforschung und Bekämpfung dieser Krankheit zur Verfügung. Wegen der Wirren in der Kriegs- und Nachkriegszeit konnte das Vermächtnis jedoch nicht sogleich seiner Zweckbestimmung zugeführt werden.

Als im Jahre 1947 wiederum eine ausgedehnte Poliomyelitisepidemie weite Gebiete Norddeutschlands, insbesondere Hamburgs, schwer heimgesucht hatte, gründete Heinrich Pette, der damalige Hamburger Ordinarius für Neurologie, die Stiftung zur Erforschung der spinalen Kinderlähmung und der multiplen Sklerose. Ihm ist die Entwicklung dieses Instituts in den ersten Jahren zu verdanken.

Heinrich Pette war einer der führenden Neurologen und Kliniker seiner Zeit. Sein besonderes Bestreben war es, die Neurologie stärker in die Innere Medizin einzuführen. Zugleich war er ein begeisterter Förderer der klinischen Erforschung der Poliomyelitis und der multiplen Sklerose und der Grundlagenforschung auf diesen Gebieten. Pette war Schüler des berühmten Neurologen Max Nonne in Hamburg. Zwei seiner eigenen Schüler haben sich für die Virologie in der Klinik eingesetzt: Gustav Bodechtel als Förderer der klinischen Poliomyelitisforschung in der Friedrich-Baur-Stiftung in München und Werner Scheid in Köln, der an seiner Neurologischen Klinik eine Arbeitsgruppe für Virologie etabliert hatte.

Heinrich Pette setzte sich in dem neugeschaffenen Institut nachdrücklich für die Verbindung von Klinik und virologischer Forschung ein, die sich in den Jahren der Gründung seines Instituts dringend aus der epidemiologischen Situation der Poliomyelitis und der Entwicklungsphase des ersten Poliomyelitisimpfstoffs ergab. Hier war er der kritische klinische Begleiter der experimentellen Entwicklung des Salk-Impfstoffs, seiner Produktion in den Behringwerken, seiner Prüfung im Paul-Ehrlich-Institut und seines Einsatzes in der Bevölkerung. Seine Partner dabei waren Richard Haas in den Behringwerken und der Freiburger Kinderkliniker Walter Keller. Ihnen ist es zu danken, daß Produktion, Prüfung und klinischer Einsatz dieser neuentwickelten Impfung in Deutschland sofort den hohen Stand an Sicherheit und Wirksamkeit erreicht hatte.

Heinrich Pette ebenbürtig war seine Frau Edith Pette, selbst Ärztin, die sich um den Aufbau des Instituts besonders verdient gemacht hat. Sie setzte sich vor allem sehr früh für die Anwendung der Zellkultur als wichtiges Instrument in der virologischen Laboratoriumsarbeit und Laboratoriumsdiagnostik ein. Sie war eine von allen Virologen jener Jahre hochgeachtete Persönlichkeit. Liebevoll sprach man von ihr als «Pettina» oder «Henriette». Ihr Zuspruch an ihren Mann vor seinen Vorträgen – «Heinrich sei bedeutend» – wurde gern als Anekdote wiedergegeben.

Für die Forschungsarbeiten standen dem Institut zunächst nur Räume im Keller der von Heinrich Pette geleiteten Neurologischen Klinik und in einem ehemaligen Luftschutzbunker auf dem Gelände des Eppendorfer Krankenhauses zur Verfügung.

Anfang der 50er Jahre stockte Philipp Reemtsma die zwischenzeitlich durch die Währungsreform entwerteten Mittel auf DM 300 000.– auf. Dadurch war es der Stiftung mög-

Heinrich Pette.

Edith Pette.

lich, 1951 auf dem Gelände des Eppendorfer Krankenhauses ein eigenes Gebäude zu errichten. Es beherbergte neben einigen Laboratorien vorwiegend Räume für die artgerechte Haltung von Affen und anderen Versuchstieren. Nunmehr wurden ausgedehnte experimentelle Untersuchungen über Pathogenese, Ausbreitung des Poliomyelitisvirus im Organismus und die Epidemiologie der Poliomyelitis in Angriff genommen. Der Umfang dieser Arbeiten erforderte schon bald ein zusätzliches Laboratoriumsgebäude, das 1952 mit einem Zuschuß der Freien und Hansestadt Hamburg auf dem gleichen Grundstück errichtet wurde.

Zu dieser Zeit dehnte das Institut seine Tätigkeit auf weitere Arbeitsgebiete aus, wie die Charakterisierung und Inaktivierungsbedingungen verschiedener Virusarten sowie die In-vitro-Anzüchtung verschiedener Hirnzellen. Sie waren in erster Linie auf die Erforschung der multiplen Sklerose ausgerichtet. Hier waren es vorwiegend experimentelle Studien, die zum einen der Klärung einer immunologischen Pathogenese am Modell der experimentellen allergischen Enzephalitis und Neuritis dienen sollten, zum anderen der viralen Pathogenese durch das JHM- und Shubladze-Virus. Diese Untersuchungen sollten mithelfen, die von Heinrich Pette in den 40er Jahren aufgestellte Arbeitshypothese einer neuroallergischen Reaktionskomponente bei der Pathogenese der multiplen Sklerose zu untermauern. An allen diesen Arbeiten nahmen seitens der Klinik Heinrich Kalm, Robert-Charles Behrend und im Institut Hild Lennartz, Oskar Drees, Günter Kersting, Klaus Mannweiler, Robert Heitmann und Günther Maass teil. Heinrich Pette selbst war an diesen Arbeiten besonders interessiert.

Einen weiteren Schwerpunkt bildete die Prüfung von inaktivierten Polioimpfstoffen und die Neuropathogenität abgeschwächter Poliovirusstämme, vor allem aber die Virusdiagnostik,

Die ersten Gebäude der Stiftung. Links das Tierhaus mit Affengehege, rechts die Laboratorien.

vornehmlich auf dem Gebiet der Entero(Picorna)-, Myxo- und Paramyxoviren, ein Bereich, der vor allem unter der Verantwortung von Hild Lennartz und unter der Regie von Edith Pette stand. Diese Arbeiten führten zwangsläufig dazu, daß zunehmend virologische und immunologische Grundlagenforschung in den Aufgabenbereich einbezogen wurden. Im Zuge der Ausdehnung dieser Tätigkeitsbereiche wurde im Jahre 1958 ein aus «European-Recovery-Program» (ERP)-Geldern und Spenden der Wirtschaft finanzierter Bauabschnitt errichtet, dem im Jahre 1964 ein weiterer Laboratoriumstrakt, unter anderem für die Elektronenmikroskopie, folgte. Die Gelder hierfür stellte die Freie und Hansestadt Hamburg aus Lottomitteln zur Verfügung. Die Beschaffung der teuren Großinstrumente und der gesamten Laborausstattung ermöglichte der Verein zur Bekämpfung der Spinalen Kinderlähmung e.V. Bielefeld unter Frau Gertrut Barthels.

Am 2. Oktober 1964 verstarb Heinrich Pette auf der Reise zu einem Poliomyelitiskongreß in Warschau. Im Januar 1965 beschloß das Kuratorium der Stiftung in Würdigung der Verdienste Heinrich Pettes, den Institutsnamen in «Heinrich-Pette-Institut für Experimentelle Virologie und Immunologie an der Universität Hamburg» zu ändern, eine Umbenennung, die die im Laufe der Jahre stattgefundene Erweiterung des Forschungsbereichs und zugleich die Verbundenheit des Instituts mit der Universität Hamburg zum Ausdruck bringen sollte. Das Heinrich-Pette-Institut ist eine rechtsfähige Stiftung bürgerlichen Rechts und sieht seine in der Satzung verankerten wissenschaftlichen Ziele in der «Erforschung der Biologie humaner Virusarten, der Pathogenese von Viruserkrankungen und der Abwehrreaktionen des Organismus und damit zusammenhängender Probleme».

Da sich inzwischen herausgestellt hatte, daß die vorhandenen Laboratorien einer zeitgerechten virologischen und immunologischen Forschung nicht mehr genügten, entstand von 1967 bis 1969 ein viergeschossiges Seuchenlaborgebäude, finanziert aus Mitteln der Stiftung Volkswagenwerk, des Bundesministeriums für Wissenschaftliche Forschung und aus Zuschüssen der Freien und Hansestadt Hamburg. Damit wurde das Institut nicht nur mit den neuesten und modernsten Sicherheitsvorkehrungen, wie Schleusensystemen, Abwasser- und Abluftdes-

Seuchenlabor- und Erweiterungsbau, 1964, 1969.

infektionsanlagen, ausgerüstet, auch die gesamte Nutzfläche der Institutsgebäude erhöhte sich auf 5500 m².

Eine kollegiale Institutsleitung wurde bereits im November 1968 durch Satzungsänderung eingeführt. Zu dieser Zeit wurde auch die öffentliche Finanzierung von Bund und Stadtstaat Hamburg durch die Aufnahme des Instituts in die Blaue Liste (Rahmenvereinbarung Forschungsförderung Artikel 91b GG) sichergestellt. Die Aufgliederung des Instituts in fünf Abteilungen erfolgte 1970/71:
– Abteilung für Allgemeine Virologie:
  Oskar Drees.
– Abteilung für Biochemie der Viren:
  Rudolf Drzeniek.
– Abteilung für Klinische Virologie:
  Fritz Lehmann-Grube.
– Abteilung für Zytologie und Virologie:
  Klaus Mannweiler.
– Abteilung für Immunologie:
  Eckehart Koelsch.
– Gastabteilung:
  Hans-Joachim Colmat und Jürgen Löhler.
Die Nachfolger von Koelsch waren von 1975 bis 1982 Rolf Jaenisch und seit 1983 Wolfram Ostertag. Sie führten die Retroviren als Modellsystem für Genregulation und Expression ein sowie Differenzierungs- und Entwicklungsstudien. Wolfgang Deppert erweiterte das Forschungsprogramm 1987 mit Untersuchungen der Wechselbeziehungen zwischen dem DNA-Tumorvirus SV40 und seinen Wirtszellen sowie der Analyse der molekularen Funktion des Tumorsuppressors p53. Hans Will nahm 1993 das Hepatitis-B-Virus in das Arbeitsprogramm auf.

Um der drängenden gesellschaftlichen Forderung zur Aufklärung und Bekämpfung der Aids-Erkrankung zu entsprechen, wurde 1992/93 begonnen, das alte erste Tierstallgebäude durch einen dreigeschossigen Neubau mit Laboratorien zu ersetzen, die auch den strengsten gentechnologischen Sicherheitsanforderungen gerecht werden. Mit dem Bezug dieser neuen Laboratorien wird im Sommer 1994 gerechnet.

Eine noch engere Bindung an die Universität Hamburg konnte durch einen 1993 abgeschlossenen Kooperationsvertrag zwischen dem Heinrich-Pette-Institut und dem Fachbereich Medizin der Universität erzielt werden.

Hannover

Institut für Virologie und Seuchenlehre der Medizinischen Hochschule

An der Medizinischen Hochschule Hannover wurde am 1. Oktober 1967 die Abteilung für Virologie am Institut für Medizinische Mikrobiologie eingerichtet. Sie wurde Joachim Drescher übertragen und war in angemieteten Räumen in Hannover-Kleefeld untergebracht. Joachim Drescher kam vom Robert-Koch-Institut in Berlin nach Hannover. Dort hatte er über Poliomyelitis- und Influenzaimpfstoffe, über Meßmethoden für Rhinoviren und deren Antikörper sowie über die Antigenstruktur von Influenzahämagglutinin gearbeitet. Aus dieser Abteilung entstand 1970 das Institut für Virologie und Seuchenhygiene, zu dessen Direktor Joachim Drescher ernannt wurde. Seine Laboratorien befanden sich von 1970 bis 1978 im Neubau «Theorie I». Eine räumliche Erweiterung auf eine Fläche von 1600 m² erfuhr das Institut 1978 bei seinem Umzug in den Neubau «Theorie II». Die personelle Ausstattung des Instituts bestand 1992 aus 65 Mitarbeitern, davon 11 Wissenschaftlern.

In der Lehre erfüllt das Institut mit seinen Mitarbeitern im Rahmen der Mikrobiologie das Lehrpensum der Medizinstudenten für das Fach Virologie. Dazu gehören die Virologieabschnitte im Hauptkolleg der Mikrobiologie sowie des Mikrobiologischen Kurses und der Abschnitt «Seuchenhygiene» im Ökologischen Kurs.

Das Forschungsprogramm des Instituts ist sehr vielfältig:
- Klinisch-virologische Fragestellungen, wie z.B. die Virusätiologie des plötzlichen Kindstodes und des plötzlichen Todes aus ungeklärter Ursache von Erwachsenen.
- Die Differenzierung zwischen rezenten und länger zurückliegenden Rötelinfektionen durch Bestimmung der Gleichgewichtskonstante der Antigen-Antikörper-Reaktion.

Joachim Drescher.

- Diagnostik, Therapie und Prävention von Zytomegalievirusinfektionen nach Herztransplantation.
- Polyomavirusinfektion nach Nierentransplantation.
- Aufklärung viraler nosokomialer Infektionsketten.
- Mechanismen des «antigenic drift» bei Influenzaviren. Diesem Virus galten schon frühere Forschungsarbeiten von Joachim Drescher.
- Kinetik der Antigen-Antikörper-Reaktion.
- Strukturelle Grundlagen der Avidität von Antikörpermolekülen.
- DNA-Tumorviren.
- Genomanalyse der Adenoviren.

Seit 1988 hat Dreschers Institut die Aufgaben des Nationalen Referenzzentrums für Adenoviren unter der Federführung von Thomas Adrian übernommen, die 1971–1988 von Reinhard Wigands Institut in Homburg wahrgenommen worden waren. Als Dienstleistung führt das Institut eine umfangreiche labordiagnostische Tätigkeit für die Kliniken durch.

Institut für Virologie der Tierärztlichen Hochschule

Am Institut für Mikrobiologie und Tierseuchen in Hannover wurde schon sehr früh über die Virusinfektionen der Tiere gearbeitet, wie es für tiermedizinische Institute charakteristisch war. Hermann Miessner, der Direktor des Instituts, arbeitete 1924 an Untersuchungen über die Virusschweinepest. Später, 1938, versuchte Eilhard Mitscherlich das Hundestaupevirus in Gewebekulturen anzuzüchten.

Miessners Nachfolger Kurt Wagener plante bald nach dem Zweiten Weltkrieg den Neubau einer Abteilung für Virologie, zusammen mit Isolierstallungen für Groß- und Kleintiere, der dann 1954/55 bezugfertig wurde. Die Arbeit dort wurde aber erst 1958/59 von einer kleinen Gruppe aufgenommen. Mit der neu eingeführten Zellkulturtechnik erreichte man die Isolierung des IBR/IPV-Virus des Rinds sowie des Virus der bovinen Virusdiarrhö und des Lippengrindvirus des Schafs.

Die Arbeitserfolge dieser Virusabteilung und die gesamte Entwicklung der experimentellen virologischen Forschung in diesen Jahren regten Kurt Wagener dazu an, die Gründung eines Lehrstuhls und Instituts für Virologie an der Tierärztlichen Hochschule Hannover vorzuschlagen. Zugleich hatte der Wissenschaftsrat 1960 empfohlen, das Lehr- und Forschungsgebiet Virologie aus dem Institut für Mikrobiologie und Tierseuchen auszugliedern und zu einem selbständigen Fach aufzubauen. Auf dieser Grundlage wurde das Institut für Virologie gegründet. Zum ersten Lehrstuhlinhaber für Virologie und Institutsdirektor berief man Manfred Mussgay, der aus Tübingen und Mainz kam, wo er sich habilitiert hatte. Er nahm seine Arbeit am 1. Juli 1964 auf und konnte mit dem Institut das «Virushaus» beziehen.

Bernd Liess.

Während des Wintersemesters 1964/65 hielt Mussgay erstmals eine zweistündige Vorlesung über «Allgemeine und Spezielle Virologie» an der Tierärztlichen Hochschule Hannover. Die wissenschaftliche Arbeit Mussgays umfaßte in diesen Jahren die Arboviren, für die er die ersten Anregungen während seines früheren Gastaufenthalts am Institut von Gernot Bergold in Venezuela erhalten hatte, ferner gehörten dazu die diagnostischen Verfahren bei der europäischen Schweinepest, die Impfstoffgewinnung gegen Pferdeinfluenza, die Reinigung und Charakterisierung des Virus der bovinen Virusdiarrhö sowie die Pathogenese eines transplantierbaren Lymphosarkoms des Huhns.

Am 1. März 1967 verließ Manfred Mussgay das Institut und folgte einem Ruf an die Bundesforschungsanstalt für Viruskrankheiten der Tiere in Tübingen, an der er schon früher bei Erich Traub gearbeitet hatte. Zu seinem Nachfolger wurde am 25. März 1968 Bernd Liess berufen, der in der Zwischenzeit die Aufgaben des Lehrstuhlinhabers und Institutsdirektors wahrgenommen hatte. Liess konnte einen Neubau für das Institut planen und in kurzer Zeit die neuen Institutsräume in den zwei obersten Stockwerken eines siebengeschossigen Gebäudes, des sogenannten «ersten Dreierinstituts», beziehen, in dem noch das Institut für Parasitologie und das Institut für Geflügelkrankheiten eingerichtet worden waren. Am 1. November 1977 wurde das Virusinstitut um eine Abteilung Allgemeine Virologie erweitert, deren Leitung Oskar Kaaden übertragen wurde. Damit war der strukturelle Aufbau des Instituts für Virologie vorerst beendet.

Hauptarbeitsgebiete des Instituts sind die kaninen und phokinen Morbilliviren, d.h. Hundestaupe und Seehundstaupe, ferner Herpesviren bei Seehunden, Hunden und Katzen sowie die Pestviren: Virus der europäischen Schweinepest, der bovinen Virusdiarrhö und der «border disease» der Schafe. Für alle genannten Gebiete stehen Fragen der Molekulargenetik, der Rezeptorenanalyse und -identifizierung sowie der diagnostischen Verfahrenstechniken für epidemiologische und pathogenetische Untersuchungen im Vordergrund. Das Institut dient im Rahmen der Europäischen Union als Community Reference Laboratory und koordiniert den Informationsaustausch auf dem Gebiet der porzinen Pestviren unter den Nationalen Referenzzentren der EU-Mitglieder und der EFTA sowie der osteuropäischen Länder.

Forschungsschwerpunkte sind seit vielen Jahren die Infektionen der bovinen Virusdiarrhö, insbesondere die pathogenetischen Aspekte einer Verlaufsform, der «mucosal disease», die nur bei persistent infizierten immuntoleranten Rindern auftritt und als Modell gelten kann. Insbesondere interessieren die molekularbiologischen Unterschiede zwischen nichtzytopathogenen und zytopathogenen Isolaten der bovinen Virusdiarrhö.

Heidelberg

Institut für Medizinische Virologie am Hygieneinstitut der Ruprecht-Karls-Universität

Am Hygieneinstitut der Universität Heidelberg begann Kurt Bingel 1956, ein virologisches Laboratorium aufzubauen. Darin führte er eine nach dem damaligen Stand moderne virologische Laboratoriumsdiagnostik durch. In der Hauptsache handelte es sich um Polio- und serologische Influenzadiagnostik mit Hilfe des Hämagglutinationsinhibitionstests. Die Hämagglutination, d.h. die Agglutination von Hühnererythrozyten durch das Influenzavirus, war 1942 von George Hirst entdeckt und als «Hirst-Test» in die Virusdiagnostik eingeführt worden. Bingels Laboratoriumsdiagnostik wurde von den Heidelberger Kliniken und Krankenhäusern der Region sehr begrüßt und in Anspruch genommen. Kurt Bingel wurde in Dreifelden, Westerwald, geboren und hatte in Berlin und Köln Medizin studiert und 1932 promoviert. Von Köln ging er 1939 nach Heidelberg an das Hygieneinstitut der Universität und habilitierte sich dort 1943. Seine Lehrer waren in Köln der Bakteriologe Rainer Müller und in Heidelberg der Hygieniker Ernst Rodenwaldt.

Verdienste erwarb sich Kurt Bingel mit seinem diagnostischen Einsatz bei einer der größten Pockenepidemien in der Bundesrepublik Deutschland, die 1958 als Folge der Einschleppung des Virus durch einen Reisenden aus Indien in Heidelberg entstanden war. Seine Diagnostik, bei der er das Virus aus Patientenmaterial auf der Chorioallantoismembran des Hühnerembryos anzüchtete, trug wesentlich zur Möglichkeit bei, Virusträger zu identifizieren und in Quarantäne zu bringen. Damit konnte eine baldige örtliche Begrenzung der Epidemie erreicht werden.

Wissenschaftlich hatte Bingel in der Virusforschung seinerzeit schon Probleme angepackt, die auch heute noch aktuell sind. Die Methoden waren aber damals noch nicht reif, um zu Erfolgen zu führen. Er befaßte sich mit Fragen der Zellrezeptoren und Virusinfektionen. Er versuchte sogar, einen «Blocker» dieses Vorgangs zu finden. Darüber hinaus untersuchte er die Wirkung des damals gerade bekanntgewordenen Interferons.

Mit besonderem Einsatz widmete sich Kurt Bingel der Lehre. Er hielt die ersten Vorlesungen über Virologie an der Heidelberger Universität sowohl für Mediziner als auch für die Studenten der Naturwissenschaftlichen Fakultät. Die Räume des Viruslaboratoriums waren im Obergeschoß eines Seitengebäudes des Hygieneinstituts untergebracht.

Im Zuge der Entwicklung des Fachgebiets und in Anerkennung der Leistung Bingels entstand 1961 zunächst eine Abteilung für Virologie, die dann vom Kultusministerium Baden-Württemberg 1964 als Institut für Medizinische Virologie etabliert wurde. Schon 1963 war Kurt Bingel zum Extraordinarius ernannt worden und hatte somit das erste Extraordinariat für Virologie in der Bundesrepublik Deutschland inne. Auch ein Ordinariat für Virologie gab es damals in der Humanmedizin noch nicht. Kurt Bingel starb 1966 mit 60 Jahren aus vollem Arbeitsleben.

Das Extraordinariat wurde 1967 in ein Ordinariat umgewandelt und mit Klaus Munk besetzt. Damit entstand der erste Lehrstuhl für Virologie der Humanmedizin in Heidelberg. Munk war nach dem Medizinstudium und einer kurzen Ausbildung in der Pathologie 1948 in das damalige Kaiser-Wilhelm-Institut, das spätere Max-Planck-Institut für Biochemie, von Adolf Butenandt in Tübingen eingetreten. Von 1950 bis 1954 arbeitete er bei Werner Schäfer an der Abteilung für Virusforschung des Instituts, unterbrochen von einem einjährigen Forschungsaufenthalt in den USA bei Thomas Francis Jr. in Ann Arbor, Michigan, und bei Wendell Meredith Stanley in Berkeley, California. Von 1954 bis 1961 war er an der II. Medizinischen Universitätsklinik Links der Isar in München bei Gustav Bodechtel klinisch tätig. Er leitete dort eine Poliomyelitisstation und ein virologisch-diagnostisches Labor, das 1957 zu den ersten sieben virologisch-diagnostischen Laboratorien der Bundesrepublik Deutschland gehörte. Er wurde Facharzt für Innere Krankheiten und habilitierte sich mit einer Arbeit über die Virologie und Klinik der Enteroviren. Mit diesen Erfahrungen wurde er 1961 an das in Heidelberg seit 1948 außerhalb der Universität bestehende Institut für Virusforschung berufen, das 1966 in das Deutsche Krebsforschungszentrum eingegliedert wurde. Aufgrund seiner virologischen und medizinisch-klinischen Vorbildung wurden Klaus Munk 1966 zunächst das Extraordinariat und 1967 das neuentstandene Ordinariat für Virologie sowie die wissenschaftliche Leitung des Instituts für Medizinische Virologie übertragen. Beide Institute zusammen waren zu jener Zeit von überschaubarer Größe. 1973 wurde Munk im Zuge des neuen Universitätsgesetzes Direktor der Abteilung Virologie, Institut für Medizinische Virologie, am Hygieneinstitut. 1991 wurde er emeritiert.

In der Lehre führte Munk die virologischen Vorlesungen und auch den virologischen Part im Rahmen des Mikrobiologischen Kurses weiter. Die virologische Laboratoriumsdiagnostik konnte in den Jahren nach 1967 auf alle Virusarten ausgedehnt werden, die durch die Forschung jener Jahre der experimentellen Bearbeitung im Labor und der Labordiagnostik zugänglich gemacht wurden. Dazu gehörten unter anderem Masern-, Röteln-, Hepatitis-B- und Zytomegalieviren sowie einige der Arboviren.

In seinem Arbeitsprogramm setzte Munk in Heidelberg seine schon früher begonnenen Untersuchungen über das Herpes-simplex-Virus fort. Er begründete damit an dem Institut die Forschungsrichtung, die bis in die jüngste Zeit von den Institutsmitarbeitern in aktuellen Fragestellungen bearbeitet wurde. In den ersten Jahren befaßte sich Munk mit der biologischen Charakterisierung der Herpes-simplex-Virus-Stämme aus den verschiedenen Lokalisationen der Effloreszenzen beim Menschen. Er hatte schon 1960 in München für das Herpes-simplex-Virus einen Plaquetest entwickelt und beobachtete bei den Stämmen verschiedener Lokalisationen eine unterschiedliche Größe der gebildeten Plaques. Stämme aus Lokalisationen oralen Ursprungs und aus anderen Hautgegenden sowie von der Kornea bilden kleine, die Stämme genitalen Ursprungs dagegen große Plaques. So konnte Munk nach diesen biologischen Merkmalen der Virusstämme oralen, korneanalen und genitalen Ursprungs verschiedene Herpes-simplex-Virus-Typen identifizieren. Später verlagerte er die Arbeiten auf die Virus-Wirtszell-Beziehungen dieses Virus. Anfangs der 70er Jahre wurde die Frage diskutiert, ob Herpesviren dazu fähig seien, eine normale Zelle in eine neoplastische, d.h. eine Krebszelle, umzuwandeln, eines der aktuellen Themen der Virologie. Die Frage nach tumorigenen Eigenschaften wurde auch beim Herpes-simplex-Virus gestellt. Gholamreza Darai und Munk konnten in vitro herpessimplexvirusinfizierte embryonale Rattenzellen, die bei supra- oder suboptimalen Temperaturen inkubiert wurden, zu neoplastischen Zellen umwandeln, die nach Reimplantation in die Ratte metastasierende Tumoren erzeugten.

Bis 1976 blieb das Institut in Räumen eines Seitenbaus des Hygieneinstituts beheimatet. Ein entscheidender Fortschritt in der Entwicklung und im Ausbau seiner Raumkapazitäten trat dann mit der Übersiedlung in die Neubauten der Theoretischen Medizin im Neuenheimer Feld ein. Bei der Bauplanung waren Munk und seine Mitarbeiter bestrebt, die Laboratorien nach den modernsten Erkenntnissen der virologischen Labortechnik einzurichten und auch nach Raumumfang und -zahl ein technisch selbständig funktionierendes Institut aufzubauen. Darin sollte eine moderne Virusforschung betrieben und eine ebenso moderne virologische Laboratoriumsdiagnostik für die Kliniken zur Verfügung gestellt werden.

In der Lehre waren die Wissenschaftler des Instituts immer in die Vorlesungsreihen und Kurse der Hygiene und Mikrobiologie integriert und führten zahlreiche Spezialvorlesungen und Kurse über Virologie durch.

Von den Oberärzten des Instituts wurden 1985 Hans Wilhelm Doerr auf den Lehrstuhl für Virologie an die Universität Frankfurt berufen und 1990 Rüdiger Braun zum Direktor des Instituts für Virologie der Bayer AG in Wuppertal ernannt.

Munks Nachfolger wurde 1993 Ulrich Koszinowski aus Ulm.

Institut für Virusforschung, später in das Deutsche Krebsforschungszentrum eingegliedert

Das Institut für Virusforschung in Heidelberg ist aus einer Abteilung mit der Bezeichnung Laboratorium für Virusphysiologie der Biologischen Reichsanstalt für Landwirtschaft und Forsten in Berlin-Dahlem hervorgegangen. Sie stand dort unter der Leitung von Gustav Adolf Kausche. Er war in der Tropenforschungsschule in Witzenhausen ausgebildet worden, hatte lange Jahre in Sumatra verbracht und in der Biologischen Reichsanstalt begonnen, mit pflanzenpathogenen Virusarten, unter anderem mit dem Tabakmosaikvirus, zu arbeiten. Aus einer Kooperation mit den Brüdern Helmut und Ernst Ruska, die in den 30er Jahren bei der Siemens AG das Elektronenmikroskop entwickelten, entstand 1937 die erste elektronenoptische Aufnahme eines rein dargestellten Tabakmosaikvirus, für die Kausche das Virusmaterial geliefert hatte. Damit wurde das Virus erstmals sichtbar. Die ursprüngliche Definition des Virus als «ultravisibles Agens» war nun nicht mehr gültig. Vor allem aber haben die Brüder Ruska mit der Entwicklung des Elektronenmikroskops der Virologie ein Gerät an die Hand gegeben, das die Virusmorphologie in allen ihren Details erschlossen hat. Dazu wurden dann weitere Techniken entwickelt. Die Platin/Paladium-Bedampfungsmethode ermögliche die dreidimensionale Darstellung des Virions und mit der Kleinschmidt-Methode auch die der Virusnukleinsäuren. Die Negativfärbungsmethode erbrachte den Einblick in den inneren Aufbau des Virions, und schließlich zeigte die Ultradünnschnittmethode die Morphologie des Virus in situ in der Zelle. Für die Verdienste, die er sich mit der Entwicklung des Elektronenmikroskops für die Virologie und auch andere Gebiete erworben hat, erhielt Ernst Ruska 1986 den Nobelpreis.

Im August 1943 wurde die Abteilung durch Erlaß des Reichsverteidigungskommissars von Berlin-Dahlem nach Heidelberg ausgelagert. Sie fand zunächst an mehreren Stellen in Heidelberg, wie in Räumen der Chirurgischen Klinik, des Max-Planck-Instituts für Medizinische Forschung und des Czerny-Hauses, Unterkunft. 1948 wurden die Laboratorien in das einstöckige Gebäude der bisherigen Hautambulanz der Universitätshautklinik in der Thibautstraße 3, d.h. im Bereich des Universitätsklinikums, als nunmehriges Institut für Virusforschung zusammengeführt. Das 1913 errichtete Gebäude wurde zuvor mit Laborräumen ausgestattet. Auch das aus Berlin mitgebrachte Elektronenmikroskop konnte dort wieder aufgestellt werden. Es gehörte zu den ersten von Siemens gebauten Mikroskopen der «Nullserie», was durch die Zusammenarbeit von Kausche mit den Brüdern Ruska möglich geworden war.

Das Institut wurde in diesen Jahren über das Königsteiner Länderabkommen zur Förderung der Forschung in der Bundesrepublik Deutschland finanziert. Es unterstand zunächst dem Badischen und später nach Gründung des Landes Baden-Württemberg dem Baden-Württembergischen Kultusministerium.

Wissenschaftlich wandte sich Kausche in Heidelberg zusammen mit seinen Mitarbeitern der Influenzaforschung zu. Einige Wissenschaftler arbeiteten über Bakteriophagen und das Poliovirus.

Im Jahre 1960 verstarb Kausche. Das Institut wurde in der Übergangszeit kommissarisch vom bisherigen wissenschaftlichen Mitarbeiter Olaf Klamerth geleitet, der sich mit biochemischen Arbeiten über die Komponenten des Influenzavirions befaßte.

Am 1. August 1961 wurde Klaus Munk, der aus München kam, zum Direktor des Instituts ernannt. Er stellte das Institut, das insgesamt über 30 Mitarbeiter verfügte, davon 4 Wissenschaftler, auf die damals moderne Virusforschung mit menschen- und tierpathogenen Virusarten um. Er richtete dafür Zellkultur- und biochemisch-molekularbiologische Laboratorien ein.

Als virologisches Hauptthema des Instituts führte Munk seine bisherigen Arbeiten über das Herpes-simplex-Virus weiter. Später, als sich abzeichnete, daß das Institut in das Deutsche Krebsforschungszentrum aufgenommen werden sollte, kamen noch Arbeiten über das SV40 und Polyomavirus hinzu.

Mit der Eingliederung des Instituts 1966 in das Deutsche Krebsforschungszentrum und dem Umzug aus dem Institutsgebäude in der Thibautstraße in den Neubau des Krebsforschungszentrums im Neuenheimer Feld, dem Neubaugebiet der Theoretischen Institute und Kliniken der Universität, im Jahre 1972 wurde das Institut stark erweitert. Es wurden fünf Abteilungen mit den Forschungsthemen Molekularbiologie der DNS-(Papova- und Herpes-simplex-Viren) und der RNS-Viren, Tumorvirusgenetik und -immunologie eingerichtet.

Als Harald zur Hausen 1983 den Wissenschaftlichen Vorstand des Deutschen Krebsforschungszentrums übernahm, wurde im Institut eine neue Abteilung für Genommodifikation und Karzinogenese aufgebaut. Das Institut wurde wie alle anderen 1992 im Zuge der Neuorganisation des Krebsforschungszentrums aufgelöst, die Abteilungen verselbständigt und – anstelle der bisherigen Institute – in thematisch orientierten Forschungsschwerpunkten zusam-

mengefaßt. Die auf verschiedenen Gebieten der Virologie arbeitenden Abteilungen wurden zu einem Forschungsschwerpunkt Angewandte Tumorvirologie vereinigt. Hierfür wurde ein architektonisch wie labortechnisch moderner Neubau errichtet, der im Mai 1992 eingeweiht werden konnte. Die Aktivitäten dieses Forschungsschwerpunkts lassen sich in folgenden Themen zusammenfassen:
- Rolle der Papillomviren bei menschlichen Tumoren.
- Referenzzentrum für humanpathogene Papillomviren.
- Genexpression menschlicher Papillomviren und zellulärer Kontrollmechanismen.
- Biologische Funktionen der durch humane Papillomviren kodierten Gene E6 und E7 in Zervixkarzinomen; Möglichkeiten der spezifischen Beeinflussung.
- Molekulare Mechanismen der HPV18-Gen-Expression.
- Expression integrierter Hepatitis-B-Virus-DNA.
- Therapeutische und pathogenetische Aspekte bei HIV-Infektionen.
- Neurovirulenz und Latenz von Herpes-simplex-Virus im Mausmodell der Herpes-simplexinfektion. Funktion viraler Glykoproteine.
- Funktionsanalyse viraler Onkoproteine, Isolierung zellulärer Suppressorgene.
- Retroviren.

Institut für Mikrobiologie an der Biologischen Fakultät der Ruprecht-Karls-Universität

Ende der 60er Jahre beschloß die noch vor der Baden-Württembergischen Hochschulreform bestehende Naturwissenschaftlich-mathematische Fakultät der Universität Heidelberg, die moderne Biologie durch Zuweisung von neuen Lehrstühlen zu stärken, zum einen für Mikrobiologie, zum anderen für Molekulare Genetik. Ein erster Lehrstuhl wurde bereits 1966 besetzt.

Hartmut Hoffmann-Berling, in Personalunion mit der Stellung als Direktor am Max-Planck-Institut für Medizinische Forschung, wurde auf ein persönliches Ordinariat für Mikrobiologie berufen.

Mit seinen Arbeiten über zwei kleine *Escherichia-coli*-Phagen – dem RNA-haltigen *fr*- und dem DNA-haltigen *fd-Phagen* – als einfachen Modellsystemen zur Virusreplikation hatte Hoffmann-Berling weltweite Aufmerksamkeit und Anerkennung gefunden. Beide Phagen wurden von ihm auf dem Hausberg Heidelbergs, dem Königsstuhl, und dort aus dem Abwasser des landwirtschaftlichen Anwesens, dem «Bierhelderhof», isoliert; die molekularbiologischen Arbeiten erfolgten anfangs in enger Zusammenarbeit mit der Abteilung von Hans Friedrich-Freksa am Max-Planck-Institut für Virusforschung in Tübingen.

Der Lehrstuhl für Molekulare Genetik wurde 1970 mit Ekkehard Karl Friedrich Bautz besetzt. Er hatte nach seinem Chemiestudium in Freiburg und Zürich 1961 an der University of Wisconsin in Molekularbiologie promoviert. 1961/62 war er am Damon Runyon Memorial Fund for Cancer Research, University of Illinois tätig und arbeitete von 1962 bis 1970 am Institute of Microbiology, Rutgers, State University of New Jersey, zuletzt als Associate Professor. Bautz hatte sich durch seine Mutationsforschung mit Mutagenen, wie alkylierenden Agenzien und Hydroxylaminen, sowie vor allem mit dem Sigma-Faktor, in dem er das erste positive Kontrollelement bei der Genexpression gefunden und beschrieben hatte, einen Namen gemacht.

In Heidelberg interessierten Bautz die RNA-Viren, die aufgrund ihrer hohen Mutationsrate eine schnelle Evolution erleben. In diesem Zusammenhang hat er in den letzten Jahren in Zusammenarbeit mit Gholamreza Darai vom Institut für Medizinische Virologie der Universität Heidelberg die europäischen Virusstämme des Hantavirus untersucht. Er hat ihre Nukleo-

Heinz Schaller.

tidsequenzen aufgeklärt und mit den Sequenzen der asiatischen Stämme verglichen. Aus diesen Untersuchungen können Rückschlüsse über die Pathogenitätsmechanismen dieser Virusinfektionen gezogen werden.

Hoffmann-Berling gab 1974 sein Ordinariat auf, um die Berufung eines hauptamtlichen Hochschullehrers zu ermöglichen. Für ihn wurde im gleichen Jahr Heinz Schaller aus Tübingen auf den Lehrstuhl für Mikrobiologie berufen. Mit Schaller kam ein Wissenschaftler aus dem Kreis der Tübinger Max-Planck-Virologen nach Heidelberg. Nach seinem Chemiestudium hatte Heinz Schaller in Heidelberg promoviert. Anschließend war er 2 Jahre lang am Institute for Enzyme Research in Madison, Wisconsin, als Research Associate bei Har Gobind Khorana tätig. Von 1963 an bis zu seinem Ruf nach Heidelberg arbeitete Schaller in der Abteilung von Gerhard Schramm am Max-Planck-Institut für Virusforschung in Tübingen. In den letzten Jahren seiner dortigen Tätigkeit war er Leiter einer eigenen Arbeitsgruppe und nach dem frühen Tod von Gerhard Schramm kommissarischer Leiter dieser Abteilung.

Nach seiner Berufung und Übersiedelung nach Heidelberg 1974 hatte Heinz Schaller große Schwierigkeiten mit der räumlichen Unterbringung der Laboratorien seines Lehrstuhls. Hierfür waren ursprünglich Räume im Zoologischen Institut vorgesehen, die aber noch nicht zu beziehen waren. In dieser Situation kam das Institut für Virusforschung am Deutschen Krebsforschungszentrum zu Hilfe. Es brachte Schallers Mitarbeiter in seinen eigenen Institutsräumen unter und bot außerdem die notwendige Infrastruktur an. Hier blieb das Institut, das inzwischen auf einen Bestand von 35 Mitarbeitern, davon 12 Wissenschaftlern, angewachsen war, bis 1977, bis es die fertig eingerichteten Laboratorien im Zoologischen Institut beziehen konnte. 1985 erfolgte ein erneuter Umzug des Instituts in das neuerrichtete Gebäude des soeben gegründeten Zentralinstituts für Molekularbiologie Heidelberg.

Virologisch hatte sich Schaller in Tübingen mit der Genomstruktur und Replikation des *fd*-Phagen beschäftigt sowie mit der Kontrolle seiner Genexpression. Diese Arbeiten setzte er in Heidelberg fort. Dabei konnte er als erster die gesamte Nukleotidsequenz eines filamentösen Phagen aufklären. Überlappend mit diesen Arbeiten beschäftigte sich Schaller seit 1978 mit zwei tier- und menschenpathogenen Virusarten, dem Maul-und-Klauenseuche-Virus und dem Hepatitis-B-Virus. Hier gelang in Zusammenarbeit mit Manfred Mussgay von der Bundesforschungsanstalt für Viruskrankheiten der Tiere in Tübingen die Identifizierung und heterologe Expression der für die Maul-und-Klauenseuche-Vakzine wichtigen viralen Strukturproteine sowie auch für die Immunisierung von Labortieren mit chemisch synthetisierten Maul-und-Klauenseuche-Peptid-Sequenzen. Beim Hepatitis-B-Virus konnte er diejenigen Genomabschnitte identifizieren, die für die viralen Oberflächenantigene codieren und sie in *Escherichia coli* exprimieren. Darüber hinaus hat Schaller als erster das Gen für das Oberflächenantigen des Hepatitis-B-Virus identifiziert, das die Basis für die heute gebräuchliche rekombinante Schutzimpfung aus Hefezellen darstellt.

In Zusammenarbeit mit Instituten in Heidelberg und München gelang es, mit klonierter Hepatitis-B-Virus-DNA eine Hepatitis im Schimpansen zu erzeugen und somit eine Basis für die später folgende Mutationsanalyse des Hepatitis-B-Virus-Genoms zu schaffen. Später hat sich Schaller mit seinen Mitarbeitern in zunehmendem Maße auf verschiedene Aspekte des Replikationszyklus des Hepatitis-B-Virus konzentriert. Besonders standen die Bemühungen im Vordergrund, ein Zellkultursystem zu erarbeiten, das es erlaubt, alle Replikationsschritte in vitro zu analysieren. Ein Ziel dieser Arbeiten ist es, die Mechanismen und die Wirksamkeit einer gezielten antiviralen Chemotherapie in einem einfachen experimentellen System verfolgen zu können.

Die Lehrtätigkeit des Instituts umfaßt Vorlesungen in der Mikrobiologie mit ausgedehnten virologischen Themen. Sie betreffen die Grundlagen der Virusreplikation sowie Pathogenitätsmechanismen. In gleicher Weise werden auch die Kurse für Studenten und ergänzende Seminare gestaltet.

Reinhard Wigand.

Homburg/Saar

Abteilung für Virologie am Institut für Medizinische Mikrobiologie und Hygiene der Kliniken der Universität des Saarlandes

Die Abteilung für Virologie in Homburg/Saar, entwickelte sich aus der Arbeit von Reinhard Wigand. Er trat 1959 als Oberassistent in das Institut für Medizinische Mikrobiologie und Hygiene ein. Zu seinen besonderen Aufgaben gehörte es, sich um das kurz zuvor eingerichtete Viruslabor zu kümmern. Es bestand aus zwei, später drei Kellerräumen, in denen 2 Technische Assistenten arbeiteten. Das Programm umfaßte anfangs Zellkulturen, Poliovirusdiagnostik und die Diagnostik anderer enteraler Virusinfektionen mit der Komplementbindungsreaktion. Wigand brachte für die virologische Arbeit vor allem mit Enteroviren reiche Erfahrungen mit. Schon 1949 hatte er diese Virusgruppe bei seiner Tätigkeit am Bernhard-Nocht-Institut in Hamburg kennengelernt und sie dann intensiv während seines Forschungsaufenthalts bei Albert Bruce Sabin in Cincinnati, Ohio, bearbeitet.

Aus dem anfänglich kleinen Viruslabor entwickelte sich bis 1970 eine zunehmend größere Arbeitsgruppe, die dann schließlich – ohne eigentlichen «Gründungsakt» – zu einer Abteilung für Virologie heranwuchs. Im gleichen Jahr konnte Wigand mit seiner Abteilung ein eigenes Gebäude mit entsprechender Laborausstattung, das «Haus 47» auf dem Klinikumsgelände, beziehen. Damit war der Raumbedarf reichlich gedeckt.

Wigand hatte schon 1959 begonnen, das Schwergewicht seiner Forschung zu verlagern. Er wandte sich den Adenoviren zu, die 1953 von Wallace P. Rowe entdeckt worden waren. Die Forschungen auf diesem Gebiet nahmen in den folgenden Jahren Wigand und seine Abteilung völlig in Anspruch. Anfangs befaßte er sich mit epidemiologischen Studien und der Verbesserung der Differenzierung und Klassifizierung der Adenoviren mit molekularbiologischen Methoden. Er wurde Chairman der Adenovirus Study Group, Vertebrate Virus Subcommittee, International Committee on Taxonomy. Seine Ergebnisse wurden national und international sehr gewürdigt. Das führte dazu, daß seine Abteilung am 1. April 1971 vom Bundesministerium für Jugend, Familie und Gesundheit zum Nationalen Referenzzentrum für Adenoviren ernannt wurde. Die Aufgaben des Referenzzentrums betrafen die Standardisierung von Untersuchungsverfahren sowie die Charakterisierung von Virusstämmen. Dazu gehörten vier neue Serotypen von menschenpathogenen Adenoviren (Serotypen 38, 39, 40 und 41). Weitere Aufgaben des Zentrums betrafen die Bereitstellung von Referenzseren und -antigenen, Beratung und Mitarbeit bei der Aufklärung schwierig zu diagnostizierender Fälle und die Auswertung epidemiologischer Daten, schließlich auch die Kontakte zu internationalen Referenzzentren. Seit Anbeginn leistete dieses Zentrum zuverlässige und ausgezeichnete Arbeit und trug wesentliche Erkenntnisse zur Epidemiologie dieser Gruppe von Virusinfektionen in Deutschland und zur Klassifizierung der Adenovirustypen bei.

Neben der Arbeit für das Referenzzentrum führte Wigand eine virologische Laboratoriumsdiagnostik für die Universitätskliniken in Homburg durch, die auch weitergeführt wird. Im Jahr 1988 wurde Reinhard Wigand emeritiert. Als Nachfolger kam Nikolaus Müller-Lantzsch aus Freiburg. Sein wissenschaftliches Arbeitsprogramm gliederte sich in folgende Bereiche:

– Assoziierung zellulärer Faktoren mit transformierenden Proteinen des Epstein-Barr-Virus.
– Charakterisierung der Expression des Epstein-Barr-Virus-kodierten Membranproteins in Reed-Sternberg- und Hodgkin-Zellen sowie die Untersuchung der Immunantwort von Hodgkin-Patienten gegen das genannte Protein.
– Epidemiologische, molekularbiologische und immunologische Untersuchungen zum Epstein-Barr-Virus vom Subtyp B.
– Definition von serologischen Markern für eine reaktivierte Epstein-Barr-Virus-Infektion.
– Protein-Protein-Interaktionen des *nef*-Proteins von HIV-1.
– Das humane endogene Retrovirus K10: Identifizierung funktioneller *gag*- und Proteaseproteine.

Jena

Institut für Medizinische Mikrobiologie der Friedrich-Schiller-Universität

Das Institut für Hygiene der Friedrich-Schiller-Universität in Jena kann mit dem 1886 gegründeten Lehrstuhl für Hygiene auf eine lange Geschichte zurückschauen. Der erste Inhaber des Lehrstuhls war ein Schüler Robert Kochs, August Gärtner. Im Jahr 1968 wurde es in Institut für Medizinische Mikrobiologie umbenannt. Zur Zeit der Namensänderung war Heinz Urbach Leiter des Instituts. Er war 1952 aus Greifswald nach Jena gekommen und hatte die Arbeitsgebiete des Instituts auf vielseitige mikrobiologische, immunologische und auch virologische Themen ausgeweitet. Er begann mit dem Aufbau einer Virusabteilung im Institut. In Greifswald hatte er sich schon mit Problemen der Rickettsien- und Virusinfektionen befaßt. In Jena unternahm er epidemiologische Studien über das Q-Fieber. Darüber hinaus wurde im

Heinz Urbach.

Joachim Schmidt.

virologischen Bereich des Instituts an einem Forschungsprojekt Virusschnelldiagnostik mitgearbeitet. Hierbei erstreckten sich die Arbeiten auf das «respiratory syncytial virus» sowie auf Influenza- und Parainfluenzaviren, die das Ziel hatten, die Entwicklung eines schnelldiagnostischen Verfahrens zum Nachweis von respiratorischen Viren mit der Immunfluoreszenzmethode zu erreichen.

Heinz Urbach, der das Institut 23 Jahre geleitet und sich große Verdienste um dessen modernen Aufbau erworben hatte, wurde 1975 emeritiert. Er verstarb noch im gleichen Jahr.

Als Nachfolger von Urbach wurde Joachim Schmidt 1975 zum Direktor des Instituts und Ordinarius an der Universität Jena ernannt. Joachim Schmidt wurde in Lobstädt bei Leipzig geboren, hatte dort Medizin studiert und promoviert. Seine weitere Ausbildung bis zur Habilitation erhielt er am Hygieneinstitut, später Institut für Medizinische Mikrobiologie und Epidemiologie, in Leipzig. 1967 folgte er einem Ruf an die Universität Greifswald und wurde zugleich Direktor des dortigen Instituts für Medizinische Mikrobiologie und Epidemiologie, von wo aus er 1975 nach Jena berufen wurde. Er war Leiter des Forschungsprojekts Virusschnelldiagnostik sowie der Themenkomplexe «virusbedingte akute Respirationserkrankungen» und «Immunologie der Influenza» im Forschungsverband Infektionsschutz. Von 1968 bis 1977 war er Leiter der Sektion Virologie der Gesellschaft für Mikrobiologie und Epidemiologie der DDR.

Neben der Virusschnelldiagnostik umfaßten die Untersuchungen Joachim Schmidts und seiner Mitarbeiter von 1976 an die virusbedingten akuten Respirationserkrankungen, unter zunehmender Betonung immunologischer Fragestellungen bei der Influenza, die ab 1981 mit modernen Laboratoriumsmethoden unter der Thematik einer Immunologie der Influenza verfolgt wurden.

In Fortführung der virologisch-diagnostischen und epidemiologischen Untersuchungen wurden die Studien über die Influenza-A-Epidemie 1974/75 sowie über die «Respiratory-syncytial»-Virus-Infektionen im Jenaer Raum ausgewertet sowie Typisierungen animaler Influenzavirusstämme mit der Fluoreszenzantikörpertechnik durchgeführt.

Ende der 70er Jahre erfolgte eine zunehmende Orientierung auf Fragestellungen der Immunologie, die immunpathogenetische Mechanismen bei Influenzaschutzimpfungen und Influenzaerkrankungen beinhalteten und sich vor allem auf die zellvermittelte Immunantwort erstreckten. Im gleichen Zeitraum wurden jeweils aktuelle, im Sächsischen Serumwerk in Dresden hergestellte Impfstoffe (gradientengereinigte Vollvirusimpfstoffe, Spaltimpfstoffe) an freiwilligen Probanden (Studenten) getestet. Die Zielstellung bestand darin, bessere Einblicke in die ablaufenden immunologischen Vorgänge und Rückschlüsse auf Schutzmechanismen sowie auch Hinweise zur weiteren Impfstrategie bei Influenza zu gewinnen. Im Rahmen der immunologischen Influenzastudien wurde das Verhalten der Sekretantikörper (IgG, IgA, sIgA) im Vergleich zu Serumantikörpern und zellvermittelten Immunreaktionen im Nasensekret Schutzgeimpfter und Erkrankter untersucht. Die verwendeten virusinaktivierten Impfstoffe führten zu teilweise signifikanten Erhöhungen der Titer spezifischer Sekretantikörper. Diese stiegen auch bei virologisch sicher diagnostizierten Erkrankten an.

Von den Wissenschaftlern des Instituts übernahmen Axel Stelzner 1983 die Abteilung für Virologie am damaligen Zentralinstitut für Mikrobiologie und Experimentelle Therapie der Akademie der Wissenschaften, heute Institut für Virologie der Friedrich-Schiller-Universität, und Jochen Süss 1989 die Leitung des Instituts für virale Zoonosen in Potsdam, das dem Robert-Koch-Institut angegliedert ist.

Joachim Schmidt wurde 1988 emeritiert. Sein Nachfolger als Institutsdirektor wurde Eberhard Straube, dessen Forschungsgebiet in der Bakteriologie liegt.

Institut für Virologie am Beutenberg-Campus der Friedrich-Schiller-Universität

Am 1. Januar 1983 wurde am Zentralinstitut für Mikrobiologie und Experimentelle Therapie (ZIMET) der Akademie der Wissenschaften der DDR innerhalb des Bereichs Experimentelle Therapie die Abteilung Virologie gebildet. Vorgänger dieser Abteilung war die Abteilung für Immunpathologie, die aus sieben Arbeitsgruppen bestand. Die Abteilung wurde bei dieser wissenschaftlichen Neuorientierung organisatorisch umstrukturiert. Ihr gehörten dann 8 Wissenschaftler und 14 Wissenschaftlich-technische Mitarbeiter an.

In den Jahren 1983–1989 wurden nach der Bilanz, die Axel Stelzner über diese Jahre zog, die folgenden Arbeitsprogramme verfolgt:
– Herstellung von Interferoninduktorvirus (Parainfluenzavirus Typ 1, Stamm Sendai).
– Durchführung der Interferonbestimmungen für die gesamten Interferonaufgaben des Zentralinstituts.
– Untersuchungen von Interferoninduktoren unter zuvor entwickelten In-vitro-Testbedingungen.
– Antivirale Screening-Untersuchungen für potentielle Virostatika (Präparate des Zentralinstituts) sowie Analyse ihrer Wirkungsweise.
– In-vivo-Studien zur Kombinationstherapie (Mengovirusmodell).

Im Anschluß an die Interferonarbeiten wandte sich die Abteilung neuen Aufgaben zu, wie der Aufklärung der Picornavirusinfektionen, wozu die Erkrankungen des Zentralnervensystems, der Atemorgane, des Herzens, des Muskelsystems, der Leber und anderer Organe gehörten. Im Jahre 1989 wurden hierzu folgende Arbeiten durchgeführt:
– Isolierung von Plaquevarianten des Coxsackievirus Typ B3.
– Phänotypische Charakterisierung von Coxsackie-B-Viren und Plaquevarianten unter In-vitro-Bedingungen.

Axel Stelzner.

- Untersuchungen zur Zytokininduktion von mit Coxsackievirus infizierten Makrophagen.
- Untersuchungen zur experimentellen In-vitro-Therapie von Coxsackie-B-Virus-Infektionen mit Synthetika und Interferonen.

Zu den in den Jahren 1990/91 von der Abteilung zu bewältigenden Problemen der Neukonzeption und Evaluierung, die für deren Zukunft von grundlegender Bedeutung waren, sei hier der Bericht ihres Leiters Axel Stelzner wiedergegeben, weil er in seiner Problematik beispielgebend ist und auch für andere wissenschaftliche Einrichtungen der ehemaligen DDR gelten mag.

«Am ZIMET war die Implosion der DDR im Jahre 1989 in gleicher Weise spürbar gewesen wie im ganzen Land. Angesichts eines im Verhältnis zu den DDR-Universitäten wesentlich toleranteren Klimas fiel es offensichtlich leichter, den eigenen Standpunkt frühzeitig sachkritisch zu überprüfen.

Bereits im Januar 1990 setzten interne Evaluierungen und Standortbestimmungen ein, die von folgenden Problemstellungen ausgingen:
- Wissenschaftliche Verantwortung und moralische Integrität von Wissenschaftlern.
- Bedarf und Realisierungswege wissenschaftlicher Forschung in Deutschland und Europa.
- Fragen zur Rechtsstaatlichkeit in einem neuen Bundesland Thüringen.

Die rechtzeitige Erkennung des Zusammenhanges von wissenschaftlicher Potenz und völlig neuartigen Anforderungen an jeden einzelnen Mitarbeiter in einem jetzt geöffneten Europa ließen Optimismus unter allen Mitarbeitern, auch unter denen der Abteilung Virologie, aufkommen – wenngleich der Einigungsvertrag mit seinem Kategorischen ‹Aus› für die ehemalige Akademie den Wissenschaftlern andererseits auch viele bange Fragen aufgab. Aber die Tatsache des sicheren ‹Endes› vor Augen beflügelte und zwang zu kritischer Analyse und frühzeitiger Mobilität – ein in der Retrospektive wichtiger Unterschied z.B. zu einigen Universitäten.

Seitens der Abteilung Virologie gab es hierbei ganz unterschiedliche Aktivitäten, die auf politischer Ebene bis hin zum neuen Thüringer Landtag, auf wissenschaftlicher Ebene zur fachlichen Präzisierung und zum Verbund mit Instituten in Marburg und München-Martinsried führten. Dabei wurde unter Mitwirkung der Wissenschaftler Gemsa, Hofschneider, Kandolf, Fleckenstein und Klenk folgende Leitlinien entwickelt: Ein an der Universität Jena neu zu schaffender Arbeitsbereich Virologie hat sich der Grundlagen- und klinischen Forschung, der Diagnostik viraler Infektionen und der Ausbildung von Studenten auf dem Gebiet der allgemeinen und speziellen Virologie zu widmen.»

In der Forschung hat sich die Abteilung nach 1991 unter anderen folgende Schwerpunkte gesetzt:
- Etablierung von Enterovirusmodellen im Versuchstier Maus zur Untersuchung chronischer Infektionen.
- Beziehungen zwischen Coxsackie-B-Viren, Makrophagen und Zytokinen.
- Beziehungen zwischen Viruspersistenz und chronischer Virusinfektion am Beispiel der chronischen Virusmyokarditis.

– Organtropismus von Viren und Entwicklung von Therapiestrategien, insbesondere in der Frühphase von ausgewählten Virusinfektionen.

Im Jahre 1992 waren mehrere thematisch ausgerichtete Arbeitsgruppen vorgesehen:
– Arbeitsgruppe 1: Makrophagenzytokininduktion nach Virusinfektion. Thema: Interaktion von Coxsakkieviren mit Makrophagen/Monozyten und Freisetzung von Zytokinen.
– Arbeitsgruppe 2: Virusmyokarditis. Thema: Modellierung und Modulierung des natürlichen Verlaufs einer chronischen Myokarditis in verschiedenen Mäusestämmen.
– Arbeitsgruppe 3: Antivirale Therapie. Thema: Experimentelle Untersuchungen zur Therapie von Virusinfektionen unter besonderer Berücksichtigung der Picornaviren.

Am 23. Oktober 1992 wurde aus der bisherigen Abteilung für Virologie das neue Institut für Virologie an der Universität offiziell gegründet. Der Rektor der Friedrich-Schiller-Universität ernannte Axel Stelzner zu seinem Geschäftsführenden Direktor. Stelzner hatte sich nach seinem Medizinstudium in Jena am Institut für Medizinische Mikrobiologie der Universität Jena für Medizinische Mikrobiologie spezialisiert. Seit 1981 war er Leiter der Abteilung Immunpathologie am Zentralinstitut für Mikrobiologie und experimentelle Therapie der Akademie der Wissenschaften der DDR, aus der dann die Abteilung und das Institut für Virologie hervorgingen. Das Institut führt heute die virologische Laboratoriumsdiagnostik für den Raum Jena und das Land Thüringen durch.

In der Lehre bietet das Institut in Zusammenarbeit mit dem Institut für Medizinische Mikrobiologie der Friedrich-Schiller-Universität eine breite Palette von Vorlesungen und Praktika für die Studenten der Medizinischen und Biologischen Fakultäten an.

Axel Stelzner hat sich besonders für die politische Neuorientierung seines Landes eingesetzt, ist Gründungsmitglied des Thüringer Landtags und Mitschöpfer des neuen Thüringer Landeswappens.

1992 betrug der Personalbestand 1 Hochschullehrer, 7 Wissenschaftler und 18 Wissenschaftlich-technische Mitarbeiter. Die räumliche Ausstattung umfaßte 30 Labor- und andere Funktionsräume sowie 14 Laboratorien im Infektionstierhaus.

Köln

Institut für Virologie der Universität zu Köln

Der Direktor der Universitäts-Nervenklinik, Werner Scheid, hatte als Schüler von Heinrich Pette in Hamburg sein wissenschaftliches Interesse auf die akut entzündlichen Erkrankungen des Nervensystems gerichtet. Als Chefarzt der Neurologischen Abteilung des Allgemeinen Krankenhauses Heidberg in Hamburg begann er nach 1946 virologisch zu arbeiten. Mit seinen Mitarbeitern, vor allem mit Kurt-Alfons Jochheim, wies er in Deutschland erstmals den Erreger der lymphozytären Choriomeningitis nach. Seine Virologiekenntnisse erwarb sich Werner Scheid während seiner Forschungsaufenthalte bei Werner und Gertrude Henle am Children's Hospital in Philadelphia und bei Edwin H. Lennette am Department of Public Health in Berkeley. Als er 1949 an die Universität zu Köln berufen wurde und die Nervenklinik übernahm, baute er dort eine für die damalige Zeit hervorragend ausgestattete Virusabteilung auf, deren wissenschaftliche und diagnostische Aktivitäten primär der Ätiologie und Epidemiologie der Virusmeningitiden und Virusenzephalitiden gewidmet waren. An den virologischen Programmen der Virusabteilung in der Klinik arbeiteten damals Rudolf Ackermann, Hans Joachim Eggers und Fritz Lehmann-Grube mit. Die Leitung dieser Abteilung ging in den 60er Jahren zunehmend in die Hände von Rudolf Ackermann über, der sie auch nach der Emeritierung von

Hans Joachim Eggers.

Werner Scheid im Jahre 1979, nunmehr mit neuem Forschungsschwerpunkt Borreliose, bis 1986 weiterführte.

Wegen der zunehmenden und breiten Entwicklung der molekularen Methodik in der Virusforschung und ihrer Bedeutung für die Klinik setzten sich der Biochemiker Wilhelm Stoffel und der Mikrobiologe Gerhard Pulverer anfangs der 70er Jahre für die Gründung eines Lehrstuhls für Virologie an ihrer Universität ein. Sie wurden dabei auch von einigen Klinikern unterstützt, die an diesem Fachgebiet stark interessiert waren.

Auf diesen neugegründeten Lehrstuhl für Virologie wurde Hans Joachim Eggers berufen, der bis dahin den gleichen Lehrstuhl an der Justus-Liebig-Universität in Gießen innehatte. Er trat sein Amt in Köln am 1. September 1972 an.

Der Direktor des Hygieneinstituts, Gerhard Pulverer, stellte anfangs der Virologie kollegialerweise das oberste Stockwerk seines Institutsgebäudes in der Fürst-Pückler-Straße 56 zur Verfügung. Dieses befindet sich in einer großen klassischen Villa aus der Gründerzeit. Nach einigen Jahren konnte für das Hygieneinstitut selbst ein eigenes und geeigneteres Gebäude gefunden werden. Damit konnte die gesamte Villa als Institut für Virologie ausgebaut werden. Apparative und personelle Ausstattungen des Instituts waren zunächst noch sehr gering. Die Anschaffung der technischen Ausrüstung mußte in erheblichem Umfang aus Drittmitteln finanziert werden und zog sich über Jahre hin. Das aus Landesmitteln finanzierte Institutspersonal bestand zu Beginn nur aus einer Sekretärin. In dieser Lage halfen Wilhelm Stoffel und wiederum Gerhard Pulverer mit jeweils einer Assistentenstelle aus, eine medizinisch-technische Assistentin kam noch hinzu.

Eggers erinnerte sich an diese Zeit: «Nicht genug kann der uneingeschränkte Einsatz aller Mitarbeiter der ersten Stunde gelobt werden, denen keine Arbiet zu niedrig und keine zu viel war.»

Heute gehören dem Institut neben dem Institutsdirektor 12 akademische Mitarbeiter an (davon 5 Mitarbeiter aus Drittmitteln finanziert), 15 technische und 9 weitere Mitarbeiter, dazu eine große Zahl von Diplomanden und Doktoranden.

Als Schwerpunkte der experimentell-virologischen Arbeit des Instituts sind zu nennen:
– Selektive Inhibitoren der Virusreplikation. Schon in Tübingen und Gießen wurde von Eggers der erste «Uncoating»-Inhibitor – Rhodanin – beschrieben, dessen detaillierte Wirkungsweise in Köln untersucht wurde.
– Antivirale Chemotherapie in Tiermodellen, wobei die heute aktuellen Probleme der Pharmakokinetik, Resistenz und Kreuzresistenz, superadditiven Effekte sowie die stark herabgesetzte Virulenz resistenter bzw. abhängiger Virusmutanten beschrieben wurden.
– Probleme der Desinfektion nichtumhüllter Viren und die mathematische Erfassung der Inaktivierungskinetiken an künstlichen Flächen und an Händen.

Institut für Virologie in Köln.

- Die virale Myokarditis, insbesondere jene, die in der Maus mit Polioviren (virulenten, attenuierten, «Chimären») erzeugt wurde, die nichtneurale Replikation von Poliovirus in der Maus und die Abhängigkeit vom Lebensalter des Tieres.
- Zum ersten Mal konnten Kardiomyozyten von der adulten Maus gezüchtet werden, die sich in der Zellkultur redifferenzierten und über Wochen hinweg kontrahierten.
- Pathogenitätsmutanten des Enzephalomyokarditisvirus, die in der Maus völlig differente Krankheitsbilder hervorrufen (Allgemeininfektion, Myokarditis, Diabetes mellitus mit Zerstörung der Langerhans-Inseln). Die Mutanten wurden im Institut sequenziert. Später wurde versucht, Beziehungen zwischen der Art der Mutation und dem Krankheitsbild zu ermitteln.

Als virologisch-serologische Labordiagnostik bietet das Institut eine umfangreiche Palette von Untersuchungen für die Universitätskliniken in Köln an: Virusanzüchtung auf breiter Basis, Polymerasekettenreaktion, Virusnukleinsäurenachweise, Nachweis von Frühantigenen und von Antigen pp65 bei der Zytomegalie.

In der klinisch-virologischen Forschung wurden im Institut unter anderen folgende Themen behandelt:
- Rötelndiagnostik, insbesondere ein verläßlicher Rötelnhämagglutinationstest und ein Hämolyse-in-Gel-Test. Feldstudien zu einer auch ökonomisch vertretbaren Impfstrategie.
- Nosokomiale Infektion (Echovirus 11, Coxsackievirus Gruppe B, Rota- und Adenoviren).
- HIV-Anzüchtung und Serologie im Rahmen einer frühen Azidothymidintherapiestudie.
- Resistenzentwicklung gegenüber Aciclovir, Ganciclovir und Azidothymidin und Etablierung eines für die Praxis geeigneten ökonomischen und schnellen Testverfahrens.
- Studien zur Epidemiologie und zur Impfung bei Hepatitis B. Impfstudien zur Hepatitis A.

Abteilung für Virologie am Institut für Genetik der Universität zu Köln

Das Institut für Genetik an der Universität zu Köln wurde 1961 von Max Delbrück gegründet. Er schuf damit ein beispielgebendes Institut für Molekulare Genetik in der Bundesrepublik Deutschland. Max Delbrück war Physiker und urpsrünglich Mitarbeiter von Otto Hahn und Lise Meitner. Während dieser Tätigkeit kam er mit dem russischen Drosophila-Genetiker Nikolai W. Timoféeff-Ressovsky und dem Physiker Karl Günther Zimmer am Kaiser-Wilhelm-Institut für Hirnforschung in Berlin-Buch in Verbindung und wurde durch sie für die Genetik begeistert. Aus ihrer Zusammenarbeit erschien 1935 eine gemeinschaftliche Arbeit «Über die Natur der Genmutation und Genstruktur». In dieser Zeit also wechselte Delbrück sein Interessens- und Forschungsgebiet.

Delbrück verließ 1937 Deutschland und ging in die USA an das California Institute of Technology in Pasadena. Dort fing er an, sich für die Bakteriophagen als besseres Modell molekulargenetischer Forschung zu interessieren und begann damit sein so erfolgreiches Lebenswerk auf einem Gebiet, das richtungsweisend für die moderne molekulargenetische Virusforschung wurde. Zusammen mit Salvador Edward Luria und Alfred Day Hershey erhielt er 1969 für sein Oeuvre den Nobelpreis. Zu Beginn der 50er Jahre nahm Delbrück mehrere junge deutsche Gastwissenschaftler in seinem Laboratorium auf und demonstrierte damit schon in den frühen Nachkriegsjahren seine Verbundenheit mit dem neuen Deutschland. So gehörte er – wie auch Werner Henle – zu denjenigen in die USA emigrierten Wissenschaftlern, denen eine nicht hoch genug zu schätzende geistige Förderung der Wissenschaft im Nachkriegsdeutschland zu verdanken ist. Der Botaniker Josef Straub lud Max Delbrück 1956 ein, ihm bei Planung und Aufbau eines Instituts für Genetik an der Universität zu Köln beizustehen. Delbrück folgte dieser Einladung und nahm sich dafür einen 2jährigen «Urlaub» von seinem Institut in Pasadena. 1961 konnte das Institut fertiggestellt werden.

Als Stätte molekulargenetischer Grundlagenforschung an einer großen Universität steht das Institut heute ganz in der Tradition der sich

Walter Doerfler.

während der 50er und 60er Jahre in den USA und in Europa intensiv entwickelnden Molekularbiologie. Im Zuge des strukturellen Aufbaus des Instituts konnten sechs Lehrstühle für Genetik und eine Reihe unabhängiger Arbeitsgruppen eingerichtet werden. Dazu gehören noch der SFB 74 «Molekularbiologie der Zelle» bis 1988, später der SFB 243 «Molekulare Analyse der Entwicklung zellulärer Systeme» und der SFB 274 «Der molekulare Aufbau des genetischen Materials» der DFG und das vom Bundesministerium für Forschung und Technologie unterstützte Genzentrum Köln.

In diesen Forschungseinrichtungen wird an sehr anspruchsvollen Projekten gearbeitet, die allgemein hohe fachliche Anerkennung finden. Das Institut ist zugleich ein sehr attraktiver Ausbildungsplatz für Diplomanden, Doktoranden und Postdoktoranden.

Die virologisch-genetische Forschung wird am Institut von Walter Doerfler geleitet. Er hatte in München Medizin studiert, dort am Max-

Planck-Institut für Biochemie gearbeitet und war – nach seiner Forschungstätigkeit während der Jahre von 1963 bis 1972 in den USA und Schweden – an das Institut nach Köln gekommen, das ihn nicht nur wegen seiner Thematik und der Durchführbarkeit seiner eigenen Forschungspläne reizte, sondern auch wegen der Realisierung einer aussichtsreichen Verbindung von Grundlagenforschung und universitärer Tätigkeit.

Von Beginn seiner Arbeit in Köln an bis heute befassen sich Walter Doerfler und seine Gruppe mit folgenden Fragestellungen:
– Mechanismus der Integration adenoviraler (fremder) DNA in das Säugergenom.
– Abortive Infektion von Hamsterzellen mit Ad12 und die Speziesspezifität von Ad12-Promotoren.
– Regulation der Ad12-Gen-Expression in transformierten und Tumorzellen.
– Entstehung von De-novo-Methylierungsmustern in integrierter Ad12(fremder) DNA in Säugerzellen.
– Inaktivierung eukaryotischer (viraler) Promotoren durch sequenzspezifische DNA-Methylierung.
– DNA-Methyltransferase in FV3-infizierten Fisch- und Säugerzellen und die Muster der DNA-Methylierung der FV3-DNA.
– Die Rolle von Veränderungen zellulärer DNA-Methylierungsmuster bei der Transformation durch Adenoviren.
– Transkriptionsmuster des AcNPV-Genoms in Insektenzellen.

Während der letzten Jahre hat Doerflers Gruppe ihre Erfahrungen mit Problemen der DNA-Methylierung in Säugerzellen auch auf die Analyse des menschlichen Genoms angewandt und damit begonnen, DNA-Methylierungsmuster bei bestimmten Krankheiten zu analysieren.

Aus der Abteilung von Walter Doerfler ist eine große Anzahl wissenschaftlich signifikanter Originalarbeiten und Buchbeiträge veröffentlicht worden. Zahlreiche Doktorarbeiten und Habilitationen wurden in den Jahren seiner dortigen Tätigkeit abgeschlossen. Viele seiner Schüler haben heute Professuren oder Gruppenleiterstellen an Hochschul- oder Forschungsinstituten oder leitende Stellen in der Industrie inne.

Mainz

Abteilung für Experimentelle Virologie/ Institut für Virologie am Institut für Medizinische Mikrobiologie der Johannes-Gutenberg-Universität

Im Rahmen des Instituts für Medizinische Mikrobiologie, dessen Direktor Paul Klein war, plante man gleich von Anfang eine Forschungsstätte für Virologie, die dann mit einer Gruppe von vier Laboratorien in dem Institut eingerichtet wurde. Dem Institut selbst stand allerdings nur eine Nachkriegsbaracke zur Verfügung.

Der erste Virologe am Institut war Manfred Mussgay. Er kam aus der Bundesforschungsanstalt für Viruskrankheiten der Tiere in Tübingen, habilitierte sich in Mainz und folgte 1964 einem Ruf auf den Lehrstuhl für Virologie an der Tierärztlichen Hochschule in Hannover.

Paul Klein holte 1965 Dietrich Falke vom Hygieneinstitut in Marburg auf die vakante Stelle. Falke hatte nach dem Medizinstudium in Tübingen mit einem Thema über Queensland-Fieber promoviert und von 1955 bis 1957 bei Erich Traub an der Bundesforschungsanstalt für Viruskrankheiten der Tiere in Tübingen virologisch gearbeitet. Anschließend ging er zu Rudolf Siegert an das Hygieneinstitut in Marburg. Dort arbeitete er über das Herpes-simplex-Virus und das Herpes-B-simiae-Virus. Einen Studienaufenthalt in den USA verbrachte er 1960/61 am National Institute of Health in Bethesda bei George Huebner and Wallace P. Rowe. Die Habilitation mit einem Thema über die Hüllbildung an der inneren Lamelle der Kernmembran während der Herpes-simplex-Virus-Vermehrung erhielt Falke 1964 noch in Marburg.

Dietrich Falke.

Wissenschaftlich hat sich Falke in Mainz mit der Thymidinkinase des Herpes-simplex-Virus befaßt und Arbeiten über die Zellfusion nach Herpessimplexinfektionen in vitro veröffentlicht.

Besonders intensiv waren die Aufgaben in der Lehre, die Falke zu erfüllen hatte, teils in Mainz, teils mit einem Lehrauftrag von 1971 bis 1981 an der Technischen Hochschule in Darmstadt. Auch in der virologischen Labordiagnostik war Falkes Labor für die Kliniken tätig.

Mit der Etablierung der Abteilung für Experimentelle Virologie am Hygieneinstitut der Universität wurde Falke 1972 zum Abteilungsleiter ernannt, nachdem er 1969 außerplanmäßiger Professor geworden war. 1992 schied Falke aus dem Dienst aus, leitete die Abteilung aber noch bis 1993 weiter. Zu dieser Zeit wurde die Abteilung für Experimentelle Virologie in das Institut für Virologie umgewandelt. Als Falkes Nachfolger und Leiter des Instituts kam Matthias Redehase aus der Tübinger Bundesforschungsanstalt für Viruskrankheiten der Tiere, also der dritte Virologe in Mainz aus diesem Institut.

Marburg

Abteilung/Institut für Virologie der Philipps-Universität

Das heutige Institut für Virologie ist 1982 entstanden und aus einer 1980 im Rahmen der Hochschulreform gebildeten Abteilung hervorgegangen. Es gehört dem traditionsreichen Institut für Hygiene Am Pilgrimstein 2 in Marburg an, eine Adresse, die jeder Virologe der 50er und 60er Jahre kannte, da von dort aus in jenen Jahren die ersten Fachsymposien der Virologie, unterstützt durch die DFG, von Rudolf Siegert organisiert wurden. Das erste fand 1953 in Weinheim an der Bergstraße statt, die folgenden dann in Marburg. Siegert hatte sich damit große Verdienste um das persönliche Kennenlernen der Virologen untereinander erworben, die damals noch eine kleine Gemeinschaft bildeten. Außerdem war das Fach Virologie noch nicht eigenständig in einer wissenschaftlichen Gesellschaft vertreten.

Das Hygieneinstitut in Marburg gehört zu den ersten Hygieneinstituten in Deutschland. Es wurde 1885 von Max Rubner gegründet. Es gehörte aber auch zu den Instituten, an denen schon früh Virologie betrieben wurde.

Kurt Herzberg war 1951 aus Greifswald nach Marburg gekommen und hatte den Lehrstuhl für Hygiene übernommen. Schon in Greifswald begann er, virologisch zu arbeiten und hatte die Viktoriablaufärbung als Nachweismethode großer Viruspartikel eingeführt. In Marburg blieb er weiterhin in der Virologie tätig und arbeitete am Influenzaadsorbatimpfstoff, der später modellhaft für die Produktion auch anderer Impfstoffe maßgebend wurde. Nach wenigen Jahren – 1956 – verließ er Marburg wieder und wechselte auf den Lehrstuhl in Frankfurt.

Hygieneinstitut mit Abteilung für Virologie in Marburg Am Pilgrimstein 2.

Rudolf Siegert.

Sein Nachfolger wurde 1957 Rudolf Siegert, der wiederum die virologische Forschung zum Schwerpunkt des Instituts machte. Rudolf Siegert wurde 1914 in Gießen geboren und wuchs in Offenbach und Darmstadt auf. Er studierte Medizin in Marburg, München, Rostock und Würzburg, wo er mit einer Dissertation über ein mikrobiologisches Thema promovierte. Während seines Studiums hatte er sich in Lambarene bei Albert Schweitzer auf eine tropenmedizinische Tätigkeit vorbereitet. 1946 wurde er Assistent am Paul-Ehrlich-Institut in Frankfurt. Im Rahmen seiner dortigen Tätigkeit wandte sich Siegert verschiedenen Virologiethemen zu und richtete 1953 an diesem Institut eine Virologieabteilung zur Impfstoffprüfung ein. Auf den Lehrstuhl in Marburg wurde Siegert 1956 aufgrund seiner wissenschaftlichen Verdienste am Paul-Ehrlich-Institut berufen, was seinerzeit einiges Aufsehen erregte, da er nicht habilitiert war. Er hatte dann den Lehrstuhl und die Leitung des Hygieneinstituts in Marburg 26 Jahre lang bis zu seiner Emeritierung inne. Er verstarb 1988.

Siegert war ein begeisterter, stets unermüdlich tätiger Wissenschaftler, der viele Mikrobiologiethemen bearbeitete. Die Virologie gehörte jedoch immer zum Mittelpunkt seines wissenschaftlichen Interesses. Mit Dietrich Falke, später Mainz, befaßte er sich mit den Vermehrungsmechanismen des Herpes-simplex-Virus. Den größten Erfolg unter den Arbeiten des Instituts brachte die Identifizierung des Virus, das auf Siegerts Vorschlag hin die internationale Bezeichnung «Marburg-Virus» erhielt. Das Virus kam im Frühjahr 1967 mit importierten Affen nach Deutschland, die man zur Gewinnung von primären Nierenzellkulturen für die Poliomyelitisdiagnostik und -impfstoffproduktion benötigte. Sie schleppten eine unbekannte tropische Infektionskrankheit aus Uganda ein, deren Erreger Walter Hennessen, der zu jener Zeit bei den

Behringwerken arbeitete, sofort als eine bisher nicht identifizierte Virusart erfaßte. Sie verursachte unter den in den Laboratorien Tätigen schwere Erkrankungen und forderte sogar Todesopfer. In Zusammenarbeit mit Dietrich Peters, Godske Nielsen und Günther Müller vom Bernhard-Nocht-Institut in Hamburg hatten Rudolf Siegert und Werner Slenczka in Marburg das Virus isoliert und morphologisch dargestellt. Mit seiner ungewöhnlichen Länge und bizarren Form des Virions erwies es sich in der Tat als bisher noch nicht beschriebenes Virus und wurde damit der Prototyp einer neuen Virusgruppe, der Rhabdovirusgruppe, deren Etablierung sich auf die Arbeiten in Hamburg und vor allem in Marburg zurückführen läßt.

Gisela Enders-Ruckle war von 1957 bis 1963 am Marburger Institut tätig. Sie war – nach mehrjähriger Tätigkeit in den USA bei John Franklin Enders in Boston und bei Jonas Salk in Pittsburgh, während der sie das Masern-Affen-Virus «Minia» und das heute als Retrovirus klassifizierte «foamy agent» erstmals isoliert hatte – nach Marburg gekommen. Dort arbeitete sie an der Herstellung eines Masernvirusspaltprodukts desjenigen Masernvirusstamms, der von ihr erstmals isoliert worden war. Dieses Produkt wurde dann im inaktivierten Masernimpfstoff und als Masernkomponente im Impfstoff Quintovirelon® der Behringwerke verwendet.

Nach ihrer Marburger Zeit arbeitete sie am Landesmedizinaluntersuchungsamt in Stuttgart, war seit 1979 in selbständiger laborärztlicher Praxis in Stuttgart tätig und gründete dort 1985 ihr privates Institut für Medizinische Virologie und Infektionsepidemiologie. 1984 wurde sie Honorarprofessorin an der Universität Hohenheim.

Werner Slenczka hatte seit 1965 ein vielseitiges Forschungsprogramm über das Ebolavirus, die virale Myokarditis und das Lymphochoriomeningitisvirus der Maus verfolgt sowie epidemiologische Studien zu Filoviren, Hantaviren und Arenaviren.

Hans Dieter Klenk.

Von 1963 bis 1970 arbeitete Fritz Lehmann-Grube über das Lymphochoriomeningitisvirus der Maus. Später übernahm er eine Abteilung am Heinrich-Pette-Institut in Hamburg.

Zu den leitenden Wissenschaftlern des Instituts und der Abteilung für Virologie gehörte seit 1971 Klaus Radsack. Er hatte seine Arbeiten über das Herpes-simplex-Virus am Institut für Virusforschung in Heidelberg begonnen und seine Untersuchungen über dessen Virus-Wirtszell-Beziehungen in Marburg in Siegerts Arbeitskreis erfolgreich fortgeführt. Später wandte er sich dem Zytomegalievirus des Menschen zu und den Fragen seiner Virus-Wirtszell-Interaktionen, seiner viralen Morphogenese sowie des Hüllglykoproteintransports und seiner Reifung in der Zelle.

Die 1980 gebildete Abteilung für Virusforschung unterstand bis zu seiner Emeritierung Rudolf Siegert. Als 1982 das Institut für Virologie gegründet worden war, leitete es Werner Slenczka bis zur Übernahme des neugegründeten Lehrstuhls und des Instituts für Virologie 1986 durch Hans Dieter Klenk, der vom Institut für Virologie in Gießen kam. Dieser Schritt fiel zusammen mit einem Zuwachs an Personal im Institut und mit der Übersiedelung des Instituts in Räumlichkeiten mit erheblich erweiterten Laborflächen und Einbau eies L4-Labors in das Gebäude an der Robert-Koch-Straße. Dieses gehörte bis zum Umzug der Universitätskliniken in den 80er Jahren auf die «Lahnberge» der Chirurgischen Klinik. Hier wäre an eine historische Parallele zu erinnern. Als Emil Behring (geadelt 1901) im Jahre 1895 von Berlin aus den Lehrstuhl in Marburg übernahm, konnte er ebenfalls die ehemalige «Chirurgie» am Pilgrimstein als «neues» Institutsgebäude übernehmen.

Das Arbeitsprogramm von Klenk ist auf die Fragen der Virus-Wirtszell-Beziehungen des Influenzavirus ausgerichtet, mit einem wissenschaftlichen Programm zur Frage des zellulären Transports und der Reifung von Proteinen am Modell der Influenzavirusproteine.

München

Max-von-Pettenkofer-Institut für Hygiene und Medizinische Mikrobiologie der Ludwig-Maximilians-Universität

Das Hygieneinstitut der Universität – zusammen mit dem Lehrstuhl für Hygiene – wurde 1865 in München – noch vor der «bakteriologischen Ära» der Medizin – von Max von Pettenkofer gegründet. Pettenkofer kam von der Chemie her und hatte sich schon seit mehreren Jahren mit Problemen befaßt, die man heute der Umwelthygiene zuordnen würde, wie «Bestimmungen der Kohlensäure in der Luft und im Wasser» oder «Untersuchungen über die Kanal- und Abflußsysteme in München». Das führte ihn 1855 zu Studien «über die Cholera und deren Verhältnis zum Grundwasser», dessen chemischen Faktoren er später die vorwiegende Ursache zumaß – und nicht den inzwischen als Ursache erkannten Bakterien. Dennoch liegt sein historisches Verdienst darin, in diesen Jahren die experimentellen Methoden der Hygiene begründet und eingeführt zu haben. Das Institut führt heute seinen Namen.

Im Jahre 1977 übernahm Friedrich Wilhelm Deinhardt die Leitung des Max-von-Pettenkofer-Instituts und den Lehrstuhl für Hygiene an der Medizinischen Fakultät der Universität. Er wurde aus Chicago, wo er seit 1961 Chairman des Department of Microbiology am Rush Medical College and Rush-Presbyterian-St. Luke's Medical Center und des Department of Microbiology, Graduate College der University of Illinois in Chicago war, nach München berufen. Er gehörte damit zu dem Kreis erfolgreicher deutscher Wissenschaftler, die in den Nachkriegsjahren in die Vereinigten Staaten gegangen waren.

Friedrich Deinhardt war von Anfang an Virologe. Er hatte nach dem Medizinstudium in Göttingen und Hamburg am Bernhard-Nocht-Institut in Hamburg seine Doktorarbeit gemacht. Nach kurzer klinischer Ausbildung in Hamburg ging er nach Philadelphia an das Children's Hospital zum Ehepaar Werner und Gertrude Henle, die die Lehrer vieler deutscher Virologen waren. Bei ihnen arbeitete er von 1954 an, bis er 1961 den Ruf nach Chicago erhielt.

In Philadelphia galten seine Arbeiten dem Mumpsvirus, mit Erstisolierungen dieses Virus und Anzüchtung in der Zellkultur, die eine wichtige Voraussetzung für die spätere Impfstoffherstellung war. Aus dieser Zeit stammte aber auch seine erste Arbeit über Anzüchtungsversuche des menschenpathogenen Hepatitisvirus in Schimpansen. In Chicago begann er sich für die onkogenen Viren zu interessieren. Er isolierte das erste onkogene RNA-Virus in Primaten, das «simian sarcoma virus» und gleichzeitig auch das «simian sarcoma-associated virus». Darauf folgten grundlegende Arbeiten über das onkogene Herpesvirus saimiri in Marmoset-Affen, die das Verstehen der virusbedingten Krebsentstehung stark beeinflußten.

Friedrich Wilhelm Deinhardt.

In München lagen naturgemäß die Schwerpunkte der Forschung von Friedrich oder Fritz Deinhardt, wie er von allen genannt wurde, zusätzlich zu den allgemeinen Aufgaben eines Instituts für Mikrobiologie und Hygiene wiederum in der Virusforschung. Zunächst erweiterte er aber die virologische Diagnostik und brachte sie auf den höchstmöglichen Stand der Technik, besonders für die hochaktuellen Viren, das Hepatitis-A- und das Hepatitis-B-Virus und später das HIV. Dadurch wurde das Max-von-Pettenkofer-Institut zum WHO Collaborating Centre for Reference and Research on Viral Hepatitis und in den letzten Jahren auch für Aids.

Bei der Entwicklung und Erprobung der Hepatitis-B-Virus-Impfung in Deutschland war Deinhardt besonders engagiert, vor allem während seiner Zeit von 1980 bis 1990 als Präsident der Deutschen Vereinigung zur Bekämpfung der Viruskrankheiten. Die ersten Impfstudien wurden in München durchgeführt.

Auf dem Hepatitisgebiet führten Gert Frösner und Günther Siegl grundlegende Arbeiten zur Kultivierung von Hepatitis-A-Virus in Zellkulturen und zur Identifizierung dieses Erregers durch. Später wurden mit dem Woodchuck-Modell das von Michael Roggendorf etablierte Hepatitis-B-Virus bearbeitet sowie das Hepatitis-Delta- und das Hepatitis-C-Virus.

Hans Wolf, der sich 1980 an der Medizinischen Fakultät der Universität in München habilitiert hatte, leitete am Institut eigene Forschungsprogramme. Er hatte sich seit Ende der 70er Jahre mit Herpesviren beschäftigt. Entscheidende Entwicklungen gelangen vor allem in molekularbiologischer und molekulardiagnostischer Hinsicht beim Epstein-Barr-Virus. Dazu gehörte auch die Aufklärung pathogenetischer Mechanismen. Die vorwiegend molekularbiologischen Untersuchungen wurden zu Beginn der 80er Jahre durch die Ausarbeitung neuer diagnostischer Verfahren erweitert. Besonders fördernd war dabei die Zusammenarbeit mit Arbeitsgruppen in Malaysia und China, wo das Nasopharyngealkarzinom, die schwerpunktmäßig bearbeitete virusassoziierte Krebserkrankung, besonders häufig vorkommt.

Im Auftrag der WHO und anderer Organisationen wurden im Rahmen von Forschungsaufenthalten in Borneo, Kuala Lumpur, Kanton und Beijing Untersuchungen zur multifaktoriellen Ätiologie von Krebserkrankungen begonnen. Spätere Untersuchungen hatten das Ziel, die Kontrolle der Genexpression bei Herpesvirusinfektionen besser zu verstehen und damit einen Bezug zur viralen Pathogenese herzustellen.

Als Fritz Deinhardt beobachtete, daß das Simian-Sarkom-Retrovirus Tumoren in Neuweltaffen verursacht, wurden in München die molekularbiologischen Arbeiten mit diesem Virus fortgesetzt. Das virale *sis*-Gen war damals als der molekulare Faktor der viralen Onkogenität erkannt worden und führte zu Studien über das zelluläre *sis*-Onkogen auch in menschlichen Tumoren.

Nach der Entdeckung des menschenpathogenen Retrovirus «human T cell leukemia virus» Typ 1 (HTLV-1) gab es erfolgreiche Bemühungen in der Diagnostik von HTLV-Infektionen beim Menschen. In Zusammenarbeit mit der Blutbank des Bayerischen Roten Kreuzes konnte 1990/91 die größte europäische Studie über die Prävalenz von Antikörpern gegen HTLV an 250 000 Blutspendern durchgeführt werden. Als man das zweite menschenpathogene Retrovirus, das «human immunodeficiency virus» (HIV), als Erreger von Aids identifiziert hatte, wurde am Institut sogleich mit der Anzüchtung und Reinigung des Virus begonnen. Noch vor Ende 1984 konnte mit einem «hauseigenen» Test der Nachweis von Antikörpern gegen HIV bei Patienten erreicht werden. Inzwischen gehört zum Max-von-Pettenkofer-Institut eine der bekanntesten Abteilungen für diagnostische Aufgaben und Probleme der HIV-Isolierung.

Schon seit Beginn der 80er Jahre hatte sich Klaus von der Helm bei seinen experimentellen Arbeiten intensiv darum bemüht, retrovirale Proteasen als Angriffsziele für eine Chemotherapie zu nutzen. Sofort nach der Entdeckung des HIV wurden Studien zur Verwendung von Inhibitoren gegen HIV-Proteasen in Zellkulturen aufgenommen. Die ersten Hemmsubstanzen konnten in Zusammenarbeit mit der pharmazeutischen Industrie evaluiert werden. Eine dieser Inhibitorsubstanzen befindet sich zur Zeit in klinischen Phase-I- und -II-Studien.

Zum Gesamtspektrum der virologischen Forschung am Institut gehören noch Studien zur Epidemiologie des Frühsommermyeloenzephalitisvirus sowie molekularbiologisch-diagnostische Untersuchungen an Parvoviren. Wegen der großen internationalen Reputation von Friedrich Deinhardt und seiner weitreichenden internationalen Beziehungen und Kooperationen sowie durch entsprechende Aktivitäten seiner Mitarbeiter war es selbstverständlich, daß Wissenschaftler aus aller Welt als Gäste für mehrere Monate oder sogar Jahre am Institut arbeiteten.

Friedrich Deinhardt verstarb im April 1992. Im Sommersemester 1993 beschloß die Medizinische Fakultät, im Max-von-Pettenkofer-Institut einen Lehrstuhl für Virologie und einen für Bakteriologie einzurichten, der auch die Krankenhaushygiene übernimmt.

Viruslabor der Friedrich-Baur-Stiftung an der II. Medizinischen Klinik der Ludwig-Maximilians-Universität

Das erste Viruslaboratorium in München – neben der Landesimpfanstalt – war seit 1956 das Viruslabor der Friedrich-Baur-Stiftung an der II. Medizinischen Klinik der Universität.

In den 50er Jahren traten in Bayern in zunehmender Zahl Erkrankungen an Poliomyelitis und aseptischer Meningitis auf. Zugleich war es die Zeit, in welcher der erste Poliomyelitisimpfstoff nach Salk produziert und erprobt wurde, dem dann der Impfstoff von Sabin folgte.

Am 14. Februar 1953 hatte der Versandhausunternehmer Friedrich Baur aus Burgkunstadt aus seinem besonderen sozialen Empfinden heraus und veranlaßt durch das Schicksal seiner infolge einer Poliomyelitis gelähmten Ehefrau eine «Stiftung zur Erforschung und Bekämpfung der Poliomyelitis» gegründet und sie der Medizinischen Fakultät der Ludwig-Maximilians-Universität vermacht. Die Fakultät verlieh ihm in Dankbarkeit und Anerkennung für seine großherzige Tat den Ehrendoktor und die Ludwig-Maximilians-Universität die Würde eines Ehrensenators.

In den ersten Jahren betreute der Direktor der I. Medizinischen Klinik, Konrad Bingold, die Stiftung. Nach dessen Tod übernahm 1955 der Direktor der II. Medizinischen Klinik, Gustav Bodechtel, die Leitung der Friedrich-Baur-Stiftung, in deren Kuratorium der damalige Ministerpräsident Wilhelm Högner, der Rektor der Universität und als Wissenschaftler der Direktor des Max-Planck-Instituts für Biochemie, Adolf Butenandt, sowie Vertreter verschiedener Ministerien saßen. Bodechtel war für die Leitung der Stiftung besonders geeignet, da er als Schüler von Heinrich Pette in Hamburg einer der wenigen Internisten seiner Zeit war, der zusätzliche profunde neurologische Erfahrungen besaß und das Gebiet der Neurologie in die Innere Medizin einbezogen hatte.

Zunächst wurde aus klinischer Sicht heraus der Gedanke verfolgt, die Mittel der Stiftung in die Errichtung einer Station zu investieren, die Poliomyelitispatienten aufnehmen sollte. Zu dieser Zeit war Klaus Munk Assistent an Bodechtels Klinik. Er war nach 6jähriger Tätigkeit als Virologe am Max-Planck-Institut für Biochemie und an der dortigen Abteilung – später dem Institut – für Virusforschung in Tübingen bei Werner Schäfer sowie nach einem Forschungsaufenthalt in den USA bei Thomas Francis Jr. in Ann Arbor, Michigan, und Wendell Meredith Stanley in Berkeley, California, 1954 in die Klinik eingetreten. Ihn beauftragte Bodechtel aufgrund seiner virologischen Vorkenntnisse damit, Pläne darüber zu entwickeln, wie mit den Mitteln der Stiftung eine Poliomyelitistherapiestation geschaffen werden könne. Munk schlug sofort vor, dieser Station auch ein Viruslabor für die Forschung und Labordiagnostik der Polio anzugliedern, da er diese Kombination für die beste und umfassendste Lösung hielt, die Mittel der Stiftung sinnvoll einzusetzen. Dieser Plan fand sogleich die Zustimmung von Friedrich Baur, der sich auch selbst für seine Verwirklichung einsetzte. Daraufhin wurde 1955 im Garten der Medizinischen Kliniken auf den Grundmauern der im Krieg zerstörten Ziemssen-Villa zunächst ein einstöckiges Gebäude errichtet, das eine Station mit 15 Betten, in der Einteilung von Ein- bis Zwei-Betten-Zimmern, und ein Viruslaboratorium enthielt. Nach einer ersten Bewährung von Station und Labor in den Jahren 1956/57, als in Bayern viele Polioerkrankungen bei Kindern und Jugendlichen zu verzeichnen waren, wurde das Gebäude 1958 mit einem zweistöckigen Anbau auf 25 Betten erweitert und zugleich mit einem größeren Laborbereich in seinem Obergeschoß ausgestattet. Die Station, die wie das Labor unter der Leitung von Klaus Munk stand, verfügte dank der großzügigen Unterstützung der Friedrich-Baur-Stiftung über 14 der modernsten Beatmungsgeräte, einer damals von den Drägerwerken neu konzipierten zentralen Sauerstoff- und Druckluftanlage für die künstliche Beatmung, sowie über eine zentrale Mikrophonlautsprecheranlage zur individuellen Überwachung der Herztöne und Bronchialgeräusche der beatmeten Patienten. Friedrich Baur zeigte bei seinen Besuchen auf der Station und im Laboratorium anläßlich der jährlichen Kuratoriumssitzungen jedesmal sein reges Interesse an der Arbeit seiner Stiftung. Seine Schwester, Frau Adrienne Graser, besuchte und betreute regelmäßig die langzeitliegenden Patienten der Station.

Im Viruslabor der Friedrich-Baur-Stiftung baute Munk im Sinne des Stiftungsauftrags eine moderne Laboratoriumsdiagnostik für Poliomyelitis und andere Virusinfektionen – Enteroviren, Herpes-simplex-Virus – auf. Für die Einrichtung der Laborräume konnte Munk seine Erfahrungen nutzen und voll verwirklichen, die er beim Aufbau der Virusabteilung am Max-Planck-Institut für Virusforschung in Tübingen bei Werner Schäfer wenige Jahre zuvor erworben hatte.

Das Labor gehörte 1957 nach dem vom Bundesgesundheitsamt herausgegebenen Mitteilungsblatt «Ratschläge an Ärzte über die Bekämpfung der übertragbaren Kinderlähmung (Poliomyelitis anterior acuta)» zu den ersten sieben virusdiagnostischen Laboratorien in der Bundesrepublik Deutschland. Munk isolierte vor allem die Erreger bei den Patienten seiner Station sowie der Poliostation im Kinderkrankenhaus München-Pasing und konnte somit eine ätiologische Diagnose und Differentialdiagnostik bei den verschiedenen Stadien der Polio und auch bei Infektionen durch Coxsackie- und Echovirusinfektionen bringen. Das brachte den Klinikern neue und oft überraschende Erkenntnisse bei ihrer klinischen Diagnosestellung der damals so genannten aseptischen oder abakteriellen Meningitis.

Darüber hinaus sammelte Munk Untersuchungsmaterial von «gesunden» Familienmitgliedern seiner stationären Patienten sowie von allen zugehörigen Hausbewohnern. Er zeigte mit seinen Befunden der positiven Virusisolierung bei den Familienmitgliedern seiner Patienten, in welchem Ausmaß Kontaktpersonen ersten und zweiten Grades mitinfiziert, aber nicht manifest erkrankt waren, d.h. er konnte an diesem gut überschaubaren Kollektiv den hohen Anteil der latenten Infektionen in der Bevölkerung – nunmehr mit exakten Labormethoden – aufzeigen.

Die Ergebnisse der Neutralisationstests zum Nachweis der Poliomyelitisantikörper, die Munk von Seren Jugendlicher in Bayern und aus Einsendungen von Ärzten aus München und Umgebung erhob, gehörten damals zu der ersten Serie von Laboruntersuchungen, die jene notwendigen Kenntnisse erbrachten, die als Voraussetzung für den bestgeeigneten Impfeinsatz der in der Entwicklung befindlichen Impfstoffe von Salk und Sabin erforderlich waren. Das war damals eine internationale Forderung an alle virusdiagnostischen Laboratorien. Es zeigte sich, daß während oder nach den ersten 2 Lebensjahren, nachdem die von der Mutter übertragenen Antikörper abgefallen waren, die Impfung am notwendigsten ist, denn mit dem Kindergarten- und Schulalter begannen schon latente Infektionen für einen damals überraschend schnellen prozentualen Anstieg der Durchimmunisierung der folgenden Altersstufen zu sorgen. Die in München erhobenen Befunde stimmten mit den Ergebnissen anderer Laboratorien in Deutschland überein.

Diese Art von Labordiagnostik mit Virusisolierung und Neutralisationstest, die vorwiegend auf den gerade erst eingeführten Gewebekulturmethoden beruhte, befand sich damals noch ganz im Stadium des Experiments. Darum wurden solche Untersuchungen im nationalen und internationalen Umfeld vergleichend vorgenommen. In den deutschen Viruslaboratorien wurden diese epidemiologischen Erhebungen von der Deutschen Vereinigung zur Bekämpfung der Kinderlähmung materiell gefördert. Viele Laboratorien in aller Welt, wie auch das der Friedrich-Baur-Stiftung, haben zu dieser Zeit mit finanzieller Unterstützung der National Foundation for Infantile Paralysis der USA gearbeitet und mit der internationalen Bündelung ihrer Ergebnisse durch diese Foundation dazu beigetragen, die notwendigen wissenschaftlichen Grundlagen für den wirkungsvollen Einsatz der neuentwickelten Impfstoffe von Salk und Sabin zu liefern.

Als weiterer Wissenschaftler arbeitete im Viruslabor Ottmar Götz, der Oberarzt der Universitätskinderklinik, an eigenen Forschungsprogrammen über den Einsatz der Komplementbindungsreaktion als diagnostische Methode bei Polio und anderen enteroviralen Infektionen.

In den Jahren 1958–1960, als in Bayern enterovirale Infektionen – Polio, Coxsackie-, Echo-6- und -9-Infektionen – besonders gehäuft auftraten, waren vor allem in den Sommer- und Herbstmonaten oftmals alle Betten der Station belegt. Es gab Zeiten, in denen alle 14 Beatmungsgeräte in Betrieb sein mußten. Da die Station dank der Friedrich-Baur-Stiftung ohne Etathemmnisse jedes neuentwickelte Beatmungsgerät kurzfristig anschaffen konnte, wurde sie zum Muster für andere Beatmungsstationen. Man muß sich daran erinnern, daß sich auch die Technik der modernen Anästhesiologie zu jener Zeit noch in ihren Anfängen befand. Neben den Poliopatienten wurden noch andere Patienten mit Atemlähmung auf der Station beatmet, wie Fälle von Tetanus- oder Botulismusinfektionen, Polyradikulitis, Landry-Paralyse und Fälle von pharmakotoxisch bedingter Atemlähmung. Von 1961 an nahmen dank den einsetzenden Polioimpfungen die Erkrankungszahlen sehr stark ab.

Munk folgte 1961 einem Ruf nach Heidelberg und verließ die Münchner Klinik und die Friedrich-Baur-Stiftung. Er übernahm das Institut für Virusforschung in Heidelberg. Das Viruslabor der Friedrich-Baur-Stiftung wurde, bis auf das Labor von Ottmar Götz, geschlossen. Die Räume wurden von den Ärzten der Klinik genutzt, die im Sinne von Bodechtels Schule in der neurophysiologisch-klinischen Forschung arbeiteten.

Abteilung für Virologie am Institut für Medizinische Mikrobiologie und Hygiene des Klinikums Rechts der Isar der Technischen Universität

Der Chirurg und Ärztliche Direktor des Städtischen Krankenhauses Rechts der Isar, Georg Maurer, wurde vom Bayerischen Kultusminister zum ersten Dekan der 1968 gegründeten Fakultät für Medizin berufen, die an die damalige Technische Hochschule München angeschlossen wurde. Im Zuge dieser Erweiterung wurden die Technische Hochschule zur Technischen Universität München und das Krankenhaus Rechts der Isar mit seinen Kliniken und Instituten zum Universitätsklinikum umbenannt.

Das im Krankenhaus Rechts der Isar bestehende Institut für Bakteriologie und Hygiene erhielt den Status des Instituts für Medizinische Mikrobiologie und Hygiene der Technischen Universität. Ihr Leiter Kurt Liebermeister wurde auf den neu errichteten Lehrstuhl berufen. Er war ein versierter klinischer Bakteriologe und mit seinen Arbeiten über die L-Formen bekannt geworden. Liebermeister hatte immer die Entwicklung in der Virusforschung verfolgt und in den 60er Jahren die Bedeutung der virologischen Laboratoriumsdiagnostik für die Klinik und die Klinische Virologie als eine selbständige Disziplin erkannt. Da in seinem Institutsgebäude die räumlichen Möglichkeiten für die Einrichtung angemessener Laboratorien für eine Virologieabteilung nicht gegeben waren, ergriff er die Gelegenheit, auf dem in München-Schwa-

Herbert Meier-Ewert.

bing gelegenen Areal des zur neugegründeten Fakultät hinzugekommenen ehemaligen Krankenhauses am Biederstein Virologielaboratorien einzurichten. Liebermeister etablierte damit die Abteilung für Virologie als eine eigenständige Einheit in seinem Institut.

Für den wissenschaftlichen und fachlich-technischen Aufbau der Abteilung suchte Liebermeister 1969 Herbert Meier-Ewert zu gewinnen, der sich zu dieser Zeit als Stipendiat an der John Curtin School of Medical Research an der University of Canberra in Australien befand. Meier-Ewert hatte in Basel, Innsbruck, Wien und München, wo er 1964 an der Medizinischen Universitätsklinik bei Eberhard Buchborn promovierte, Medizin studiert. Er übernahm 1970 die geforderte Aufgabe und konnte sich 1971 an der Medizinischen Fakultät der Technischen Universität für das Fach Virologie habilitieren. Mit der formalen Einrichtung der Abteilung für Virusforschung nach dem Bayerischen Hochschulgesetz von 1981 wurde Meier-Ewert zum Vorstand der Abteilung ernannt.

In den Jahren 1973/74 verbrachte er nochmals einen Forschungsaufenthalt im Ausland, an der Rockefeller University in New York im Labor von Igor Tamm und Purnell W. Choppin, in dem schon manche deutsche Virologen fruchtbare wissenschaftliche Lehrjahre verbracht haben.

Wissenschaftlich hatte Meier-Ewert in Canberra im Arbeitskreis von Frank Fenner an Problemen der Antigenvariation von Influenza-A-H1N1-Typ-Viren gearbeitet. Sein besonderes Interesse galt der Variation der Schweineinfluenzaviren, die im Vergleich zu den humanen H1N1-Influenzaviren eine auffällige antigenetische Stabilität über viele Jahre hinweg aufweisen. Bei Richard William Compans und Purnell W. Choppin untersuchte er den zeitlichen Ablauf der Synthese von virusspezifischen Proteinen in influenzavirusinfizierten Zellen.

Die Schwerpunkte in der Forschung der Abteilung für Virologie von Meier-Ewert lagen während der letzten Jahre in der Untersuchung epidemiologischer, klinischer und molekularbiologischer Fragen im Zusammenhang mit Influenza-C-Viren, einer wenig untersuchten Sondergruppe der Familie der Orthomyxoviren. Dazu gehörten Forschungsaktivitäten über Fragen der Struktur und Morphologie der Virusmembran. Im Gegensatz zu den anderen Vertretern der Myxoviren sind bei den Influenza-C-Viren alle biologischen Aktivitäten auf nur einem Membranprotein vertreten. In einem aufwendigen Verfahren wurde mit dem Ziel der Kristallisation eine wasserlösliche Form der Ektodomäne dieses Spikeproteins gewonnen. Die erhaltenen Kristalle erwiesen sich für die Röntgenstrukturanalyse geeignet, so daß in nächster Zeit mit der Aufklärung der räumlichen Anordnung des Oberflächenproteins bei einem zusätzlichen Typ von Influenzaviren zu rechnen ist. Darüber hinaus wurden Arbeiten zur Charakterisierung der Fusions- und rezeptorzerstörenden Aktivitäten dieses Virusproteins durchgeführt. In neuerer Zeit beschäftigt sich die Abteilung auch mit dem Persistenzverhalten bei Influenza-C-Viren, wobei die unterschiedliche intrazelluläre Verweildauer von verschiedenen Virusgenen unter In-vitro- und In-vivo-Bedingungen analysiert wird.

Die Lehrtätigkeit der Abteilung umfaßt neben der Medizinischen Virologie für Medizinstudenten auch Angebote von ausgewählten Kapiteln der Molekularen Virologie für Studierende der Mikrobiologie.

In der Abteilung für Virologie wird die virologische Laboratoriumsdiagnostik für die Universitätskliniken Rechts der Isar durchgeführt.

Abteilung für Virologie am Institut für Medizinische Mikrobiologie, Infektions- und Seuchenmedizin der Tierärztlichen Fakultät der Ludwig-Maximilians-Universität

Die Infektions- und Seuchenmedizin war von 1790 bis 1922 in München ein Teilgebiet der veterinär-medizinischen allgemeinen Pathologie. 1878 wurde eine «Seuchenversuchsstation» eingerichtet, die sich der Aufklärung von Zoonosen widmete. 1922 wurde dann ein eigenes Institut für Tierhygiene gegründet, das 1962 den neuen Namen Institut für Mikrobiologie und Infektionskrankheiten der Tiere erhielt. Es war mit dem Lehrstuhl für Mikrobiologie und Tierseuchenlehre verbunden. Auf diesen Lehrstuhl und an das Institut wurde 1963 Anton Mayr berufen. Er begann dort seine Tätigkeit am 15. März 1963. Damit brachte er die Virologie an das Institut. Er war aus Tübingen von der Bundesforschungsanstalt für Viruskrankheiten der Tiere gekommen, wo er von 1955 bis 1959 als Abteilungsleiter tätig war und von 1959 bis 1963, in der Zeit zwischen Erich Traub und Manfred Mussgay, die gesamte Forschungsanstalt kommissarisch als Präsident leitete. Schon vor seiner Zeit in Tübingen hatte er in München von 1951 bis 1955 an der Bayerischen Lan-

Anton Mayr.

– Infektions- und Seuchenmedizin: Anton Mayr.
– Virologie: Helmut Mahnel.
– Bakteriologie und Mykologie: Brigitte Gedek.
– Epidemiologie und Zoonosen: Peter Bachmann.

Hinzu kam noch das neugeschaffene WHO-Zentrum für Vergleichende Virologie.

Das Virologiearbeitsprogramm, das Anton Mayr und seine Mitarbeiter am Institut verfolgten, war breit gefächert. Zu den grundlegenden Forschungszielen gehörten die Untersuchungen über Pockenviren der Tiere, auf denen die internationale Klassifizierung basiert, über das Maul-und-Klauenseuche-Virus, dabei besonders Fragen zur Aufklärung postvakzinaler Komplikationen, über die Influenza-, Rhinopneumonitis- und Reoviren der Pferde, über Herpes-, Adeno- und Reoviren der Hunde.

Mayrs besonderes Interesse galt den Fragen der Mechanismen der Infektabwehr. Er prägte den Begriff der «Paramunität». Ferner beschäftigte er sich mit der vergleichenden Virologie im Rahmen seiner Aufgaben für das WHO-Zentrum für Vergleichende Virologie. Von den Forschungsergebnissen des Instituts unter Anton Mayr, die für die landwirtschaftliche und tiermedizinische Praxis Erfolge brachten, sind die Entwicklung eines inaktivierten und attenuierten Impfstoffs aus Zellkulturen gegen die Poliomyelitis der Schweine zu nennen, ferner die Impfstoffe mit attenuiertem Virus gegen Geflügel- und Kanarienpocken, gegen den Virusabort des Pferdes, gegen die virusbedingte Hustenkrankheit des Pferdes, gegen die Rindergrippe, den Zwingerhusten der Hunde sowie die «mucosal disease» des Rindes. Es gelangen ihm die erstmalige elektronenoptische Darstellung des Schweinepestvirus und die Isolierung und Charakterisierung der Parvoviren des Schweins. Im Zusammenhang mit seiner früheren Tätigkeit in der Münchner Landesimpfanstalt bei Albert Herrlich befaßte sich

desimpfanstalt bei Albert Herrlich mit tier- und menschenpathogenen Pockenviren gearbeitet und sich 1955 an der Universität München für Mikrobiologie und Seuchenlehre habilitiert. Anton Mayr besaß also, als er das Institut in München übernahm, reiche virologische Kenntnisse und Erfahrungen, die sein künftiges Arbeits- und Forschungsprogramm in der Leitung und Organisation des Münchner Instituts entscheidend prägten. Im Zuge der Universitätsreform erhielt das Institut 1976 eine neue Bezeichnung und wurde in Institut für Medizinische Mikrobiologie, Infektions- und Seuchenmedizin umbenannt.

Sehr vielfältige Aufgaben hatte das Institut in Forschung, Dienstleistungen und Lehre zu erfüllen. Das machte eine stärkere Gliederung der Aufgabengebiete notwendig und führte zur Gründung eigener Abteilungen für die einzelnen Fachgebiete:

Anton Mayr an seinem Institut auch mit Arbeiten zur Pockenschutzimpfung des Menschen. Angesichts der immer wieder auftretenden postvakzinalen Enzephalitis, vor allem bei überalterten Erstimpflingen oder anderen Problemimpflingen, hatte Herrlich eine Vorimpfung mit Vacciniavirusantigen eingeführt. Bei anderen viralen Impfstoffen, wie zuerst beim Poliomyelitisimpfstoff, war man damals bemüht, vermehrungsfähiges attenuiertes Virus als Antigen einzusetzen. So konnte Mayr auch für den Pockenimpfstoff des Menschen einen attenuierten Virusstamm, den MVA-Stamm, gewinnen, der weltweite Bedeutung erlangte. In Zusammenarbeit mit Helmut Stickl, dem letzten Leiter der Bayerischen Landesimpfanstalt in München, erprobte er ihn in seiner praktischen Verwendung bei der «Stufenimpfung» gegen Pocken. Dieses Impfverfahren erlangte später weltweite Bedeutung. Der MVA-Stamm hat heute auch für die Gentechnologie wieder erneute Bedeutung als Expressionsvektor für fremde Antigene gewonnen. Der MVA-Impfstoff eignet sich auch zur parenteralen Schutzimpfung der Tiere gegen die Orthopocken (Affenpocken, Kuhpocken, Elefantenpocken, Katzenpocken, Mäusepocken), die nach Aufhebung der Schutzimpfung gegen die Menschenpocken wegen des Fehlens eines Pockenschutzes eine zunehmende Gefährdung der Gesundheit der Bevölkerung darstellen. Letztlich entwickelte Anton Mayr aufgrund der Aufklärung der über 200 Jahre gemachten Erfahrungen der paraspezifischen Wirkungen bei der Pockenschutzimpfung – Rückbildung chronischer Hautkrankheiten, Heilung von Herpes, Verbesserung der allgemeinen körpereigenen Abwehr – die Paramunisierung, die ein neues Prophylaxe- und Therapieprinzip darstellt, das in der endogenen Stimulierung der unspezifischen Aktivitäten des komplexen Immunsystems zur Stimulierung, Regulierung und Reparierung der körpereigenen Abwehr im Verbund mit dem Hormon- und Nervensystem besteht.

Anton Mayr konnte bei seiner Emeritierung 1990 auf eine erfolgreiche wissenschaftliche Tätigkeit zurückblicken, die vielseitige nationale und internationale Anerkennung gefunden hat.

Nachfolger von Anton Mayr wurde 1991 Oskar Kaaden, der aus Hannover kam.

Regensburg

Institut für Medizinische Mikrobiologie und Hygiene der Universität

Das Universitätsklinikum in Regensburg konnte bei seiner Gründung nicht auf vorhandenen Krankenhäusern oder Instituten aufbauen, wie es bei so vielen anderen Universitätsgründungen möglich war. Das Institut für Mikrobiologie und Hygiene ist also eine Neugründung. Auf den Lehrstuhl für Mikrobiologie und Hygiene wurde 1990 Hans Wolf berufen und 1991 zum Direktor des Instituts ernannt. Er war aus dem Max-von-Pettenkofer-Institut in München gekommen. Wolf hatte in Würzburg Chemie und Biologie studiert und 1974 in Erlangen bei Harald zur Hausen promoviert. Er war also von Anfang an auf die Virologie ausgerichtet und arbeitete nach der Promotion während eines 3jährigen Stipendienaufenthalts in Chicago bei Bernard Roizman über die Genregulation von Herpesviren. 1977 ging er an das Max-von-Pettenkofer-Institut nach München und leitete dort eine Arbeitsgruppe für Molekulare und Tumorvirologie.

Im folgenden seien die virologischen Forschungsprogramme des Instituts dargestellt: Neue Verfahren zum Nachweis viraler Nukleinsäuren und Proteine mit nichtradioaktiven Sonden wurden mit höchster Nachweisempfindlichkeit etabliert. Damit konnten neue pathogenetische Abläufe der Epstein-Barr-Virus-Infektion aufgezeigt werden, unter anderem der Nachweis, daß für das als strikt lymphotroph bekannte Virus Epithelzellen von zentraler biologischer Bedeutung sind. In diesem System wurden

Hans Wolf.

durch die Identifizierung zellulärer Transport- und Suppressormoleküle wesentliche molekulare Mechanismen aufgeklärt.

Auf dem Gebiet der HIV-Forschung wurden neue Erkenntnisse zur Biologie des HIV erarbeitet, unter anderem durch die Definition von hypervariablen Regionen der äußeren Virushülle und durch das erste und im Grundsatz gültige Modell für den Mechanismus der Zellinfektion. In letzter Zeit wurde ein neuer Weg gefunden, der es erlaubt, die Synthese infektiöser Nachkommenviren von HIV durch Zugabe kurzer Peptide, deren Sequenzmotive zwei kurze Abschnitte der Kapsidproteine sind, zu unterbinden und damit eine neue Klasse antiviraler Substanzen zu schaffen. Auf dem Gebiet der Diagnostik wurden neben technologischen Entwicklungen, die die grundlegenden Arbeiten zur Einführung der In-situ-Hybridisierung an Gefrierschnitten in den frühen 70er Jahren fortführten, unter anderem neue Erkenntnisse über den Hörsturz und seine Beziehungen zu Herpes-simplex-Virus-Infektionen erarbeitet. Mit den Möglichkeiten der Gentechnologie wurden neue Verfahren entwickelt, die auf dem Gebiet der Epstein-Barr-Virus- und HIV-Diagnostik, aber auch bei der Entwicklung von Epstein-Barr-Virus- und HIV-Impfstoffen zu neuen Ansätzen geführt haben, die, wie ein erster Impfstoff gegen die Epstein-Barr-Virus-Infektion, bereits an Menschen geprüft werden.

Seit 1984 ist Hans Wolf Honorarprofessor der Chinesischen Akademie für Präventivmedizin.

Die Arbeitsgruppe von Susanne Modrow arbeitet an virologisch-immunologischen Fragestellungen der T-Zell-Antwort bei akut und chronisch verlaufenden Infektionen von HIV, Epstein-Barr-Virus und Parvovirus B19. Daneben wurden auch Aspekte der Morphogenese von HIV erarbeitet. Unter Einsatz von Peptidomimetika wurde eine neue antivirale Strategie entwickelt.

In der klinischen Virologie bearbeitet Wolfgang Jilg vor allem Hepatitiserreger und Herpesviren. Schwerpunkte der Arbeitsgruppe sind Studien zur Immunantwort auf Impfstoffe gegen Hepatitis A und B, Entwicklung und Evaluierung neuer, insbesondere molekularbiologischer Verfahren zur Diagnostik von Virushepatitiden und Infektionen mit Epstein-Barr-Virus sowie die Untersuchung zellulärer Immunphänomene bei der Epstein-Barr-Virus-Infektion.

Das Institut wurde 1992 von der WHO zum Collaborating Center for Research and Control of Virus-Associated Cancers ernannt. Seit 1993 is es auch Nationales Referenzzentrum für Hepatitis A.

In Regensburg gibt es ein intensives Ausbildungsprogramm, an dem Studenten der Biologie als Nebenfach Medizinische Mikrobiologie wählen können und in dem im Rahmen eines von der DFG geförderten Graduiertenkollegs Vorlesungen über molekularvirologische Aspekte der Tumorvirologie angeboten werden.

Hans-Joachim Gerth.

Tübingen

Abteilung für Medizinische Virologie und Epidemiologie der Viruskrankheiten am Hygieneinstitut der Eberhard-Karls-Universität

Die Abteilung für Medizinische Virologie und Epidemiologie der Viruskrankheiten entwickelte sich am Hygieneinstitut auf ähnlichem Wege, wie Virologieabteilungen auch an anderen Instituten entstanden sind. Meist beginnt ein Wissenschaftler, der bereits experimentell-virologische Erfahrungen besitzt, am Institut virologisch zu arbeiten und ein Virologielaboratorium aufzubauen. Auf diese Weise fing es auch in Tübingen an. Hans-Joachim Gerth begann, als er 1959 in das Hygieneinstitut Tübingen eintrat, das damals unter der Direktion von Richard-Ernst Bader stand, mit der virologischen Arbeit und baute am Institut eine virologische Laboratoriumsdiagnostik auf. Später wurde dafür ein eigenes Labor eingerichtet, das Gerth 1963 beziehen konnte.

Hans-Joachim Gerth erwarb 1956 seine ersten Virologiekenntnisse während eines Fellowships der National Foundation for Infantile Paralysis bei Albert Bruce Sabin an dessen Laboratorium der Children's Hospital Research Foundation in Cincinnati, Ohio, und hatte anschließend an den Virus Laboratories, US Public Health Communicable Disease Center in Montgomery, Alabama, gearbeitet. Er war 1955 zu einem Internship in die USA gegangen und hatte die Befähigung zum US-Facharzt für Pathologie/Klinische Pathologie erworben. 1959 ergänzte er seine Kenntnisse in den Methoden der diagnostischen Virologie bei Edwin H. Lenette am California Department of Public Health, Viral and Rickettsial Disease Laboratories in Berkeley, California. Im Jahre 1969 habilitierte sich Gerth an der Tübinger Fakultät für das Fach Medizinische Mikrobiologie, wurde Oberassistent am Hygieneinstitut und 1972 Wissenschaftlicher Rat und Professor.

Vom Baden-Württembergischen Kultusministerium wurde 1971/72 offiziell die Abteilung für Medizinische Virologie und Epidemiologie der Viruskrankheiten als eine der drei Abteilungen der Abteilungsgruppe Hygieneinstitut gegründet. Hans-Joachim Gerth wurde zum Abteilungsdirektor ernannt und 1987 zum Ordinarius für Virologie an der Universität Tübingen. Die Abteilung verfügte über 3 Planstellen für Wissenschaftler und 8 Stellen für Technische Assistentinnen, die vorwiegend im Bereich der Dienstleistungen für die virologische Laboratoriumsdiagnostik tätig waren. In der virologischen Laboratoriumsdiagnostik übernahm die Abteilung die entsprechenden Aufgaben des Medizinaluntersuchungsamts für den damaligen Regierungsbezirk Südwürttemberg-Hohenzollern und als Dienstleistung im großen Umfang auch für das Universitätsklinikum Tübingen.

Als Lehrtätigkeit boten die Wissenschaftler ein breites Programm an Vorlesungen und Kursen im Rahmen des Fachgebiets Mikrobiologie und Virologie an.

In seiner wissenschaftlichen Arbeit hat Hans-Joachim Gerth 1959 mit der Influenzavirologie begonnen. Er interessierte sich für die Fragen ihrer Affinität zu den Glykoproteinrezeptoren bei der Variabilität der Influenzavirusstämme. Darüber hinaus führte er seroepidemiologische Studien über Influenza- und Enteroviren durch. Später begann er mit seinen Mitarbeitern Bertram Flehming und Angelika Vallbracht genetische Untersuchungen zur Wirtsspezifität der Influenzaviren. Dabei konnten sie in Rekombinationsversuchen zeigen, daß durch Reassortment zwischen neurovirulenten aviären Influenza-A-Stämmen und nichtneurovirulenten Säugerstämmen später neurovirulente säugetierpathogene Stämme entstehen. Damit war ein neues Ergebnis gewonnen, denn man nahm bisher fest an, daß Reassortanten jeweils eine geringere Virulenz als die Elternstämme hätten. In einer Kooperation mit den Virologen in Gießen, Christoph Scholtissek und Rudolf Rott, lokalisierten sie später die entsprechende Determinante für die Neurovirulenz im Polymerasekomplex.

Als 1975 im Verlauf einer Hepatitis-A-Epidemie hochaktives Untersuchungsmaterial in größerem Umfang anfiel, wurden daran von Gert Frösner und den Mitarbeitern des Instituts epidemiologische Studien durchgeführt. Die daraus entstandene internationale Studie gehörte zu den ersten seroepidemiologischen Untersuchungen von Erkrankungs- und Kontaktfällen der Hepatitis A. Sie fanden damit weitreichende Beachtung.

Frösner entwickelte ferner den Radioimmuntest auf dem Anti-µ-Prinzip für IgM-Antikörper, der als zuverlässige Methode zur Diagnostik der akuten Hepatitis-A-Infektion anzusehen ist und vielfach angewendet wird.

Eine weitere Arbeitsgruppe um Angelika Vallbracht befaßte sich mit der Immunpathogenese der Hepatitis A, wobei sie erstmals den Nachweis der für das Verständnis der Pathogenese wichtigen zytotoxischen T-Zellen gegen Hepatitis-A-Virus erbringen konnte.

Von den Mitarbeitern des Instituts ging Gert Frösner an das Max-von-Pettenkofer-Institut nach München zu Fritz Deinhardt, bei dem er schon früher während eines Jahres als Gastwissenschaftler an seinem Virusinstitut am Presbyterian-St. Luke's Hospital, Rush Medical Center in Chicago gearbeitet hatte. Angelika Vallbracht folgte 1991 einem Ruf auf den Lehrstuhl für Virologie an der Universität Bremen. Hans-Joachim Gerth wurde 1990 emeritiert.

Sein Nachfolger wurde Gerhard Jahn, der vom Institut für Klinische Virologie der Friedrich-Alexander-Universität in Erlangen kam. Seine in Tübingen geplanten Forschungsprojekte schlossen an seine wissenschaftlichen Arbeiten in Erlangen an. Sie umfassen im einzelnen die Rolle der Tegumentproteine in der Replikation und Persistenz des humanen Zytomegalievirus, ferner die Zytomegalievirusdiagnostik mit rekombinanten Antigenen sowie die molekulare und biologische Heterogenität von humanen Immundefizienzviren des Typs 2 und die Rolle ihrer Regulatorproteine *nav* und *vpr* zur Pathogenität. Diese Projekte erhalten die Unterstüzung der DFG und als Verbundprojekt auch die des Bundesministeriums für Forschung und Technologie. Sie werden zugleich in vielseitiger nationaler und internationaler Kooperation durchgeführt.

In der Lehre hat Jahn ein umfassendes Programm geplant, das die Bedeutung des Fachgebiets Virologie im Studium der Medizin und Naturwissenschaft unterstreicht.

Ulm

Lehrstuhl für Virologie am Institut für Mikrobiologie der Universität

In der Denkschrift zur Gründung der Universität unter dem Gründungsrektor Ludwig Heilmeyer, dem bedeutenden Internisten, der früher an der Universität in Freiburg wirkte, waren 1965 für das Fach Mikrobiologie Lehrstühle mit Abteilungen für Bakteriologie, Immunologie und Virologie sowie zusätzlich noch solche für Hygiene und Sozialmedizin und für Infektionslehre und -therapie vorgesehen. Die Detailplanung für den Aufbau lag in den Händen von Richard Haas, Freiburg, als Mitglied des Gründungsausschusses, Paul Klein, Mainz, und Günther Maass, Münster, als Konsiliarii. Sie war großzügig angelegt.

Als erster Mikrobiologe der Universität wurde 1970 Ernst Vanek Leiter einer Sektion für Mikrobiologie, später Sektion für Infektionskrankheiten, die in die Klinik für Innere Medizin integriert wurde. Zu seinen Aufgaben gehörten die mikrobiologische Diagnostik und Therapieberatung. Aufgrund seiner Erfahrungen hatte Vanek zusätzlich eine tropenmedizinische Beratungsstelle aufgebaut.

Der eigentliche und erste Lehrstuhl für Mikrobiologie wurde dann 1973 errichtet und mit Albrecht Karl Kleinschmidt besetzt. Der Gründungsausschuß der Universität hatte von Anfang an Kleinschmidt für diesen Lehrstuhl vorgesehen. Gründungsrektor Heilmeyer hatte bereits 1969 die ersten Kontakte mit ihm aufgenommen. Kleinschmidt war zu dieser Zeit Professor für Biochemie und Molekularbiologie an der New York University. Er war durch seine elektronenmikroskopische Darstellungsmethode einer viralen DNA – die Kleinschmidt-Methode – weltbekannt geworden. Eduard Kellenberger – der zusammen mit Max Delbrück, André Lwoff, Jean Weigle, Jakob Monod und anderen zur Gruppe der Phagenforscher gehörte, die Pionierarbeiten auf diesem Gebiet leisteten – erinnerte in einem Vortrag vor dem Max-Planck-Institut für Biochemie 1988 an Albrecht Kleinschmidt und würdigte seine Leistung:

«Durch die Elektronenmikroskopie begannen in den fünfziger Jahren meine Kontakte mit Albrecht Kleinschmidt aus Frankfurt, den ich überreden konnte, die DNA des Phagen T4 elektronenmikroskopisch

Albrecht Karl Kleinschmidt.

zu untersuchen. Diese Mikrographie führte zum Triumph Kleinschmidts in den USA, zu seiner dortigen Anstellung und der etwas mehr als ein Jahrzehnt dauernden, sehr großen Bedeutung der Elektronenmikroskopie in der Molekulargenetik.»

Für den Lehrstuhl in Ulm brachte Kleinschmidt reichhaltige Erfahrungen aus seiner früheren langjährigen experimentell- und klinisch-virologischen Tätigkeit bei Kurt Herzberg mit, zunächst 1952–1956 am Institut für Hygiene in Marburg und später 1956–1963 in Frankfurt, als Herzberg das dortige Institut übernommen hatte.

Albrecht Karl Kleinschmidt wurde in Friedrichshafen am Bodensee geboren, studierte Medizin in Hamburg, Jena und München, wo er promovierte. Zunächst arbeitete er am Institut für Serologie und Chemotherapie des Max-Planck-Instituts für Psychiatrie in München und an der Staatlichen Bakteriologischen Untersuchungsanstalt in München, bevor er seine Tätigkeit bei Herzberg in Marburg begann und ihm später nach Frankfurt am Main folgte. Vom Frankfurter Institut aus ging er für mehrere Jahre in die USA, zuerst von 1963 bis 1965 nach Berkeley zu Wendell Meredith Stanley, bei dem er mit Robley Williams am Elektronenmikroskop zusammenarbeitete. Anschließend folgte er auf Empfehlung von Severo Ochoa einem Ruf zuerst 1965–1969 als Associate Professor und später 1969–1973 als Professor of Biochemistry an das Department of Biochemistry der New York University School of Medicine in New York. Hier erreichte ihn dann der Ruf nach Ulm. Hier galt es erst einmal, für die rasch zunehmende Studentenzahl einen modernen Unterricht in Mikrobiologie aufzubauen, in den vor allem auch Biologen in den speziellen Unterricht über mikrobielle und virale Genetik sowie Molekularbiologie integriert werden konnten. Kleinschmidt setzte sich sogleich für die interdisziplinäre Promotionsmöglichkeit für Humanbiologie ein.

Im Programm seiner wissenschaftlichen Tätigkeit in Ulm hat Albrecht Karl Kleinschmidt seine «Kleinschmidt-Methode» eingeführt und sie zugleich auf die elektronenmikroskopische Darstellung der Viroide mit ihrer nackten RNA von mindestens 260 Nukleotidbasen ausgedehnt. Ferner nahm er molekulargenetische Untersuchungen an mycoplasma- und herpessimplexvirusinfizierten Zellinien des Burkitt-Lymphoms vor. Ferner wies er seinerzeit schon mit der In-situ-Hybridisierungstechnik das Virusgenom in Gehirnen der mit Herpes-simplex-Virus infizierten Patienten nach, ein Befund, der mit der später entwickelten Polymerasekettenreaktion bestätigt wurde.

Im Jahr 1983 wurde der bisherige Lehrstuhl aufgeteilt. Damit entstand zum einen an der Universität der erste Lehrstuhl für Virologie, den Kleinschmidt innehatte, und zum anderen ein Lehrstuhl für Medizinische Mikrobiologie und Immunologie, der mit Hermann Wagner besetzt wurde. Im gleichen Jahr erfolgte auch die Etablierung des heutigen Ulmer Klinikums.

Kleinschmidt wurde 1984 emeritiert, führte das Institut jedoch bis 1987 weiter. Sein Nachfolger wurde 1987 Ulrich Koszinowski.

Nicht zuletzt durch das engagierte Mitwirken Kleinschmidts wurden 1990/91 drei Lehrstühle für das Gesamtfach Medizinische Mikrobiologie eingerichtet: Der Lehrstuhl für Bakteriologie wurde mit Reinhard Marre, der aus Lübeck kam, besetzt, jener für Immunologie mit Stephan Kaufmann und der für Virologie mit Ulrich Koszinowski, der von Tübingen berufen wurde. Dazu entstand noch eine Abteilung für Epidemiologie.

Zusätzlich muß noch erwähnt werden, daß sich an der Abteilung für Biochemie Roland Henning, der vom Rockefeller Institute gekommen war, von 1975 an mit SV40 befaßte und über die Bestandteile des SV40-T-Antigens arbeitete. Er hatte die Proteine des großen Anteils des T-Antigens biochemisch analysiert.

Witten/Herdecke

Institut für Mikrobiologie und Virologie der Universität

Die Universität Witten/Herdecke ist die erste deutsche Privatuniversität. Sie wurde von einigen Wissenschaftlern und Ärzten 1982 gegründet. Damit wollten sie in der Ausbildung neue Akzente setzen, um die festgefahrene Diskussion über die mißglückte Hochschulreform zu beleben, indem gehandelt werden sollte, wo andere stritten. Der Lehrbetrieb wurde 1983 mit der Fachrichtung Humanmedizin aufgenommen. Entsprechend dem Bedarf und den Anforderungen in der Ausbildung wurden in der Folgezeit die einzelnen Institute und Kliniken gegründet. Nach den Anforderungen im Lehrplan für den ersten Studentenjahrgang richtete die Universität im Oktober 1986 einen Lehrstuhl für Mikrobiologie und Virologie ein. Der Ruf auf diesen Lehrstuhl und für die Leitung des Instituts erging 1986 an Manfred Helmut Wolff.

Manfred H. Wolff.

Da die Universität Witten/Herdecke von verschiedenen Förderern unterstützt wird, wurde der Lehrstuhl 1992 in einen Stiftungslehrstuhl umgewidmet und trägt seither den Namen Alfried-Krupp-von-Bohlen-und-Halbach-Lehrstuhl und Institut für Mikrobiologie und Virologie.

Wolff hatte 1973 an der Universität Bonn zum Dr. rer. nat. promoviert, wurde dann Assistent und nach seiner Habilitation 1981 seit 1982 Oberassistent bei Karl-Eduard Schneweis am Institut für Medizinische Mikrobiologie und Immunologie der Rheinischen Friedrich-Wilhelms-Universität in Bonn. Entsprechend dem Forschungsgebiet von Schneweis befaßte sich auch Wolff in seinen virologischen Arbeiten mit den Herpesviren. Er verbrachte einen einjährigen Gastwissenschaftleraufenthalt bei Bernard Roizman, einem der führenden amerikanischen Virologen auf dem Gebiet der Herpesviren am Department of Microbiology der University of Chicago.

Da an der Universität anfangs weder Räume noch eine Laborausstattung zur Verfügung standen, dauerte es ungefähr 3 Jahre, bis ein funktionierendes Institut entstanden war. Neben der Aufbauarbeit wurde aber intensiv und zügig die Lehre im Fach Mikrobiologie für Mediziner und Zahnmediziner begonnen und durchgeführt.

Die Naturwissenschaftliche Fakultät an der Universität entstand 1985. Zu ihr gehörte seit 1988 auch der Studiengang Biochemie. Damit ergab sich für das Institut die Aufgabe, die Lehre für die Studenten dieses Studiengangs mit zu übernehmen, zumal hierbei das Hauptaugenmerk auf Medizinische Biochemie gelegt wurde.

In seinem Arbeitsprogramm schloß Wolff an seine Forschung bei Schneweis und Roizman an. Er befaßte sich mit Protein- und Restriktionsenzymanalysen beim Herpes-simplex- und Varicella-zoster-Virus. Erstmalig wurden von ihm die Proteine des Varicella-zoster-Virus nach Virusreinigung dargestellt. Zur Zeit wird schwerpunktmäßig an der In-vitro-Expression und der biochemischen Charakterisierung von Varicella-zoster-Virus-Glykoproteinen in verschiedenen Wirtszellen gearbeitet. Zu seiner Arbeitsgruppe gehören Diplomanden und Doktoranden der Biochemie und Medizin.

Würzburg

Institut für Virologie und Immunbiologie der Bayerischen Julius-Maximilians-Universität

Die Anregung zur Gründung eines Instituts und Lehrstuhls für Virologie an der Universität Würzburg ging zunächst vom Internisten Ernst Wollheim aus, der 1962 Dekan der Medizinischen Fakultät war. Er nahm während seiner Dekanatszeit Kontakte mit Eberhard Wecker in Philadelphia auf, der zu dieser Zeit in einer sehr guten Position als wissenschaftlicher Mitarbeiter am dortigen Wistar Institute tätig war, um ihn für die Übernahme der Leitung eines zu

Eberhard Wecker.

gründenden Instituts und des Ordinariats zu gewinnen. Die Fakultät wollte mit dieser Gründung neue wissenschaftliche Zeichen setzen. Die weiteren Verhandlungen wurden dann vom Nachfolger Wollheims, dem HNO-Kliniker Horst Ludwig Wullstein, fortgeführt.

Für das Institut für Virologie hatte man als erstes im Institut für Hygiene und Mikrobiologie einige Räume vorgesehen, die noch ausgebaut werden mußten. Dies verzögerte sich, so daß Wecker, als er am 1. September 1964 zum «Dienstantritt» nach Würzburg kam, keinerlei Möglichkeiten zu praktischer Arbeit vorfand. Er erhielt zunächst mit einem «Dienstzimmer» Unterkunft im Institut für Pathologie von Hans-Werner Altmann. Als sich die Ausbauarbeiten noch bis in das Jahr 1966 hinzuziehen drohten, überließ ihm Werner Schäfer in Tübingen ein Labor in seinem eben neubezogenen Institut auf der Waldhäuser Höhe. Die Verzögerung war dadurch entstanden, daß man vergessen hatte, die erforderlichen Mittel in den nächsten Finanzhaushalt des Landes aufzunehmen. Als sich Eberhard Wecker darüber bei dem zuständigen Ministerialdirigenten von Elmenau, der seinem Vorhaben an sich sehr gewogen war, beschweren wollte, wurde seine Sekretärin bei der Vermittlung eines Telefongesprächs immer wieder abgewiesen. Er erinnerte sich dann an folgende Situation:

> «Ich rief schließlich selbst in München an. Als sich die Sekretärin im Vorzimmer von Elmenau meldete, erbat ich sofort ihren Namen. Ich teilte ihr dazu mit, daß dieser ihr Name an prominenter Stelle in den Akten stehen würde, die den fehlgeschlagenen Versuch dokumentieren, ein Virologisches Institut an der Universität Würzburg zu gründen, da sie ein absolut entscheidendes Telefonat mit ihrem Chef seit Tagen boykottiert habe. ‹Ich kann sofort durchstellen›, war die verdiente Antwort. Meine inzwischen recht erregte Antwort an Herrn von Elmenau, daß ein Ausbleiben der Mittel für den Weiterbau binnen einer Woche meine Kündigung und Rückkehr nach den USA bedeutete, wurde mit väterlicher Gelassenheit und der Versicherung entgegengenommen, daß so eine Kleinigkeit doch leicht zu korrigieren sei. In der Tat, der Umbau ging ohne Unterbrechung weiter.»

Schließlich konnte Eberhard Wecker doch im Dezember 1965 mit dem Ansetzen der ersten Zellkulturen seine Laborarbeit in den umgebauten Laboratorien des nunmehrigen Instituts für Virologie aufnehmen. Er hatte inzwischen wissenschaftliche Mitarbeiter gewinnen können. Christoph Jungwirth kam aus den USA und begann, über Pockenviren und deren Vermehrungshemmung durch Interferone, der Biochemiker Klaus Koschel aus Würzburg über die Biochemie der Vermehrung der Polioviren zu arbeiten. Mit der Chemikerin Anneliese Schimpl, die aus Frankreich kam, begannen die immunologischen Arbeiten am Institut. Später kam noch Harald zur Hausen hinzu. Er hatte am Children's Hospital in Philadelphia bei Werner und Gertrude Henle mit Untersuchungen über das Epstein-Barr-Virus begonnen und setzte in Würzburg seine Arbeiten fort.

Volker ter Meulen.

Die umgebauten Räume im Hygieneinstitut wurden für den zunehmenden Mitarbeiterkreis allmählich zu eng und unzureichend. Es mußte eine neue Lösung gefunden werden. Schon bei den ersten Verhandlungen im Kultusministerium in München mit dem erwähnten, damals für die Bayerischen Universitäten zuständigen Ministerialdirigenten von Elmenau war Eberhard Wecker ein Neubau für sein Institut versprochen worden, der 1966 in die Tat umgesetzt wurde. Wecker erinnert sich aus dieser Zeit:

«Die dazu in München eingereichten ursprünglichen Pläne hatte Herr von Elmenau mit der Bemerkung ‹zu klein› zurückgeschickt. Das waren noch Zeiten! Ich war mit der Vergrößerung natürlich gerne einverstanden, aber nur unter der Voraussetzung, daß dann ein weiterer Lehrstuhl, nämlich für Immunologie, im neuen Institut etabliert werden würde.»

Wecker begründete das seinerzeit damit, «daß Virologie und Immunologie für eine Pathogenitätsforschung als gleichberechtigte Partner essentiell seien». Sein Argument wurde sowohl von der Medizinischen Fakultät als auch vom Kultusministerium ohne weiteres akzeptiert.

Der Neubau konnte 1970 schrittweise bezogen werden. Dabei wurde das oberste Geschoß des Gebäudes ganz bewußt noch nicht besetzt, denn es sollte von Anfang an für den neu zu gründenden Lehrstuhl für Immunologie freigehalten werden. Im ganzen bot der Neubau alle gewünschten Vorteile: Moderne Laborräume, Schreibzimmer für die Mitarbeiter, einen eigenen Hörsaal und schließlich auch Laborraum für die Einrichtung einer virologischen Laboratoriumsdiagnostik. Auf diese hatten die Kliniker schon dringend gewartet. Sie wurde von Ilse Wecker aufgebaut, die schon am Children's Hospital in Philadelphia bei den Henles diagnostisch gearbeitet und umfangreiche Erfahrungen gesammelt hatte. Noch im gleichen Jahr konnten die ersten virologisch-diagnostischen Befunde herausgegeben werden.

Wiederum aus Henles Labor am Children's Hospital konnte ein Mitarbeiter für das Institut gewonnen werden. Es war Volker ter Meulen, der sich in Göttingen für Pädiatrie habilitiert und dort schon klinisch-virologisch gearbeitet hatte. Er war mit seinen Arbeiten über die subakute sklerosierende Panenzephalitis bereits bekannt geworden. Neben der Fortsetzung dieser Arbeiten war er in Würzburg auch in der Laboratoriumsdiagnostik tätig.

Der geplante Lehrstuhl für Immunologie sollte nun 1974 besetzt werden. Bei dem Berufungsverfahren kam die Fakultät zu folgender Entscheidung: Sie berief Volker ter Meulen, der soeben einen Ruf nach Göttingen abgelehnt hatte, auf den Lehrstuhl für Virologie und übertrug Eberhard Wecker den Lehrstuhl für Immunologie. Damit war eine bisher an einer Universität einzigartige Kombination zweier sich ergänzender Lehrstühle unter einem Dach geschaffen. Im Zuge der Etablierung dieser Lehrstühle mit ihren Laboratorien wurde nun der gesamte Neubau – wie ursprünglich geplant – voll besetzt. Damit war das Institut für Virologie und Immunbiologie in Würzburg vollständig.

Als Volker ter Meulen den Lehrstuhl übernommen hatte, standen im Blickpunkt seines wissenschaftlichen Interesses zunächst Untersuchungen über die Pathogenese masernvirusinduzierter zentralnervöser Krankheitsprozesse, wie bisher die subakute sklerosierende Panenzephalitis, die akute Masernenzephalitis und die multiple Sklerose, für die das Masernvirus als mögliches ätiologisches Agens seinerzeit verdächtigt wurde. Da am Institut für Virologie und Immunologie in Würzburg ein breites Spektrum virologischer und molekularbiologischer Methoden zur Verfügung stand, wurden die Untersuchungen von Anfang an breit interdisziplinär unter Einbeziehung von Tierexperimenten angelegt. Hierdurch wurde es möglich, die Masernviruszellinteraktion bei der subakuten sklerosierenden Panenzephalitis im Zentralnervensystem molekularbiologisch zu definieren, die Mechanismen der Entstehung der Masernviruspersistenz im Zentralnervensystem näher zu charakterisieren und die durch das Masernvirus entstehenden Autoimmunreaktionen gegen Hirnantigene bei akuten Masernenzephalitiden am Tiermodell im Detail zu analysieren.

Neben dem Masernvirus wurden im Laufe der Jahre weitere virale Infektionen in die Untersuchungen miteinbezogen, um Einblick in die verschiedenen Virus-Wirts-Interaktionen und die daraus resultierenden Krankheitsbilder zu gewinnen. So wurden grundlegende molekularbiologische, virologische, immunologische und tierexperimentelle Arbeiten über murine und humane Coronaviren durchgeführt, die dazu beitrugen, daß das internationale Interesse an dieser Virusgruppe geweckt wurde. Neben Erkrankungen, die durch Masern- und Coronaviren hervorgerufen werden, war auch die progressive multifokale Leukenzephalopathie Gegenstand der Untersuchungen, da hier durch ein konventionelles Virus ein nichtentzündlicher Krankheitsprozeß im Zentralnervensystem hervorgerufen wird. Im Mittelpunkt der Arbeiten stehen vor allem Fragen zum Organtropismus von JC-Virus.

Nach dem Aufkommen von Aids war es selbstverständlich, daß das Institut sich dieser Herausforderung stellte und selektiv immunologische und virologische Fragestellungen untersuchte. Aufgrund der vorliegenden Erfahrungen mit persistierenden Virusinfektionen des Zentralnervensystems konzentrierten sich die Virologiemitarbeiter auf pathogenetische Fragestellungen in der Entstehung von Neuro-Aids nach HIV- und «Simian-immunodeficiency-virus»-Infektionen. Diese Retrovirusfragestellungen wurden in jüngster Zeit durch molekularbiologische Untersuchungen über das humane Foamyvirus ergänzt.

Organisationen und Struktur des Instituts für Virologie und Immunbiologie in Würzburg waren von Anfang an auf Interdisziplinarität angelegt und stellten somit ideale Voraussetzungen für die Gründung von Forschungsverbünden dar. So nahmen seit 1970 viele Arbeitsgruppen des Instituts an Sonderforschungsbereichen, an Forschungsschwerpunkten der DFG und an Verbundprojekten des Bundesministeriums für Forschung und Technologie teil. Ebenso partizipierten Mitglieder des Instituts am Würzburger DFG-Graduiertenkolleg Infektiologie und am Zentrum zur Erforschung von Infektionskrankheiten, einem interdisziplinären Verbund zwischen Universitätskliniken und theoretischen Instituten der Medizinischen und Biologischen Fakultäten der Universität.

Die wissenschaftlichen Aktivitäten der Arbeitsgruppen des Instituts sowie Rufabwendungen ermöglichten in den letzten Jahren eine bauliche Erweiterung des Instituts mit der Erstellung neuer Laboratorien und moderner Tierställe.

Neben den wissenschaftlichen Lehr- und Forschungsaufgaben hat der Lehrstuhl für Virologie auch Dienstaufgaben im Rahmen der Virusdiagnostik wahrzunehmen. In den diagnostischen Laboratorien werden alle virologischen und immunologischen Laboratoriumsuntersuchungen zur Diagnostik viraler Infektionskrankheiten durchgeführt.

Parallel mit den wissenschaftlichen Programmen des Lehrstuhls hatte sich auch in der Virusdiagnostik ein Schwerpunkt für Untersuchungen neurologischer Erkrankungen herausgebildet. Dabei haben zahlreiche Untersuchungstechniken, die im Rahmen der Forschungsarbeiten entwickelt wurden, Eingang in die Diagnostik gefunden. Das hat zu einer verstärkten Kooperation zwischen einigen klinischen Disziplinen und dem Institut geführt.

Nach all den Jahren können Eberhard Wekker und Volker ter Meulen auf eine wissenschaftlich erfolgreiche und freundschaftliche Zusammenarbeit zurückblicken, die zugleich auch zeigt, daß sich das ursprüngliche, von Wecker entwickelte Konzept der engen Kooperation von Virologie und Immunologie voll und ganz bewährt hat.

Virologie außerhalb der Universitäten

Berlin

Zentralinstitut für Krebsforschung, Berlin-Buch

Auf Anweisung der sowjetischen Militäradministration in Deutschland wurde 1947 von der Akademie der Wissenschaften ein Institut für Medizin und Biologie in Berlin-Buch aufgebaut. Hauptaufgabe des Instituts sollte die Krebs- und Eiweißforschung sein. Innerhalb dieses Instituts gründete Arnold Graffi 1948 die Abteilung für Biologische Krebsforschung. Daraus entstand 1963 ein selbständiges Institut im Forschungszentrum für Medizin und Biologie der Akademie der Wissenschaften. Es hatte 70 Mitarbeiter, davon 15 Wissenschaftler, und bestand aus folgenden Abteilungen: Elektronenmikroskopie, Virologische Gewebezüchtung, Tierexperimente, Biochemie, Immunologie, Genetik, Histologie und Hämatologie.

Parallel zur Forschungseinrichtung wurde in Berlin-Buch in diesen Jahren eine Klinik für Krebskranke, die Robert-Rössle-Klinik, aufgebaut. Sie ist nach dem bedeutenden Pathologen Robert Rössle benannt, der von 1929 bis 1951 an der Charité gewirkt hatte. Er wurde 1876 in Augsburg geboren, studierte Medizin in München, Kiel, Straßburg und promovierte 1900 in München. In Kiel erhielt er 1904 die Venia legendi für Allgemeine Pathologie und Pathologische Anatomie. In München wurde er 1906 Außerordentlicher Professor. 1911 erfolgte der Ruf als Ordinarius nach Jena, 1922 als Ordinarius nach Basel. 1929 übernahm er als Nachfolger von Otto Lubarsch den Lehrstuhl für Pathologie an der Charité in Berlin. Dieser war nach Johannes Orth der zweite Nachfolger auf dem Lehrstuhl von Rudolf Virchow in der Charité. Rössle war der dritte.

1965 wurden zunächst Klinik und Forschungsinstitut als selbständige Einrichtungen zum Institut für Krebsforschung vereinigt, dann aber mit der Gründung des Zentralinstituts für Krebsforschung 1972 zu einer neuen Einheit zusammengeschlossen. Direktor der Klinik wurde Hans Gummel, Direktor des Bereichs Experimentelle Krebsforschung Arnold Graffi.

Die Programme der Experimentellen Krebsforschung umfaßten die wichtigsten damaligen Arbeitsrichtungen. Hier soll nur auf die Virologieprogramme eingegangen werden. Diese wurden in ganz besonderem Maß von den Arbeiten Graffis und seinen Ergebnissen geprägt. 1948 konnte Graffi durch zellfreie Filtrate aus dem Ehrlich-Karzinom der Maus eine Leukämie in der Maus induzieren. Die weiteren Arbeiten zeigten, daß es sich um ein Virus handelte, das in der Maus eine myeloische Leukämie auslöst und das in der Folge als das Virus der myeloischen Leukämie der Maus, als «Graffi-Virus», bezeichnet wurde. Es hat als Modellvirus außerordentlich viel dazu beigetragen, daß die Virologen die Methoden zum Bearbeiten von Viren kennenlernten, die die Fähigkeit besitzen, im Labortier Leukämien oder Tumoren zu erzeugen. Sie haben daran ihre Grundkenntnisse über Tumor- und Leukämieviren erworben. Arnold Graffi wurde auf diese Weise zum Lehrmeister einer neuen Generation von Tumorvirologen, zusammen mit den Entdeckern anderer Tumor- oder Leukämiemodellviren, wie Peyton Rous,

Arnold Graffi.

Ludwik Gross, Charlotte Friend und Frank Rauscher.

1967 entdeckte Graffi bei dem Hamsterstamm HaB seines Instituts ein neues Virus, das in Hamstern multiple epitheliale Hauttumoren erzeugt, die von den Haarbälgen ausgehen. Es erwies sich als kleines DNA-Virus, das der Papovavirusgruppe zuzuordnen ist.

Arnold Graffi wurde 1910 in Bistritz in Siebenbürgen geboren und besuchte dort die Deutsche Schule. 1928–1935 studierte er Medizin in Marburg. Tübingen und Leipzig, wo er promovierte. Nach einer zweieinhalbjährigen Biochemieausbildung in Leipzig begann er 1936 seine Arbeiten in der Krebsforschung im Geschwulstlabor der Chirurgischen Klinik unter Ferdinand Sauerbruch, schon mit dem Thema der zellfreien Übertragung des Ehrlich-Karzinoms der Maus. 1939/40 befaßte er sich am Paul-Ehrlich-Institut in Frankfurt mit der chemischen Kanzerogenese. Dann arbeitete er 1941/42 unter Herwig Hamperl am Pathologieinstitut der Karls-Universität in Prag und anschließend am Histologisch-embryologischen Institut in Budapest. 1943–1947 war er wissenschaftlicher Mitarbeiter der Schering AG in Berlin, unterbrochen von einer mehrmonatigen Tätigkeit bei Otto Warburg am Kaiser-Wilhelm-Institut in Berlin-Dahlem. 1947 übte er eine bakteriologisch-immunologische Tätigkeit an der Zentralstelle für Hygiene in Perleberg und Potsdam-Neufahrland aus. Dann erfolgte die Berufung an das Institut für Medizin und Biologie in Berlin-Buch.

Institut und Laboratorium von Graffi waren von Anfang an auf nationalen und internationalen Kongressen mit kompetenten Beiträgen vertreten, auch bis in die letzte Zeit hinein unter dem Nachfolger von Graffi, Dieter Bierwolf.

Institut für Virologie und Epidemiologie des Zentralinstituts für Hygiene, Mikrobiologie und Epidemiologie der DDR, heute Außenstelle des Robert-Koch-Instituts des Bundesgesundheitsamts

Das Institut für Virologie und Epidemiologie, das am 1. Januar 1991 in eine Außenstelle des Robert-Koch-Instituts umgewandelt wurde, kann in seiner Entstehung auf das 1947 von Ingenieur Wolfgang Belian gegründete Impfstoffwerk Schöneweide und das Institut für Immunbiologie zurückgeführt werden. Aufgrund der angespannten Seuchenlage jener Jahre waren die Aufgaben anwendungsorientiert, d.h. auf die Produktion von Impfstoffen ausgerichtet. So wurde als erstes ein Impfstoff gegen Fleckfieber produziert. Später setzte sich das Institut sehr aktiv für die Einführung und Anwendung des Poliolebendimpfstoffs in der DDR ein. Das aus Moskau bezogene Impfstoffmaterial wurde im Institut zur gebrauchsfertigen Impfstoffdosis verarbeitet und an die Impfstellen verteilt. Zugleich unternahm das Institut mit seinem Referenzlaboratorium für Polio- und Enteroviren unter der langjährigen Leitung von Barbara Bö-

Horst Glathe.

thig serologisch-diagnostische Untersuchungen über die allgemeine Polioimmunitätslage. Das Institut hat sich damit große Verdienste bei der Beherrschung und letztlich Eliminierung der Polio in der DDR erworben.

Im Jahre 1974 bildete sich aus den beiden Einrichtungen, dem Impfstoffwerk und dem Institut für Immunbiologie, das Institut für Angewandte Virologie, das als «nachgeordnete Einrichtung» dem Ministerium für Gesundheitswesen direkt unterstellt war. Sein Direktor wurde Günter Starke. Das Institut übernahm die bisherigen Laboratorien, die in sieben aus dem letzten Krieg stammenden Flachbauten in Berlin-Schöneweide untergebracht waren. Eine Erweiterung der Raumkapazität erhielt es 1983 durch ein zusätzliches Laborgebäude.

Das neuentstandene Institut wandte sich weiteren Arbeitsbereichen zu. Es wurde ein Masernimpfstoff entwickelt und produziert, der erfolgreich eingesetzt werden konnte. Zugleich gründete das Institut ein Referenzzentrum für Influenzavirus und andere respiratorische Virusarten. Sein Leiter wurde Horst Glathe, der später zugleich auch den Bereich Immunprophylaxe und -diagnostik leitete.

Mit der Einrichtung einer Abteilung für Molekulare Virologie wurden im Institut die modernen Methoden der Molekularbiologie etabliert. In Zusammenarbeit mit der Industrie konnte ein Influenzaspaltimpfstoff (Immunosplit) entwickelt werden, der sich durch besonders gute Verträglichkeit und ein hohes immunogenes Potential auszeichnete. Auch beim Masernimpfstoff wurden Qualitätsverbesserungen erreicht. Unter der Leitung von Eckart Schreier hatte sich die Abteilung mit Beträgen zur Genotypdifferenzierung des Hepatitis-C-Virus internationale Anerkennung erworben.

Das Institut für Angewandte Virologie wurde 1986 als Institut für Virologie und Epidemiologie in das Zentralinstitut für Hygiene, Mikrobiologie und Epidemiologie der DDR übernommen und direkt dem Ministerium für Gesundheits- und Sozialwesen unterstellt. Sein Leiter wurde Sieghart Dittmann. Personell umfaßte es vor seiner 1990 erfolgten Auflösung rund 160 Mitarbeiter, davon etwa 40 Wissenschaftler. Seine Aufgaben waren vorwiegend anwendungsorientiert und auf die Kontrolle und Bekämpfung von Viruskrankheiten ausgerichtet. Das Institut gliederte sich in folgende Abteilungen und Bereiche:

– Referenzlaboratorium für Poliomyelitis und Enteroviren.
– Referenzlaboratorium für Masern, Mumps, Röteln.
– Referenzlaboratorium für Influenza- und andere respiratorische Viren.
– Referenzlaboratorium für Hepatitis A.
– Abteilung Molekulare Virologie.
– Abteilung Pathologie und Zellzucht.
– Abteilung Elektronenmikroskopie.
– Abteilung Epidemiologie.
– Abteilung Virostatika und Virusdesinfektion.
– Abteilung Zentrales HIV-Labor.

Jochen Süss.

Am 1. Januar 1991 ist das Institut mit 25 Mitarbeitern als Außenstelle in das Robert-Koch-Institut des Bundesgesundheitsamts übernommen worden.

Fachgebiet Virale Zoonosen im Institut für Veterinärmedizin des Robert-von-Ostertag-Instituts des Bundesgesundheitsamts

Die Etablierung des Fachgebiets Virale Zoonosen im Institut für Veterinärmedizin am Robert-von-Ostertag-Institut des Bundesgesundheitsamts entstand aus dem ehemaligen Institut für Virale Zoonosen in Potsdam-Hermannswerder. Dieses Institut wurde seinerseits am 1. Januar 1976 als Epidemiologisches Zentrum der Staatlichen Hygieneinspektion gegründet und ging wiederum aus dem Tollwutinstitut in Potsdam und dem Zentrallaboratorium für Enzephalitisviren hervor. Beide Institute waren dem Staatlichen Institut für Immunpräparate und Nährmedien in Berlin-Weißensee zugeordnet. Als am 31. März 1986 das Zentralinstitut für Hygiene, Mikrobiologie und Epidemiologie in Berlin entstand, wurde auch das bestehende Institut für Virale Zoonosen darin eingebunden. Sein Leiter war seit der Gründung bis zum Jahr 1989 Herbert Sinnecker, der dem Institut internationale Geltung verschafft hatte. 1989/90 leitete Jochen Süss das Institut. Er war zuvor am Institut für Medizinische Mikrobiologie der Friedrich-Schiller-Universität in Jena tätig.

In den frühen Jahren des Instituts galten als wissenschaftliche Schwerpunkte die Tollwut, die Arboviren und die Epidemiologie der Infektionskrankheiten. Insbesondere begann man mit virologischen und serologischen Untersuchungen zur Frühsommermeningoenzephalitis. Es wurden Naturherdgebiete entdeckt und Karten dieser Herde in Ostdeutschland erstellt. Daneben konnten weitere Arboviren isoliert und charakterisiert werden. Von 1960 bis 1989 war das Institut Referenzzentrum für Arboviren.

Gemeinsam mit den Tollwutberatungs- und -impfstellen, den Blutspendezentralen und dem Kombinat für Veterinärimpfstoffe Dessau wurde ein humanes Tollwutimmunglobulin entwickelt und erfolgreich angewendet. Ein entscheidendes Ergebnis des Instituts war die Entwicklung des Tollwutlebendimpfstoffs SAD/Potsdam/5/88 zur oralen Immunisierung der Füchse mit dem Ziel, die Wildtiertollwut zurückzudrängen. Der Impfstoff wurde in Zusammenarbeit mit veterinärmedizinischen Einrichtungen umfangreich auf Stabilität, Unschädlichkeit, Verträglichkeit und Immunogenität geprüft und in Feldversuchen durch die Jagdkollektive und mit dem Flugzeug ausgebracht. Er wird weiterhin mit gutem Erfolg eingesetzt.

Das Forschungsgebiet der Epidemiologie und Ökologie der Frühsommermeningoenzephalitis in Deutschland wurde beibehalten und unter Einbeziehung molekularbiologischer Techniken weitergeführt. Dadurch stehen ständig aktuelle Daten zur Epidemiologie dieser Krankheit und zur Aktivität des Virus in den Naturherdgebieten zur Verfügung, die die Basis für die Beratung der Bevölkerung über die Immunprophylaxe bilden.

Das Forschungsprogramm des Fachgebiets erstreckt sich auch auf Arbeiten zur Biologie, Epidemiologie, Pathogenese und Molekularbiologie der aviären und porzinen Influenzaviren.

Frankfurt am Main

Paul-Ehrlich-Institut des Bundesamts für Sera und Impfstoffe, Frankfurt am Main – Langen/Hessen

Am 20. Februar 1895 wurde in Berlin eine Kontrollstation für Diphtherieheilsera gegründet, die im Institut für Infektionskrankheiten von Robert Koch untergebracht wurde, das zur Charité gehörte. Als sich der Umfang der Prüfungsaufgaben infolge der stark vermehrten Anwendung des Diphtherieheilserums und des ebenfalls von Emil Behring (geadelt 1901) geschaffenen Antiserums gegen Tetanustoxin erweiterte, wurde im damaligen Steglitz bei Berlin am 1. Juni 1896 das Institut für Serumforschung und Serumprüfung eröffnet. Zum Leiter dieses Instituts wurde Paul Ehrlich berufen. Da die Hauptproduktionsstätten der Heilsera für Diphtherie und Tetanus in den Farbwerken Hoechst bei Frankfurt lagen, zog das Steglitzer Institut nach Frankfurt um. Es erhielt einen Neubau in unmittelbarer räumlicher Nähe des Städtischen Krankenhauses Frankfurt-Sachsenhausen, dem heutigen Universitätsklinikum. Dieser wurde am 8. November 1899 eröffnet. Zu gleicher Zeit erhielt das Institut den Namen Königliches Institut für Experimentelle Therapie. Zu dessen Aufgaben gehörte die amtliche Prüfung aller der staatlichen Kontrolle unterstellten Heilsera und Impfstoffe. Zugleich arbeiteten Paul Ehrlich und seine wissenschaftlichen Mitarbeiter an diesem Institut über den Ausbau der theoretischen und praktischen Grundlagen der Immunitätslehre.

Über seine Forschung in dem 1906 gegründeten Chemotherapeutischen Institut «Georg-Speyer-Haus» wird in einem eigenen Kapitel berichtet. Paul Ehrlich starb 1915. Sein Nachfolger war der Schüler und Freund Robert Kochs, Wilhelm Kolle, der bis 1935 amtierte. Nach ihm waren bis 1948 Richard Otto und bis 1962 Richard Prigge die Institutsdirektoren. Prigge arbeitete schon unter Kolle und Otto als Assistent am Institut. Während seiner Zeit als Institutsdirektor konnte er den Wiederaufbau des stark zerstörten Staatsinstituts sowie die Erstellung eines Erweiterungsbaus für die Prüfung der neuentwickelten Poliomyelitisimpfstoffe erreichen. Auch die Sicherung des Institutshaushalts mit der Übernahme in die Finanzierung durch das Königsteiner Länderabkommen zur Förderung der Forschung in der Bundesrepublik Deutschland fiel in seine Amtszeit.

Dem Institut für Experimentelle Therapie wurde am 14. März 1947 von der Hessischen Staatsregierung der Name Paul-Ehrlich-Institut verliehen. Nach langjährigen Verhandlungen kamen die für das Gesundheitswesen zuständigen Minister der Bundesländer überein, der Bundesregierung die Errichtung einer Bundesoberbehörde vorzuschlagen, die für die Zulassung und Prüfung der Sera und Impfstoffe zuständig sein sollte. 1972 wurde dann das Errichtungsgesetz zur Übernahme des Paul-Ehrlich-Instituts durch die Bundesregierung verkündet. Das Institut arbeitete von Anbeginn in umfangreichem Maße und besonders heute als Bundesamt für Sera und Impfstoffe neben seinen Prüfungsaufgaben auf verschiedenen, aber verwandten, mit den Prüfungsaufgaben zusammenhängenden mikrobiologischen und immunologischen Forschungsgebieten.

Nach Prigge folgten als Institutsdirektoren von 1966 bis 1969 Niels Kaj Jerne und von 1974 bis 1986 Hans Dieter Brede, der die Amtsbezeichnung Präsident erhielt. In den Jahren zwischen 1962 und 1966 sowie zwischen 1969 und 1973 hatte Günther Heymann das Institut kom-

Reinhard Kurth.

missarisch geleitet. Seit 1986 ist der Virologe Reinhard Kurth Präsident des Paul-Ehrlich-Instituts. Er hatte in Erlangen Medizin studiert und 1968 dort promoviert. Seine Lehrjahre als Virologe verbrachte er am Max-Planck-Institut für Virologie in Tübingen bei Hans Friedrich-Freksa und Werner Schäfer. Von dort ging er 1971 zusammen mit Heinz Bauer an das Robert-Koch-Institut nach Berlin und dann 1974/75 zu Renato Dulbecco an den Imperial Cancer Fund nach London. Anschließend übernahm er eine selbständige Arbeitsgruppe am Friedrich-Miescher-Laboratorium der Max-Planck-Gesellschaft in Tübingen. 1980 wurde er an das Paul-Ehrlich-Institut berufen und 1986 zu dessen Präsidenten ernannt.

Im Rahmen dieses Buches seien, wie beim Robert-Koch-Institut, vorwiegend die die Virologie betreffenden Arbeiten und Forschungsgebiete des Instituts dargestellt.

Die Virusabteilung des Paul-Ehrlich-Instituts ging aus der vom damaligen Direktor des Instituts, Richard Otto, 1935 eingerichteten Fleckfieberabteilung hervor. In den 50er Jahren, als sich die methodischen Möglichkeiten in der medizinisch orientierten Virusforschung stark erweiterten, befaßte sich die Abteilung für Virusforschung des Instituts mit dem Einsatz der V- und S-Influenza-Antigene bei klinischen und epidemiologischen Studien sowie mit serologischen Untersuchungen zur Klärung der Mumpsdurchseuchung in Deutschland. Zur Frage der Entstehungsweise der postvakzinalen Enzephalitis wurden Untersuchungen über die Vermehrungsweise des Vacciniavirus im Kaninchenhirn vorgenommen.

Eine entscheidende Bedeutung erhielt das Paul-Ehrlich-Institut in den 50er Jahren, zu der Zeit, als die Poliomyelitisimpfstoffe entwickelt wurden. In der Konsequenz des ursprünglichen Auftrags an das Institut, die «Kontrolle der Heilsera und Impfstoffe» zu übernehmen, wurde es vom Hessischen Ministerium des Inneren beauftragt, die Überwachung der vom Ministerium mit Wirkung vom 1. März 1959 in Kraft gesetzten «Vorläufigen Vorschriften für die staatliche Prüfung von Impfstoffen gegen Kinderlähmung (Poliomyelitis)» für diesen in der Bundesrepublik Deutschland produzierten und angewendeten Impfstoff vorzunehmen. Daran waren G. Eissner, Oswin Günther und Otto Bonin beteiligt, die dabei viel Entwicklungsarbeit leisten mußten, denn auch die US-amerikanischen Minimum Requirements des Jahres 1954, an denen man sich ausrichten sollte, waren noch unzulänglich, was das Cutter-Unglück zeigte, bei dem der durch diese Firma hergestellte Impfstoff noch infektiöses Virus enthielt und eine große Anzahl von Impflingen an Polio erkrankte. In Deutschland wurde dieses Unglück durch die Initiative von Richard Haas vermieden, der bei den Behringwerken in Marburg den Polioimpfstoff produzierte und von vornherein an seinen Inaktivierungskurven bei den Impfstoffchargen erkannte, daß Salks Angaben nicht stimmen konnten. Er notierte dazu folgendes:

«... daß die Kinetik in der späteren Phase der Inaktivierung anders verläuft als von Salk dargelegt. Die inaktivierten Virussuspensionen enthalten minimale Anteile von Virus, deren Inaktivierung einer anderen Gesetzmäßigkeit als von Salk angegeben folgt. In einigen Laboratorien, die sich damals mit dem Studium des Inaktivierungsablaufs von Poliomyelitisvirus befaßten, hatten sich bereits eindeutige Befunde in dieser Richtung ergeben. Das bedeutete, daß die von Salk vorgenommene Extrapolation dem tatsächlichen Verlauf nicht gerecht wurde. Man mußte mit einer Verlangsamung der späten Inaktivierungsphase rechnen.»

Dieser Erkenntnis folgte Richard Haas durch die Verlängerung der Inaktivierungszeiten bei seiner Produktion des Polioimpfstoffs in den Behringwerken, der in jeder Produktionscharge dem Paul-Ehrlich-Institut zur staatlichen Prüfung eingereicht und von diesem nach positivem Prüfungsergebnis freigegeben wurde.

Für längere Zeit war die Impfstoffprüfung infolge des Verlusts der für die Gewinnung der notwendigen primären Affennierenzellen erforderlichen Cercopithecus-Affen unterbrochen. Schuld daran war das eingeschleppte Marburg-Virus.

In den folgenden Jahren wurde der Schwerpunkt der Humanvirologie auf die Prüfung des Polioimpfstoffs mit abgewandeltem aktivem Virus nach Sabin und zusätzlich der anderen, in den letzten Jahrzehnten entwickelten Impfstoffe gegen virale Infektionskrankheiten ausgedehnt. Dazu gehörten unter anderem Impfstoffe gegen Influenza, Masern, Frühsommerenzephalitis und Hepatitis B.

Schon unter der Präsidentschaft von Hans Dieter Brede wurde ein Neubau für das Paul-Ehrlich-Institut in Langen bei Frankfurt geplant. Er sollte für die vielfältigen Aufgaben und Forschungsgebiete die modernsten Arbeitsbedingungen, gerade auch im Hinblick auf die Voraussetzungen für gentechnische Arbeiten, bieten. Dieser als ein größerer Komplex von Instituten errichtete Neubau konnte dann unter der Präsidentschaft von Reinhard Kurth am 3. Mai 1990 eingeweiht werden.

Paul Ehrlich, Sahachiro Hata.

Innerhalb der Forschungsprogramme des Instituts hat sich in den letzten Jahren ein Schwerpunkt für Aids entwickelt. Die Arbeiten konzentrieren sich vor allem auf den Versuch der Entwicklung einer Immunprophylaxe gegen Aids. Zudem stehen auch Fragen der Chemotherapie und Immunpathologie sowie die Entwicklung einer Lebendvakzine gegen Aids am Modell des simianen Immundefizienzvirus im Zentrum der Untersuchungen.

In einem Forschungsprogramm über Retroviren konnte von Reinhard Kurth, Johannes Löwer und anderen Mitarbeitern des Instituts in Zellkulturen, die von Hodenteratokarzinomen des Menschen stammten, mit molekulargenetischen Methoden Viren identifiziert werden, die sich als endogene Retroviren entpuppten, denn sie enthielten eine reverse Transkriptase. Sie bezeichneten diese endogenen Retroviren als HERV-H und HERV-K («human endogenous retrovirus», H steht für die Histidin-RNA, K für die Lysintransfer-RNA). Ihrer möglichen Funktion und Bedeutung für den Menschen gelten weitere Untersuchungen.

Georg-Speyer-Haus in Frankfurt am Main.

Chemotherapeutisches Forschungsinstitut Georg-Speyer-Haus

Das Georg-Speyer-Haus in Frankfurt am Main wurde am 6. September 1906 von Paul Ehrlich eröffnet. Das Institut trägt den Namen des Frankfurter Bankiers Georg Speyer. Es wurde von dessen Witwe Franziska Speyer am 10. März 1904 mit einer Stiftung von 1 Million Mark zum Andenken an ihren Mann gegründet. Sie wollte damit Paul Ehrlich die Möglichkeit geben, sich neben seinen Routineaufgaben im Königlichen Institut für Experimentelle Therapie, das heute seinen Namen trägt, intensiver der chemotherapeutischen Forschung widmen zu können.

Schon wenige Jahre nach der Institutsgründung, im Jahre 1909, entdeckten Paul Ehrlich und seine Mitarbeiter, zu denen auch Sahachiro Hata aus Tokio gehörte, im Georg-Speyer-Haus das Salvarsan, das erste wirksame Heilmittel gegen die damals so gefürchtete Syphilis. Mit diesem Medikament begründete Paul Ehrlich die moderne Chemotherapie der Infektionskrankheiten. Das Medikament begann seinen Siegeszug um die Welt und wurde auch in der internationalen Presse gefeiert.

In der Folgezeit entwickelten Ehrlich und dessen Mitarbeiter eine Reihe weiterer Chemotherapeutika, unter anderem gegen die Schlafkrankheit, die sie überwiegend mit der Hoechst AG vermarkteten. Unterstützt durch großzügige Spenden von Frankfurter Bürgern konnten am Georg-Speyer-Haus aber auch zahlreiche experimentelle Arbeiten auf dem Krebsgebiet durchgeführt werden, so daß Paul Ehrlich heute nicht nur als Vater der Chemotherapie, sondern auch als einer der Väter der Tumorimmunologie gilt. Paul Ehrlich wurde 1908 mit dem Nobelpreis für Medizin ausgezeichnet, nachdem er vorher bereits jahrelang und auch in den Folgejahren für eine weitere Verleihung vorgeschlagen worden war. Zu einer zweiten Verleihung kam es aber nicht. Er starb am 20. August 1915 in Bad Homburg. Außer Paul Ehrlich arbeiteten am Georg-Speyer-Haus noch zwei weitere spätere Nobelpreisträger: Paul Karrer, von 1911 bis 1918, Nobelpreis für Chemie, und Niels Kaj Jerne, von 1966 bis 1969, Nobelpreis für Medizin.

Das Stiftungsvermögen des Georg-Speyer-Hauses ging durch zwei Weltkriege und ihre Folgen weitgehend verloren. Auch die Lizenzeinnahmen für Salvarsan und 30 weitere Patente versiegten. Dadurch verlor das Institut seine finanzielle Selbständigkeit. Bis 1986 wurde es in Personalunion mit dem Paul-Ehrlich-Institut geführt, zuletzt unter Hans Dieter Brede. In dieser Zeit wurde das Georg-Speyer-Haus überwiegend für Prüfaufgaben des Paul-Ehrlich-Instituts herangezogen. Nach der Pensionierung von Hans Dieter Brede als Präsident des Paul-Ehrlich-Instituts wurden 1986 die Institute getrennt. Seit 1987 steht das Georg-Speyer-Haus unter eigener wissenschaftlicher Leitung, die Helga Rübsamen-Waigmann als Direktorin innehat.

Gemäß seiner Satzung betreibt das Institut heute «wissenschaftliche Forschung auf den von Paul Ehrlich begründeten Gebieten zum Wohle der Menschheit». Historisch gesehen ist es nicht nur ein Institut, an dem einige der bedeutendsten Entdeckungen der Medizingeschichte gemacht wurden, sondern auch eines der wenigen Zeugnisse für jüdisches Mäzenaten- und Forschertum, das in Deutschland in die zweite Hälfte des 20. Jahrhunderts herübergerettet werden konnte. Während das Paul-Ehrlich-Institut nach Bredes Planungen einen Neubau in Langen erhielt und Frankfurt verließ, arbeitet das Georg-Speyer-Haus weiter in seinem historischen Gebäude in der Paul-Ehrlich-Straße, in unmittelbarer Nachbarschaft zur Universitätsklinik.

Helga Rübsamen-Waigmann studierte an der Westfälischen Wilhelms-Universität in Münster Chemie und Lebensmittelchemie. Nach einem 2jährigen Forschungsaufenthalt an der Cornell University in den USA erhielt sie ihre Virologieausbildung am Institut für Humanvirologie in Gießen bei Heinz Bauer und in Köln bei Hans Joachim Eggers. In Gießen begann sie bereits mit Arbeiten über ein onkogenes Retrovirus, das «Rous sarkoma virus» mit seinem Onkogen *src*. 1982 wechselte sie als Leiterin des Fachgebiets Forschung Immuntherapie an das Georg-Speyer-

Helga Rübsamen-Waigmann.

Haus. Nach einem weiteren Forschungsaufenthalt in den USA, im Laufe dessen sie an der Harvard University bei James J. Mullins gentechnische Methoden erlernte und ein menschliches Retrovirus – HTLV-I – molekular klonierte und partiell sequenzierte, habilitierte sie sich an der Johann-Wolfgang-Goethe-Universität in Frankfurt am Main mit Arbeiten aus der Onkogenforschung für das Fach Biochemie. Sie lehrt als Außerplanmäßige Professorin im Fachbereich 15 «Biochemie, Pharmazie, Lebensmittelchemie» der Frankfurter Universität. Für ihre Onkogenforschung wurde sie mit dem Winnaker-Stipendium ausgezeichnet. 1984 begann sie ihre Arbeiten über Aids und isolierte 1985 die deutschen HIV-1-Stämme. 1990 wurde sie in das Beratergremium des französischen Centre national de recherches scientifiques berufen. Die Arbeiten der Folgejahre führten auf dem Aids-Gebiet unter anderem zur Entdeckung eines zweiten Subtyps von HIV-2, der phylogenetisch vor der Abspaltung der «Simian-immunodeficiency»-Viren der Rhesusaffen und des Haupttyps von HIV-2 steht, ferner zur Entdeckung eines weiteren HIV-1-Subtyps in Indien und in den Jahren 1990–1992 zum überraschenden Nachweis, daß Indien das erste Land außerhalb Afrikas war, das wie einige afrikanische Länder neben einer HIV-1- auch unter einer HIV-2-Epidemie leidet. Bis zu diesem Zeitpunkt glaubte man, daß Asien ganz frei von HIV-2 sei.

Im Institut wurden diverse Kultursysteme für HIV etabliert und für funktionelle Studien sowie zum Screening von Chemotherapeutika eingesetzt. Parallel zu den virologischen Arbeiten konnten auch die Arbeiten an Onkogenen der Proteintyrosinkinasegruppe fortgeführt und Techniken entwickelt werden, um neue Vertreter dieser Genfamilie zu finden, die zu der Entdeckung von fünf neuen Proteintyrosinkinasen des Menschen führten.

Hans Dieter Brede arbeitete in den Jahren nach 1987 am Institut äußerst aktiv mit. Er baute ein diagnostisches Labor auf, das Fragestellungen behandelte, die für die wissenschaftlichen Projekte des Instituts von großer Hilfe waren. Dabei entwickelte er ein Betreuungsmodell für HIV-infizierte Patienten und begann ambulante klinische Studien.

Heute arbeiten die etwa 60 wissenschaftlich tätigen Mitarbeiter des Georg-Speyer-Hauses zur einen Hälfte in der Krebsforschung, zur anderen in der Virusforschung mit Schwerpunkt Aids. Hinzu kommen die Entwicklung von genetischen Nachweisverfahren in der Infektionsforschung wie in der Krebsforschung, medizinische Diagnostik, Grundlagenforschung zur Gen- und Chemotherapie von Viruskrankheiten sowie die Erforschung neuer Krankheitsbilder.

Den Vorstellungen des Institutsgründers, Paul Ehrlich, entsprechend wird großer Wert auf interdisziplinäre Zusammenarbeit gelegt. Die Arbeitsgruppen des Hauses aus Medizin, Biochemie, Pharmazie, Biologie, Virologie und Molekularbiologie stehen in enger Kooperation. Mit den in unmittelbarer Nachbarschaft befindlichen Universitätskliniken und den naturwissenschaftlichen Instituten der Universität wird ebenfalls eine enge Zusammenarbeit gepflegt. Das Georg-Speyer-Haus besteht heute aus folgenden Bereichen:

In der medizinischen Diagnostik werden im Rahmen diverser Projekte folgende Tests vorgenommen: HIV-1- und HIV-2-Infektionen, HTLV, HHV-6 (und andere Untersuchungen im Zusammenhang mit dem Müdigkeitssyndrom), Hepatitis B und C. Darüber hinaus werden Bestimmungen des Tumornekrosefaktors und der Immunglobuline E, A, M und G sowie die CD4–CD8- und β-Mikroglobulin-Bestimmungen durchgeführt. Die Medizinische Abteilung des Georg-Speyer-Hauses ist außerdem die Laborleitstelle des «Ärztlichen Modells für HIV-Infizierte», in dem zusammen mit niedergelassenen Ärzten HIV-Träger regelmäßig untersucht werden, um Aufschlüsse über die Immunreaktion und neue Therapieansätze zu gewinnen. Dabei wurden 1993 etwa 2200 HIV-Träger registriert. Etwa 120 niedergelassene Ärzte sind an dem Modell beteiligt.

Ganz im Sinne der starken internationalen Verbindungen des Hauses ist die diagnostische Abteilung des Georg-Speyer-Hauses wissenschaftlich auch an mehreren großen HIV-Projekten in Afrika und Asien beteiligt und unterstützt Projekte in Dritt-Welt-Ländern mit ihrem praktischen Wissen.

Innerhalb der Arbeitsgemeinschaft Influenza übernimmt die medizinische Abteilung Beraterfunktion. Brede ist Vorsitzender des Wissenschaftlichen Beirats der Arbeitsgemeinschaft.

Schwerpunkt der Abteilung Krebsforschung ist die Onkogenforschung mit der Fragestellung nach den genetischen und biochemischen Veränderungen, die aus einem normalen zellulären Protoonkogen ein tumorauslösendes Onkogen werden lassen. Bisher konnten hier fünf neue Gene des Menschen aus der Familie der Tyrosinkinasen, einer Untergruppe potentieller Onkogene, entdeckt und charakterisiert werden. Eines dieser Gene zeigt ein deutlich unterschiedliches Expressionsmuster im Vergleich zwischen Tumor und Normalgewebe. Es gehört in die Familie der Fibroblasten-Wachstumsfaktor-Rezeptoren. Basierend auf den Erkenntnissen mit den neuen Genen, aber auch auf Erkenntnissen bei bereits bekannten Onkogenen und Tumorsuppressorgenen wird an der Entwicklung diagnostischer Tests zur Früherkennung bzw. Nachversorgung von Lungenkrebs, Pankreaskarzinomen und Dickdarmkrebs gearbeitet.

Die molekularbiologische Virusforschung beinhaltet die Analyse der Erbinformation der Viren, insbesondere des hochvariablen HIV, da dessen genetische Charakterisierung eine wichtige Grundlage für die Entwicklung von Vakzinen, Therapeutika und Diagnostika bedeutet. Die deutschen HIV-Isolate wurden am Georg-Speyer-Haus identifiziert und sequenziert. Auch das hochdivergente, bislang älteste HIV-2-Virus, HIV-2$_{ALT}$, sowie ein HIV-2-Stamm mit extrem guter Replikation auf Makrophagen, HIV-2$_{D194}$, wurden voll sequenziert. Weitere Untersuchungen von indischen HIV-1- und HIV-2-Isolaten aus den Jahren 1991 und 1992 ergaben, daß sie einen eigenen Subtyp bilden und sich – unabhängig vom geographischen Wohnort der Betroffenen – vermutlich alle von einer einzelnen ursprünglichen Infektion ableiten lassen. Derzeit sind Viren aus Thailand, Brasilien, Uganda und Ruanda in Arbeit. Neben diesen Arbeiten zur molekularen Epidemiologie wurden auch genetische Untersuchungen zur Resistenz gegen Chemotherapeutika durchgeführt. Die entsprechenden viralen Enzyme wurden exprimiert und in Enzymtests auf ihre Funktionsveränderung hin untersucht. Weiter wurden biochemische Experimente mit dem *nef*-Gen von HIV durchgeführt, das ebenfalls exprimiert vorliegt. Neben der Variation und deren funktioneller Bedeutung wurden auch Varianten von Hepatitis C untersucht.

Im Arbeitsbereich Virus- und Zellbiologie, Therapieentwicklung, wurden biologische und biochemische Aspekte der Virus-Wirtszell-Beziehungen untersucht, wie z.B. die Wechselwirkungen zwischen zellulären Wachstums- und Differenzierungsfaktoren, den Zytokinen. Besondere Aufmerksamkeit galt der Erforschung der funktionellen Veränderung von diversen HIV-Zielzellen, unter anderem von Monozyten/Makrophagen, nach HIV-Infektion. Ferner wurden Tests auf die Hemmbarkeit der Virusreplikation durch Chemotherapeutika, aber auch durch in die Zellen eingeschleuste inhibitorische Gene (Gentherapie) durchgeführt. In diesem Zusammenhang hat auch der Einsatz von Nanopartikeln zum «drug targeting» bei Viruserkrankungen in relevante Zielzellen besondere Bedeutung. Darüber hinaus wurden mit diversen HIV-Varianten Neutralisationstests durchgeführt. Eine wichtige Aufgabe dieser Abteilung sind ferner die WHO- und EG-Projekte, die der Viruskultur bedürfen sowie virologische Begleituntersuchungen zu Therapiestudien bei HIV-Infizierten.

Im Rahmen der internationalen Aids-Forschung spielt das Georg-Speyer-Haus mit mehreren Projekten eine zentrale Rolle. In einem seit 1989 von der EG finanzierten Projekt «Europäisches Zentrallabor zur genetischen Analyse von HIV» können Wissenschaftler aus ganz Europa entweder das Sequenzieren von Virusgenen am Georg-Speyer-Haus erlernen oder durchführen lassen. Im Rahmen des WHO-Netzwerks zur molekularen Epidemiologie von HIV wurden seit 1991 in Brasilien, Ruanda, Thailand und Uganda infizierte Proben gesammelt und zentral am Georg-Speyer-Haus kultiviert. Die anschließende Analyse der Viruskulturen erfolgte teilweise im Georg-Speyer-Haus und in anderen europäischen und nordamerikanischen Labors. In den Folgejahren wurden weitere Länder in die Überwachung aufgenommen. Die WHO will mit diesem Projekt in einigen Jahren – ähnlich wie bei der Influenzaüberwachung – verbindliche Aussagen zur Epidemiologie der HIV-Varianten machen, um eine verläßliche Grundlage für die Impfstoffentwicklung zu haben. 1993 wurde mit einer ganz ähnlichen Zielsetzung wie im WHO-Netzwerk auch eine europäische Kooperation zur HIV-Typisierung begonnen. Auch hier hatte das Georg-Speyer-Haus die Zentralfunktion der Kultivierung der Viren übernommen.

Göttingen

Abteilung für Virologie und Immunologie des Deutschen Primatenzentrums

Die DFG setzte 1967 eine Senatskommission für Primatenforschung ein. Ihr wurde zur Aufgabe gemacht, die Planung eines Deutschen Primatenzentrums auszuarbeiten und seine Gründung vorzubereiten. Sie war interdisziplinär zusammengesetzt. Von vielen naturwissenschaftlichen und medizinischen Fachrichtungen war die Notwendigkeit der Forschung an und mit Primaten erkannt worden. In mehreren forschungsintensiven Ländern, besonders in den USA, waren derartige Zentren gegründet worden und leisteten erfolgreiche Arbeit. Die Senatskommission beauftragte Hans-Jürg Kuhn, der im Ausland bereits weitreichende Erfahrungen in der Primatenforschung erworben hatte, mit der Erarbeitung einer Denkschrift, die als Grundlage für die Errichtung eines Deutschen Primatenzentrums dienen sollte. Sie erschien 1970 und beschrieb folgende «Allgemeine Konzeption»:

Das Primatenzentrum soll ein Forschungsinstitut sein, welches die Voraussetzungen für einen effektiven und rationellen Einsatz von Primaten als Versuchstieren in der Biomedizin gewährleistet, und zwar sowohl durch die Arbeit seines ständigen wissenschaftlichen Stabes selbst als auch durch die Bereitstellung bestmöglicher Arbeitsbedingungen für Gastforscher.

Für diese Aufgaben erscheint für die ersten Jahre die Einrichtung von sieben Abteilungen zweckmäßig:

1. Züchtung und Haltung.
2. Morphologie und Systematik.
3. Physiologie und Biochemie.
4. Pathologie, Bakteriologie und Parasitologie.
5. Virologie und Gewebezüchtung.
6. Elektronenmikroskopie.
7. Quarantäne.

Es war also von Anfang der Bedeutung der Virusforschung an und mit Primaten Rechnung getragen worden. Die Abteilung für Virologie wurde daher mit angemessenen und für die virologischen Arbeiten spezifisch eingerichteten Laborräumen geplant und apparativ gut ausgestattet. Seinen Standort fand das Deutsche Primatenzentrum schließlich nach mehreren Alternativüberlegungen und vielseitigen Schwierigkeiten in Göttingen.

An die im Primatenzentrum etablierte Abteilung für Virologie und Immunologie wurde 1983 Gerhard Hunsmann berufen. Er war nach Medizinstudium und Promotion in Würzburg 1971 an das Max-Planck-Institut für Virusforschung zu Werner Schäfer nach Tübingen gegangen. Dort begann er, im Forschungsprogramm des Instituts mit Retroviren von Säugetieren und insbesondere über deren Strukturproteine zu arbeiten. 1975 übernahm er eine Arbeitsgruppe für Tumorvirologie am Max-Planck-Institut für Immunbiologie in Freiburg. Später arbeitete er am Institut für Immunbiologie der Universität Freiburg. Dort führte er seine Arbeiten über Retroviren fort und bezog noch die neuentdeckten Retroviren des Menschen, wie HIV, in Zusammenarbeit mit Yorio Hinuma in Kyoto in sein Arbeitsprogramm ein. 1977 habilitierte sich Hunsmann an der Medizinischen Fakultät in Freiburg für Virologie und Immunologie. 1984 erfolgte die Ernennung zum Außerplanmäßigen Professor in Freiburg, 1986 Umhabilitierung an die Universität Göttingen, 1986 Ruf an die New Mexico State University als Research Professor and Head of the Department of Virology am Primate Research Institute, 1987 Adjunct Professor

Gerhard Hunsmann.

der New Mexico State University, 1988 Berufung zum Universitätsprofessor an die Medizinische Hochschule Hannover.

In Göttingen begann er mit seinen umfangreichen Arbeiten über das schon zu dieser Zeit zu einem virologisch-klinisch hochaktuellen Problem gewordene HIV, insbesondere über seine Proteinstruktur und über die Seroepidemiologie von HIV-Infektionen. Durch radioaktive Markierung und Immunpräzipitation mit positiven Seren entdeckte er das Hauptglykoprotein sowie eine Reihe von weiteren Strukturpolypeptiden des HIV. Zur besseren Erfassung des Verlaufs der HIV-Epidemie in Deutschland schlug er eine zentrale Auswertung der Antikörpertests vor, die heute als Labormeldepflicht eingeführt ist.

In internationaler Zusammenarbeit mit anderen Primatenforschungsinstituten bemüht er sich um die Entwicklung eines relevanten Tiermodells für Aids, das dem besseren Verständnis der Virusübertragung und Pathogenese und auch der Entwicklung von therapeutischen und immunpräventiven Ansätzen dienen soll. Es konnte gezeigt werden, daß eine Reihe von Affenimmundefizienzviren Rhesusaffen infizieren können und nach entsprechender Latenz Symptome hervorrufen, die dem Krankheitsstadium der Lymphadenopathie im Menschen entsprechen.

Seit 1986 besteht eine intensive Zusammenarbeit mit dem Primate Research Institute der New Mexico State University in den USA. Anfang 1988 wurde Hunsmann von der EG beauftragt, eine konzentrierte Aktion zum Aufbau von Aids-Tiermodellen in Europa zu leiten.

Hamburg

Bernhard-Nocht-Institut für Tropenmedizin

Das heutige Bernhard-Nocht-Institut für Tropenmedizin wurde 1900 von Bernhard Nocht als Institut für Schiffs- und Tropenkrankheiten gegründet. Nocht hatte bei der Kaiserlichen Marine gedient und war von 1887 bis 1890 Assistent bei Robert Koch in Berlin. 1892 wurde er Hafenarzt in Hamburg und übernahm die Überwachung der Hafen- und Schiffshygiene. Aus dieser Tätigkeit heraus gründete er das Institut.

Am Anfang des Jahrhunderts arbeitete am Institut der brasilianische Wissenschaftler Henrique da Rocha-Lima, der vom Instituto Biológico in São Paulo kam. Er erhielt zusammen mit Shibasaburo Kitasato aus Tokio als erster ausländischer Wissenschaftler in Preußen den Titel eines Professors. Henrique da Rocha-Lima wurde in Rio de Janeiro geboren und hatte bei Oswaldo Cruz gelernt, dem großen brasilianischen Mikrobiologen, der Ende des Jahrhunderts am Pasteur-Institut in Paris gearbeitet hatte. Später war da Rocha-Lima Direktor des Instituto Biológico in São Paulo. Heute trägt das Institut für Virologie am Instituto Oswaldo Cruz in Rio de Janeiro seinen Namen.

Im Kriegsjahr 1917 wurde Henrique da Rocha-Lima an die Kriegslazarette nach Warschau zur Aufklärung des Fleckfiebererregers geschickt. Dort traf er als Mikrobiologe auf den Internisten Fritz Munk, der von der Medizinischen Universitätsklinik der Charité in Berlin dorthin gesandt worden war und die klinische Abteilung leitete. Von den Fleckfieberkranken dieser Abteilung und den infizierten Läusen, mit denen diese Patienten behaftet waren, gelang da Rocha-Lima 1917 der Nachweis und damit die Entdeckung des Erregers des Fleckfiebers – zunächst aus den Läusen –, den er den Rickettsien zuordnete und *Rickettsia Prowazeki* nannte.

Stanislaus Edler von Lanow Prowazek wurde in Böhmen geboren, hatte in Prag studiert und in Wien zum Dr. phil. promoviert. Er wurde 1907 als Nachfolger von Fritz Richard Schaudinn Leiter der Zoologischen Abteilung des Bernhard-Nocht-Instituts in Hamburg. Die Jahre von 1908 bis 1910 verbrachte er am Instituto Oswaldo Cruz in Rio de Janeiro. Da Rocha-Lima und Prowazek kannten sich also. 1915 arbeitete Prowazek als Mikrobiologe in einem Kriegsgefangenenlager in Cottbus. Dort infizierte er sich und starb am Fleckfieber. Zu seinem Gedenken fügte da Rocha-Lima dem Namen des Erregers dieser Krankheit Prowazeks Namen hinzu. Hier muß daran erinnert werden, daß auch Howard Taylor Ricketts sich 1910 bei seinen Untersuchungen an Fleckfiebererkrankten während einer Epidemie in Montana infizierte und daran starb. Ricketts hatte damals entdeckt, daß der Erreger der Krankheit, den er allerdings noch nicht kannte, durch die Kleiderlaus übertragen wird. Henrique da Rocha-Lima war es wiederum, der dieser ganzen Erregergruppe, für deren Erkennung Ricketts durch seine früheren Arbeiten über das «Rocky Mountain spotted fever» die wichtigsten Grundlagen geschaffen hatte, 1916 zu seinem Gedenken den Namen «Rickettsia» gab.

Am Bernhard-Nocht-Institut wurde die virologische Forschung 1930 von Ernst Nauck übernommen, als er Leiter der Abteilung für Pathologische Anatomie wurde. Er baute sogar schon ein Gewebekulturlabor auf und arbeitete zusammen mit Enrique Paschen von der Staatlichen Impfanstalt in Hamburg über die Einschlußkörperchen bei Quaderviren. Von ihnen stammen mehrere Arbeiten aus den 30er Jahren über die Anzüchtung des Pockenvirus in der Gewebekultur.

Im Jahr 1947 begann Dietrich Peters seine Tätigkeit an der Abteilung für Pathologische Anatomie, die in diesem Jahr ein Elektronenmikroskop erhielt. Das bestimmte im wesentlichen das Arbeitsprogramm von Peters, der sich gleichfalls mit dem Vacciniavirus beschäftigte. Zu dieser Zeit arbeitete auch Reinhard Wigand, später in Homburg, an dieser Abteilung.

Die Abteilung wurde 1953 zur Abteilung für Virusforschung umgewandelt. Dietrich Peters wurde ihr Abteilungsdirektor. In den folgenden Jahren, in denen Peters die neu aufkommende Ultradünnschnitttechnik für die Elektronenmikroskopie mit enzymatischen Methoden kombinierte, konnte er erstmals die morphologische Zuordnung von DNA und Protein zu den Strukturen des Vacciniavirus zeigen. Ein erster Einsatz des Elektronenmikroskops in der Varioladiagnostik erfolgte 1957 unter Mitarbeit von Godske Nielsen. In der Folgezeit wurden zum Ausbau der diagnostischen Techniken Sicherheitslaboratorien eingebaut, die sich bei der Diagnostik eingeschleppter Pockenfälle bewährten. Die Abteilung wurde Referenzlabor und erhielt die WHO-Lizenz zum Halten von Variolastämmen. Bei den Arbeiten mit dem Gelbfiebervirus gelang Nielsen 1960 die elektronenmikroskopische Darstellung des Virions und die Darstellung der infektiösen RNA.

Elektronenoptische und radiochemische Studien über die Wechselwirkung von Vacciniavirus und Leukozyten sowie Makrophagen folgten 1963–1965. Zur gleichen Zeit wurde eine Einheit für die Arbovirusdiagnose am Institut aufgebaut. Einen wichtigen Beitrag zur Aufklärung des Marburg-Virus leisteten Peters, Nielsen und Müller mit der morphologischen Darstellung des Virions.

Im Bereich der Tropenmedizin nahm die Abteilung 1973 wisenschaftliche Beziehungen mit dem Instituto Evandro Chagas in Belem, Amazonien, mit Arbeiten über das Oropouchevirus auf, die sich auch auf Feldversuche durch Nielsen und beidseitigen Wissenschaftleraustausch bis 1982 erstreckten. In den Jahren 1974–1976 beschäftigte sich die Abteilung mit morphologischen, diagnostischen und epidemiologischen Studien über das Lassa- und Ebola-/Maridivirus. Dietrich Peters wurde 1978 pensioniert. Er starb 1990.

Sein Nachfolger wurde Herbert Schmitz. Zu seinem Forschungsgebiet gehören die Viren der Hantagruppe und die Erweiterung der Aids-Diagnostik.

Hannover

Staatliches Medizinaluntersuchungsamt

An der Entwicklung des Fachgebiets Virologie haben die Medizinaluntersuchungsämter einen hohen Anteil. Sie haben in der virologischen Laboratoriumsdiagnostik und Epidemiologie die klinisch-virologischen Arbeiten in den Universitäts- und Forschungsinstituten immer ergänzt.

Zu den Medizinaluntersuchungsämtern, die sehr früh, schon zur Zeit der Einführung der Poliomyelitisimpfstoffe, virusdiagnostisch und vor allem epidemiologisch arbeiteten, gehörte das Staatliche Medizinaluntersuchungsamt in Hannover unter der damaligen Leitung von Rudolf Wohlrab und seinem langjährigen Mitarbeiter Walter Höpken. Darum sei hier nur auf dieses Institut näher eingegangen.

Entstehung und Aufbau der Abteilung für Virologie verdankt das Institut der finanziellen Unterstützung der Deutschen Vereinigung zur Bekämpfung der Kinderlähmung. Sie übernahm 1956, ihren satzungsgemäßen Zielen folgend, die Personal- und Sachkostenmittel für die virologisch-diagnostischen und epidemiologischen Programme des Untersuchungsamts. Hinzu kam noch die Fertigstellung eines Laborneubaus, der die technischen Voraussetzungen für das Arbeiten mit infektiösen Materialien bot.

Am 1. Oktober 1956 konnte die Arbeit dieser neuen Abteilung für Virusisolierungen und Antikörperbestimmungen mit dem Neutralisationstest auf primären Affennierenzellen beginnen. Es wurden die ersten Poliovirusstämme von Kinderlähmungspatienten und Coxsackievirusstämme von Patienten mit Meningitis isoliert.

Man muß sich heute daran erinnern, daß sich die virologische Laboratoriumsdiagnostik in den damaligen Jahren noch ganz im Experimentierstadium befand. Zur Illustration dessen sei hier ein Bericht von Wohlrab und Höpken aus der Zeitschrift «Die Medizinische» vom Februar 1957 zitiert:

«In den letzten Jahren konnten immer wieder Seuchenzüge von Viruserkrankungen mit hohen Befallzahlen im Frühjahr, Sommer und Herbst beobachtet werden. Es ist notwendig, die virologisch ganz gut abgrenzbare Coxsackie-Infektion als eigenes Krankheitsbild vor allem vom praktischen Arzt und für den praktischen Arzt darzustellen. Vorläufig ist nur die Polio als gefährlich bekannt. Das muß aber nicht so bleiben! Einzelne schwere Erkrankungen mit dem Epidemievirus F5/56, darunter ein heftiger Laborinfekt, weisen wie der Laborinfekt in Düsseldorf auch bei uns auf die künftigen Möglichkeiten des Genius epidemicus hin. Es ist ein dringendes Gebot, den einzelnen Viruslaboratorien zu Hilfe zu kommen und sie personell und finanziell so auszustatten, daß sie erfolgreich arbeiten können. Die Virologie ist heute offensichtlich in der Lage, das dem Kliniker dunkle Feld der Ätiologie der abakteriellen Meningitis und darüber hinaus der sogenannten Sommergrippen und anderer Virusseuchenzüge aufzuklären, und das sogar so schnell, daß es von unmittelbar klinischem Interesse sein kann. Die Voraussetzung ist allerdings, daß gutausgerüstete Viruslaboratorien zur Verfügung stehen, die in den bakteriologischen Instituten ihr eigenes Feld beanspruchen müssen...»

Es war damals eine dringende Voraussetzung, für den richtigen Einsatz der in Aussicht stehenden Polioschutzimpfungen auch in der Bundesrepublik Deutschland die Epidemiologie der Poliomyelitis zu erfassen. So begann das Medizinaluntersuchungsamt 1956 die Antikörperbestimmungen gegen die drei Poliovirustypen mit dem Neutralisationstest bei den verschiedenen jugendlichen Altersstufen vorzunehmen. Sie ergaben, daß Kinder im Alter von 10 Jahren bereits zu 40% Antikörper aufwiesen. Derartige Untersuchungen wurden zu jener Zeit in mehreren Viruslaboratorien der Bundesrepublik Deutschland mit Unterstützung der Deutschen Vereinigung zur Bekämpfung der Kinderlähmung durchgeführt, wie sie auch in den Ergebnissen des Viruslabors der Friedrich-Baur-Stiftung in München beschrieben wurden. Sie zeigten ein recht einheitliches Bild der inapparenten Infektionslage und der latenten Immunisierung bei Jugendlichen in diesem Lande.

Bis 1967 gab es keine gemeinsame Übersicht über die Ergebnisse der Diagnostik und Epidemiologie der Viruskrankheiten aus den Medizinaluntersuchungsämtern und Hygieneinstituten in der Bundesrepublik Deutschland. Darum ergriffen Walter Höpken, Karl Wilhelm Knocke und Hildegard Willers die Initiative und begannen, ab 1967 regelmäßig Quartalsberichte über die Epidemielage zu sammeln und regelmäßig im «Zentralblatt für Bakteriologie» zu veröffentlichen. Zunächst beteiligten sich daran neben den schon Genannten noch Hild Lennartz, Hamburg, J. Esser, Saarbrücken, und Gisela Enders-Ruckle, Stuttgart. Später nahmen dann 30 Institute an dieser Aktion teil, die wiederum von der Deutschen Vereinigung zur Bekämpfung der Kinderlähmung finanziell unterstützt wurde.

Die Labordiagnostik der Influenzaviren mit Virusisolierungen und Antikörperbestimmungen begann im Institut 1957, rechtzeitig zum Beginn der damaligen schweren Influenzapandemie. Sie wurde dann auf Adenoviren, Parainfluenza- und «Respiratory-syncytial»-Viren erweitert.

Die WHO in Genf hatte bis 1968 keine Daten über die Epidemielage der Influenza A und B in Deutschland. Auf deren Anfrage übernahm das Medizinaluntersuchungsamt in Hannover daraufhin die Aufgabe eines Influenzareferenzlaboratoriums für Niedersachsen und füllte damit diese Lücke.

Nach der Entdeckung des Hepatitis-B-Virus schon Mitte der 60er Jahre standen im Institut die Testmethoden zur Verfügung und führten in der 1972 begonnenen Hannover-Studie zu neuen Erkenntnissen der Epidemiologie der Hepatitis B, A und Non-A-non-B, über deren Ergebnisse Walter Höpken und Hildegard Willers 1978 im «Bundesgesundheitsblatt» berichteten.

Koblenz

Abteilung Virologie im Ernst-Rodenwaldt-Institut des Zentralen Instituts des Sanitätsdienstes der Bundeswehr

Das Hygienisch-medizinische Institut der Bundeswehr in Koblenz wurde 1958 gegründet. Nach einer Umstrukturierung erhielt es seine heutige Bezeichnung: Zentrales Institut des Sanitätsdienstes der Bundeswehr. Der Inspekteur des Sanitäts- und Gesundheitswesens der Bundeswehr verlieh dem Institut im Jahre 1967 den zusätzlichen Namen «Ernst-Rodenwaldt-Institut». Damit sollte dem 1965 verstorbenen Hygieniker und Tropenmediziner Ernst Rodenwaldt ein Denkmal gesetzt werden. Mit seinem Namen soll der Verpflichtung und Tradition Ausdruck gegeben werden, in die sich das Institut auf den Gebieten der Mikrobiologie, Hygiene und Tropenmedizin eingebunden sieht. Leiter des Instituts ist Dirck Sobe, der einen Teil seines beruflichen Werdegangs am Hygieneinstitut in Heidelberg verbracht hat.

Das Ernst-Rodenwaldt-Institut erhielt 1964 eine Virologieabteilung. Ihre Hauptaufgabe gilt der medizinisch-virologischen Laboratoriumsdiagnostik und der Bearbeitung wehrmedizinischer Forschungsprojekte. Die Abteilung wurde von Anfang an personell und räumlich gut ausgestattet. Zu ihr gehörten jeweils 3–4 Ärzte, bis zu 7 Medizinisch-technische Assistentinnen und weiteres Labor- und Verwaltungspersonal. Sie konnte über Laborräume im Quarantänebereich, Zellkultur- und serologische Laboratorien sowie eine eigene Spülküche verfügen. Die apparative Ausstattung ermöglicht heute die Anwendung aller präparativen und analytischen Arbeiten der experimentellen Virologie.

Der damalige Sanitätsinspekteur ernannte Erich Schäfer zum ersten Leiter der Abteilung. Er kam aus dem Max-von-Pettenkofer-Institut in München, wo er seit 1962 die Virologielaboratorien geleitet hatte. Schäfer hatte Medizin studiert und 1952 in Heidelberg promoviert. Seine wissenschaftliche Ausbildung erhielt er während seiner Assistentenzeit von 1954 bis 1958 am Hygieneinstitut in Heidelberg bei Horst Habs, dem er 1958 nach Bonn folgte, als dieser den dortigen Lehrstuhl für Hygiene übernahm. Schäfer leitete die serologischen und virologischen Laboratorien dieses Instituts.

Im Ernst-Rodenwaldt-Institut begann sich Erich Schäfer mit der Verbesserung von Methoden zum Nachweis von Viren in Binnengewässern zu befassen. Dies war eine dringende seuchenhygienische Forderung in einer Zeit, als die Abwässer noch nicht ausreichend gereinigt in Flüsse und Seen eingeleitet wurden, aus denen wiederum Trinkwasser entnommen werden mußte. Damals war auch bekannt geworden und labordiagnostisch bewiesen, daß in Abwässerausflüssen bewohnter Gebiete Enteroviren nachgewiesen werden können. Schäfer entwickelte Anreicherungsverfahren zum Virusnachweis aus großen Wassermengen.

In der diagnostischen Virologie machte sich die Abteilung vor allem auf den Gebieten der

Erich Schäfer.

enteroviralen Infektionen und tropischen Viruskrankheiten einen Namen. Unter Schäfers Leitung wurde 1971 eine Gelbfieberimpfstelle eingerichtet, die für den Gesamtbereich der Bundeswehr zuständig war und darüber hinaus auch der Zivilbevölkerung des Einzugsgebiets zur Verfügung gestellt wurde. Die Unterstützung des zivilen Bereichs durch das Institut hatte Tradition. So stand die Virologieabteilung, die über ein Elektronenmikroskop verfügen konnte, auch zur Zeit der früheren Pockenverdachtsfälle den zivilen Gesundheitsbehörden im Alarmfall hilfreich zu Seite.

Als Erich Schäfer 1981 im Rang eines Oberstarztes in den Ruhestand ging, wurde die Abteilung Virologie mit den Abteilungen für Bakteriologie, Elektronenmikroskopie und Experimentelle Mikrobiologie zum Fachbereich Medizinische Mikrobiologie zusammengefaßt. Innerhalb des Fachbereichs lebte jedoch die Virologie als eigenständige Teileinheit fort. Sie wurde um das Gesamtgebiet der Infektionsserologie ergänzt, was eine erhebliche Erweiterung der Räumlichkeiten und Personalzuwachs zur Folge hatte. Zum Leiter des Fachbereichs Medizinische Mikrobiologie und seiner virologischen Teileinheit wurde 1991 Lothar Zöller ernannt.

Zöller arbeitete schon während seiner Dissertation in der Virusforschung unter Anleitung von Gholamreza Darai am Institut für Medizinische Virologie der Universität Heidelberg und promovierte 1981 an der Heidelberger Fakultät, wie sein Vorgänger Erich Schäfer. Anschließend wurde er Assistent an der Virologischen Abteilung des Ernst-Rodenwaldt-Instituts und begann sich dort für die Hantaviren zu interessieren, die als Erreger des hämorrhagischen Fiebers mit renalem Syndrom bzw. der Feldnephritis eine erhebliche medizinische und wehrmedizinische Relevanz besitzen. Von 1987 bis 1991 war Zöller als wissenschaftlicher Assistent am Hygieneinstitut der Universität in Heidelberg tätig. Neben seiner Weiterbildung in der Medizinischen Mikrobiologie arbeitete er wissenschaftlich mit Gholamreza Darai am Institut für Medizinische Virologie zusammen, wiederum über Hantaviren, im Detail an der molekularbiologischen Charakterisierung des in Europa vorkommenden Puumalaserotyps. Die Arbeiten führten zur Entwicklung eines heute weltweit eingesetzten Testverfahrens für die Diagnostik der Hantavirusinfektionen, bei dem rekombinante Nukleokapsidproteine zweier Serotypen als Antigene eingesetzt werden. Die epidemiologischen und diagnostischen Anwendungen des Tests belegen die Endemizität und relativ hohe Inzidenz des hämorrhagischen Fiebers mit renalem Syndrom in Deutschland. Das Forschungsprogramm über Hantaviren steht folglich unter Zöllers wissenschaftlicher Leitung auch im Mittelpunkt der Forschungstätigkeit der virologischen Teileinheit des Ernst-Rodenwaldt-Instituts, die mit allen molekularbiologischen Techniken, wie einem Genlabor, für diese Arbeiten ausgerüstet ist.

Von links: Erich Wernicke, Robert Koch, Emil von Behring.

Marburg

Behringwerke

Emil Behring (geadelt 1901) wurde 1895 auf den Lehrstuhl für Hygiene an der Philipps-Universität in Marburg berufen und zum Direktor des Hygieneinstituts ernannt. Das Institut erhielt 1899 die Bezeichnung Institut für Hygiene und Experimentelle Therapie.

Im Jahre 1904 gründete Behring eine private Forschungs- und Produktionsstätte für Sera und Impfstoffe – die Behringwerke. Die Mittel aus seinem 1901 erhaltenen Nobelpreis und seine schon zur damaligen Zeit begonnene Zusammenarbeit mit den Farbwerken Höchst boten ihm die finanzielle Grundlage für dieses Vorhaben. Darin suchte er mehr Freiraum für seine eigenen Forschungsarbeiten. Dennoch nahm er seine Aufgaben am Universitätsinstitut sehr ernst, besonders seine Vorlesungen, die er seit 1898 stets unter dem Titel «Ätiologie und experimentelle Therapie der Infektionskrankheiten» ankündigte. Wenn er wegen seiner vielseitigen Arbeiten zu wenig Zeit für das Universitätsinstitut hatte, vertrat ihn dort Erich Wernicke, mit dem er schon bei Robert Koch zusammengearbeitet hatte.

Stand und Themen der Virusforschung in den Behringwerken dokumentieren sich deutlich in dem historischen Heft 9 vom September 1938 der von Emil von Behring gegründeten «Behringwerk-Mitteilungen», das der 95. Versammlung Deutscher Naturforscher und Ärzte in Stuttgart 1938 gewidment war. Es hatte den Titel «Untersuchungen und Erkenntnisse auf dem Gebiet der Virusforschung». Es zeigt mit den Titeln seiner wissenschaftlichen Beiträge auf, mit welchen virologischen Themen man sich in den Behringwerken auf dem Gebiet der Human- und Tiermedizin Ende der 30er Jahre befaßte. Aus dem Inhaltsverzeichnis seien hier einige der wichtigsten Titel genannt: So schrieben Richard Bieling und Lilly Oelrichs in drei Beiträgen über Grippevirusinfektions- und -schutzversuche an der Maus, über Versuche zur Züchtung von Vacciniavirus auf Eiern vorbehandelter Hühner und über Beobachtungen bei der Züchtung von Geflügelpockenvirus auf dem bebrüteten Hühnerei.

Aus dem Behringinstitut in Buenos Aires berichtete Georg Wenckebach über histologische Veränderungen der Chorioallantoismembran von Hühnerembryonen bei der Züchtung von Masernvirus. Ebenfalls aus dem Auslandsinstitut der Behringwerke in Argentinien stammte ein Beitrag von Walter Menk, dem späteren Vorsteher der Klinischen Abteilung des Bernhard-Nocht-Instituts in Hamburg, über die seuchenhafte Enzephalomyelitis der Pferde in Amerika.

Wilhelm Geiger und Kurt Dräger schrieben über die Myxomatose beim Hauskaninchen und deutschen Wildkaninchen.

Über Schutzimpfversuche gegen die Staupe der Silberfüchse handelt ein Beitrag von Wilhelm Geiger aus dem Behringinstitut in Eystrup an der Weser, und Adolph Hempt stellt umfassend die nach ihm benannte und teilweise in den Behringwerken entwickelte Tollwutvakzine dar, mit dem Titel: «Über eine karbolisierte antirabische Aether-Vaccine und ihren Schutzwert bei Mensch und Tier».

Aus dem Vorwort des Heftes seien folgende Abschnitte zitiert:

«Wenn auch über die Aetiologie vieler als Virus-Krankheit anzusprechender Krankheitsbilder noch Unklarheit besteht und noch keine endgültige Definition des Begriffes 'Virus' vorliegt, so sind doch bereits praktische Ergebnisse erarbeitet worden, die eine bedeutende Bereicherung des therapeutischen und prophylaktischen ärztlichen Rüstzeuges vornehmlich in der Tiermedizin darstellen.

Die Behringwerke haben sich, aufbauend auf ihrer großen serobakteriologischen Tradition sowohl in der Human- als auch in der Veterinär-Medizin im Sinne ihres Begründers, Emil von Behring, bereits seit langer Zeit der Virus-Forschung zugewendet und in experimenteller und praktischer Arbeit ihren Teil bei der Auffindung von Heilmitteln gegen Virus-Krankheiten beigetragen.

Das vorliegende Heft der 'Behringwerk-Mitteilungen' enthält keine zusammenfassenden Abhandlungen über die Virus-Frage, es will vielmehr durch Veröffentlichung von abgeschlossenen Einzelarbeiten über die in den verschiedenen Instituten der Behringwerke im In- und Auslande erarbeiteten Erkenntnisse und Ergebnisse berichten.»

Der Tollwutimpfstoff war die einzige Vakzine, die in den Behringwerken hergestellt wurde, als Richard Haas 1937 seine Tätigkeit in Marburg aufnahm, genau gesagt in dem den Behringwerken angegliederten Institut für Experimentelle Therapie Emil von Behring, das Hans Schmidt leitete. Bis zur kriegsbedingten Unterbrechung befaßte er sich damals allerdings vorwiegend mit Tetanus- und Diphtherieantitoxinen.

Unmittelbar nach dem Zweiten Weltkrieg wurden in den Behringwerken Arbeiten zur Entwicklung einer Maul-und-Klauenseuche-Vakzine aufgenommen. Da man voraussehen konnte, daß die frühere alleinige deutsche Herstellungs-

Kurt Dräger.

stätte auf der Insel Riems, die auf dem Gebiet der sowjetischen Besatzungszone lag, für die Impfstofflieferungen in die westlichen Besatzungszonen ausfallen würde, errichteten die Behringwerke 1947 auf dem isolierten Nordteil ihres Werksgeländes eine für die Impfstoffproduktion geeignete Anlage, in der einige von Riems übersiedelte Virologen, vor allen Erich Traub, mit der Produktion des Maul-und-Klauenseuche-Impfstoffs begannen.

In der Folgezeit wurden unter der Leitung von Kurt Dräger zahlreiche Virusimpfstoffe für Pferde, Hunde und Katzen entwickelt.

Richard Haas kehrte nach dem Krieg wieder an die Behringwerke zurück und baute anfangs der 50er Jahre mit der Etablierung der Gewebekulturtechnik eine moderne Virusforschung auf. Er begann mit der Anzüchtung von primären Affennierenzellen, die er für die beginnende Impfstoffproduktion brauchte und damals auch anderen Viruslaboratorien zur Verfügung stellte. Damit unterstützte er ganz wesentlich die Anfänge der Virusarbeiten in den ersten Virusdiagnostiklaboratorien der Bundesrepublik, eine nicht zu unterschätzende Leistung für die Klinische Virologie in jenen Jahren.

Als sich die Aufgabe der Poliomyelitisimpfstoffproduktion für die Behringwerke abzeichnete, konnte Richard Haas ein großes neues Laborgebäude, den «Poliobau», auf dem Werksgelände errichten. Hier begann er mit der Entwicklung des Polioimpfstoffs, in der er so erfolgreich war. Alles war damals experimentelles Neuland und auch in den labortechnischen Ausrüstungen oft vom persönlichen Erfindergeist abhängig.

Anfang der 50er Jahre entwickelte und produzierte Haas in den Behringwerken den Polioimpfstoff nach Salk, dem er zur Verstärkung der Immunisierungswirkung noch Aluminiumhydroxid zufügte. Er ging dabei mit so großer Sorgfalt vor, daß er allen Kriterien standhielt. Darum kam es in der Bundesrepublik Deutschland nicht zu einem Unfall ähnlich dem Cutter-Unglück in den USA. Dort war es unter anderem wegen ungenauer Berechnung der Inaktivierungszeiten des Virus zu Resten von aktivem infektiösem Virus noch in den Impfstoffchargen gekommen, so daß nach der Impfung Erkrankungsfälle auftraten. Richard Haas hatte von Anfang an die Zeit der Formolinaktivierung nach seinen eigenen experimentellen Prüfungen und Ergebnissen bemessen und angewendet. Er folgte dem Satz von Kant: «Habe den Mut, dich deines eigenen Verstandes zu bedienen.» Das war damals nicht leicht, in einer Zeit, in der alle glaubten, sich nur an die amerikanischen Vorgaben und Richtlinien halten zu müssen. Die laufenden Impfstoffchargen wurden nach Gesetz vom Paul-Ehrlich-Institut auf ihre Sicherheit geprüft, was dort anfangs auf technische Schwierigkeiten stieß, aber wiederum durch vielseitige Initiative von Haas selbst überwunden werden konnte. Die ersten Impflinge, die mit dem in den Behringwerken produzierten Polioimpfstoff geimpft wurden, waren die eigenen Kinder von Richard Haas. Zeugen dieser Impfungen durch den Impfarzt Heinz-Wolfgang Hertel waren neben dem Vater der Impflinge der Freiburger Kinderkliniker Walter Keller, der Hamburger

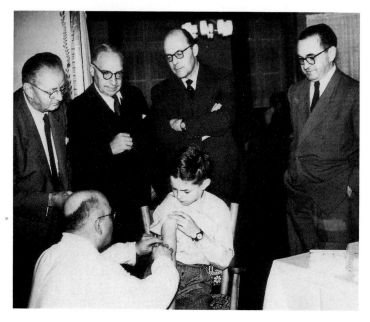

Erste Poliomyelitisimpfung mit dem Salk-Impfstoff der Behringwerke. Impfling Wolfgang Haas, Sohn von Richard Haas, Impfarzt Heinz-Wolfgang Hertel, Behringwerke. Hintere Reihe von links: Walter Keller, Freiburg, Heinrich Pette, Hamburg, Hans von Behring, Marburg, Richard Haas, Marburg.

Neurologe Heinrich Pette und der Sohn Emil von Behrings, Hans von Behring.

Nach diesem ersten Poliovirusimpfstoff wandten sich die Behringwerke der Entwicklung und Produktion weiterer Impfstoffe zu, wie dem Poliovirusimpfstoff mit abgewandeltem abgeschwächtem nichtneuropathogenem Virus nach Sabin. Dazu kam der Masernimpfstoff, der als Qintovirelon zusammen mit Impfstoffen gegen Polio nach Salk, Diphtherie, Keuchhusten und Wundstarrkrampf angewendet wurde. Später kam die Produktion des Influenzaimpfstoffs sowie die eines Impfstoffs gegen die Frühsommermeningoenzephalitis hinzu. Auch auf dem Gebiet der sich schnell entwickelnden virologischen Laboratoriumsdiagnostik begannen die Behringwerke mit der Produktion aktueller Diagnostikapräparate die labordiagnostisch-klinische Virologie stark zu unterstützen und zu fördern.

Zu dieser Zeit leitete Walter Hennessen die humanvirologische Abteilung. Richard Haas hatte 1955 den Lehrstuhl für Hygiene und das Institut für Hygiene in Freiburg übernommen. Hennessen war 1958 aus Düsseldorf nach Marburg gekommen. Er wurde 1970 in den Vorstand der Behringwerke berufen und war zuständig für Humanmedizin, klinische und virologische Forschung, medizinische Informatik und Gesundheitswesen. Aus gesundheitlichen Gründen schied er 1978 aus den Behringwerken aus, blieb seiner Wirkungsstätte aber weiterhin verbunden, auch als Herausgeber der allgemein bekannten und geschätzten «Gelben Hefte» der Behringwerke. 1990 verstarb er in der Schweiz.

Die Produktion einer breiten Palette viraler Impfstoffe und insbesondere die Entwicklung viraler Diagnostika wurde in den letzten Jahren intensiv weitergeführt. Die Behringwerke erhielten 1992 vom Regierungspräsidium Gießen die Genehmigung zur gentechnischen Produktion von Diagnostika. Sie setzten jetzt veränderte Bakterien und Hefezellen ein für die Herstellung von Reagenzien zur Labordiagnostik von Infek-

Walter Hennessen.

Peter Hans Hofschneider.

tionen mit den Hepatitis-, Herpes-, Röteln- sowie Zytomegalieviren und dem Pfeiffer-Drüsenfieber.

München

Abteilung für Virusforschung am Max-Planck-Institut für Biochemie, Martinsried

Als Adolf Butenandt im November 1953 den Ruf der Ludwig-Maximilians-Universität in München auf das Ordinariat für Physiologische Chemie erhielt, bekam er zugleich die Zusage der Bayerischen Staatsregierung, dem neu zu bauenden Physiologisch-chemischen Institut an der Goethestraße, in der Nähe der Universitätskliniken, einen gesonderten Bau für das Max-Planck-Institut anzugliedern. Das neue Institut wurde im September 1956 bezogen. Im Zuge dieses vorgesehenen Umzugs des Max-Planck-Instituts für Biochemie nach München war 1954 das Max-Planck-Institut für Virusforschung in Tübingen gegründet worden.

Eine Abteilung für Virusforschung wurde 1967 am Institut in München eingerichtet und Peter Hans Hofschneider zu ihrem Direktor ernannt. Er hatte in Heidelberg zum Dr. phil. und in Tübingen zum Dr. med. promoviert. Nach 2jähriger klinischer Tätigkeit in Zürich und Freiburg trat er 1957 als Assistent in das Max-Planck-Institut für Biochemie in München ein. Nach einem längeren Gastwissenschaftleraufenthalt im Laboratoire de Biophysique in Genf habilitierte er sich in München für Physiologische Chemie. Er ist Mitherausgeber mehrerer fachwissenschaftlicher Zeitschriften und hat zahlreiche Ehrenämter inne. 1980–1985 war er Geschäftsführender Direktor des Max-Planck-Instituts für Biochemie in Martinsried.

Aus der Innenstadtsituation an der Goethestraße in München zog das Institut in das freie Baugebiet nach Martinsried um, wo ein moderner Institutsgebäudekomplex errichtet wurde, der am 23. März 1973, dem Vortage des 70. Geburtstags von Adolf Butenandt, durch Feodor Lynen eingeweiht wurde.

Schon an der Goethestraße, aber mit voller Entfaltungsmöglichkeit im Martinsrieder Institut konnte Peter Hans Hofschneider eine Arbeitsgruppe aufbauen, die sich dann zu einer Abteilung für Virusforschung entwickelte.

In seinen frühen Arbeiten in München befaßte sich Hofschneider zunächst mit den kleinen Bakteriophagen OX174 und wies die Infektiosität der ringförmigen einsträngigen DNA dieses Phagen nach. Mit anschließend selbst isolierten kleinen Phagen – RNA (M12) und DNA (M13) – wurden zahlreiche Studien zur RNA- und DNA-Replikation durchgeführt. So konnte in einer Auseinandersetzung mit Saul Spiegelman erstmals eine doppelsträngige RNA als replikative Intermediärform bei der Phagen-RNA-Replikation nachgewiesen werden. M13 als Modellsystem zur DNA-Replikation erlangte große Verbreitung und wurde auch von Arthur Kornberg, Palo Alto, California, übernommen. Sehr frühzeitig stellte sich die Abteilung auf die neuen Perspektiven ein, die sich aus der Gentechnologie ergaben. Der Abteilung sind drei wichtige methodische Entwicklungen zu verdanken: Zusammen mit Benno Müller-Hill vom Institut für Genetik in Köln gelang die Konstruktion der ersten M13-Klonierungs- und -Sequenzierungsmethoden, gemeinsam mit Eberhard Neumann die Elektroporation zum DNA-Transfer und schließlich die erste Demonstration eines liposomvermittelten Gentransfers. Der Einsatz der Gentechnologie ermöglichte es der Abteilung, sich Mitte der 70er Jahre klinisch relevanten Fragen der Virologie und Zellbiologie zuzuwenden. Ein weiterhin bestimmendes Thema waren dabei nach wie vor persistierende Virusinfektionen des Menschen.

Nach Klonierung der Hepatitis-B-Virus-DNA wurde die Hepatitis-B-Virus-assoziierte Leberzellonkogenese untersucht, mit dem Ergebnis des Nachweises von zwei Hepatitis-B-Virus-spezifischen Transaktivatorsequenzen (HBx und HBst) im Genom transformierter Hepatozyten. Wenigstens eine der Transaktivatorsequenzen fand sich bei weitaus den meisten der untersuchten Leberkarzinome. Sie aktivieren Signaltransduktionswege in der Zelle, die auch in der chemischen Karzinogenese eine Rolle spielen (Proteinkinase-C-Aktivierung durch Phorbolester). Zusammen mit der Hermann-und-Lilly-Schilling-Forschergruppe von Reinhard Kandolf wurde die virale Ätiologie und Pathogenese der dilativen Kardiomyopathie des Menschen entdeckt. Differentialdiagnostisch ließ sich bei einer großen Gruppe Erkrankter die Persistenz von Enteroviren, insbesondere von Coxsackievirus B3, nachweisen. Diese kommt durch eine Restriktion der Plus-Strang-RNA-Synthese des Virus zustande. Im Mausmodell ließ sich demonstrieren, daß die histologischen Defekte im Herzen mit der viralen Replikation, nicht aber mit immunologischen Entzündungsparametern korrelieren.

Therapeutische und diagnostische Konsequenzen aus den Arbeiten zu Hepatitis-B-Virus und Coxsackie-B3-Viren wurden in Zusammenarbeit mit mehreren Kliniken intensiv verfolgt. Begleitet wurden die Arbeiten von Wolfgang Neubert mit modellhaften Studien über die Persistenz von Sendaivirusinfektionen. Diese konzentrierten sich dann auf die Analyse des Replikationskomplexes des Virus, der aus RNA und drei Strukturproteinen (NP, P und L) besteht.

Aus den virologisch orientierten Arbeiten sind zwei zellbiologisch gelagerte Projekte hervorgegangen: Im Kaposi-Sarkom-Gewebe konnten sich weder HIV, HBV noch andere Viren nachweisen lassen. Es ergab sich aber der Befund, daß das Kaposi-Sarkom keinen monoklonalen Tumor darstellt, sondern vielmehr histologisch besser als reaktiver Prozeß anzusprechen ist, dessen Entwicklung durch parakine Stimulation in einer gemischten Zellpopulation gesteuert wird. Neuerdings begonnene Arbeiten der

Abteilung über die Molekularbiologie der Wundheilung und ihrer Störungen runden das Forschungsprogramm ab.

Abteilung für Viroidforschung am Max-Planck-Institut für Biochemie, Martinsried

Der Senat der Max-Planck-Gesellschaft beschloß 1979, Heinz Ludwig Sänger zum Wissenschaftlichen Mitglied des Max-Planck-Instituts für Biochemie in Martinsried und zum Direktor einer neu zu gründenden Abteilung für Viroidforschung zu berufen.

Heinz Ludwig Sänger hat nach einer Gärtnerlehre und gärtnerischer Praxis in Gießen Biologie studiert. Nach seiner Promotion 1960 in Gießen trat er in das dortige Institut für Phytopathologie ein. Im Anschluß an einen mehrjährigen Stipendienaufenthalt am Department of Plant Pathology und am Virus Laboratory in Berkeley, California, arbeitete er wiederum bis zur Ernennung zum Professor für Molekularbiologie und Virologie in Gießen am Institut für Phytopathologie und in Zusammenhang mit dem Institut für Virologie bis 1979 in der Viroidforschung.

Heinz Ludwig Sänger.

Der Aufbau der Abteilung am Max-Planck-Institut begann im Oktober 1980 und fand mit dem Umzug der Gruppe von Gießen nach Martinsried in die neuen Räume und die fertiggestellte Gewächshausanlage im Sommer 1982 ihren Abschluß.

Zunächst wurde die Kooperation mit den Gruppen, die während der Gießener Zeit bestand, fortgesetzt, was zu einer beachtlichen Vertiefung der Kenntnisse über die Viroidstruktur führte, im Jahre 1982 die Sequenz und Sekundärstruktur des *Citrus-exocortis*-Viroids und des Chrysanthemen-Stauche-Viroids lieferte und 1983 die nukleäre bzw. nukleoläre Lokalisation der Viroide und ihrer Replikation ergab. Parallel dazu wurden neue Wege zur Aufklärung des Replikations- und Pathogenitätsmechanismus der Viroide eingeschlagen. Unter diesen Ergebnissen ragen vor allem die Befunde heraus, daß sich praktisch nichtpathogene «milde» und zunehmend «aggressive» «Potato-spindle-tuber»-Viroid-Isolate durch den Austausch von nur wenigen (3–7) ihrer insgesamt 359 Nukleotide voneinander unterscheiden. Aufgrund der Sequenzdaten von etwa 10 unterschiedlichen «Potato-spindle-tuber»-Viroid-Isolaten ließ sich 1985 eine «virulenzmodulierende» oder «Pathogenitäts»-Domäne auf dem stäbchenförmigen «Potato-spindle-tuber»-Viroid-Molekül klar definieren, die dann auch bei mehreren anderen Viroidarten nachgewiesen werden konnte.

Große Fortschritte in der Viroidforschung brachte der Einsatz gentechnologischer Verfahren. Nach der reversen Transkription der zirkulären RNA des «Potato-spindle-tuber»-Viroids und anderer Viroide konnte ab 1984 deren infektiöse Viroid-cDNA molekular kloniert werden. Mit Hilfe diverser Viroid-cDNA-Konstrukte konnten hochempfindliche Hybridisierungssonden und Techniken für den spezifischen Viroidnachweis entwickelt werden. Außerdem gelang es 1985, Mikromengen infektiöser Viroid-RNA im Reagenzglas zu synthetisieren. Dies wiederum ermöglichte ab 1986 eingehende Untersuchungen der enzymatischen In-vitro-Prozessierung der vorstufenähnlichen multimeren «Potato-spindle-tuber»-Viroid-RNA zu monomeren zirkulären Viroidmolekülen, was schließlich zur Isolation und Charakterisierung der entsprechenden wirtseigenen nukleolären RNase und RNA-Ligase führte. Aufgrund ihres geringen potentiellen Informationsgehalts sind Viroide nicht in der Lage, für eine eigene RNA-Polymerase zu codieren. Ihre Replikation ist somit völlig von wirtseigenen Enzymen abhängig. Eine ganze Serie von Arbeiten mit isolierten RNA-Polymerasen in vitro und mit geeigneten Hemmstoffen in Pflanzenzellkulturen, -protoplasten und -zellkernen bestätigten die früher gewonnenen Erkenntnisse, daß die DNA-abhängige RNA-Polymerase II für die auf dem RNA-RNA-Weg ablaufenden beiden Transkriptionsschritte während der Viroidreplikation verantwortlich ist.

Die verschiedenen Untersuchungen zum Pathogenitätsmechanismus der Viroide befaßten sich zunächst mit dem Nachweis der Reinigung und der 1985 erfolgten Strukturaufklärung des p14 oder PR1. Es handelt sich dabei um das bekannteste PR-Protein aus einer ganzen Reihe solcher krankheitsassoziierter Proteine, die durch Viren, Viroide und phytopathogene Pilze in höheren Pflanzen induziert werden. Es folgte dann die Suche nach viroidspezifischen Replikationsintermediären und nach zellulären Zielkomponenten in Viroidwirtspflanzen. Dabei wurde 1988 die erste pflanzliche 7S-RNA sequenziert, die sich bei der anschließenden Strukturanalyse als die RNA-Komponente der pflanzlichen «signal recognition particles» herausstellte. Sie wies außerdem eine beachtliche Sequenzkomplementarität zur Viroid-RNA auf, was vermuten läßt, daß deren Pathogenität auf einer Antisensewirkung beruht. Andererseits fanden sich bei der Analyse der Genomstruktur der rDNA von Tomaten jedoch auch mehrere viroidkomplementäre/homologe Sequenzabschnitte in deren «Internal-space»-Regionen, was auf viroidinduzierte Störungen in deren normalen Regulationsfunktionen schließen läßt.

Praxisorientierte Untersuchungen haben im Laufe der Jahre zur Entdeckung mehrerer neuer Viroidarten geführt. Besonders erwähnenswert ist dabei das Coleus-Viroid-System, das aus zwei Elternviroiden (CbVd-1 und -3) und einer daraus durch RNA-Rekombination entstandenen «Chimäre» besteht. Rechter und mittlerer Teil dieses CbVd-2 bestehen aus den entsprechenden Teilen des CbVd-1, während sein linker Teil vom CbVd-3 abstammt. Interessanterweise findet noch heute in Coleus-Einzelpflanzen diese Viroidrekombination immer wieder neu statt, was deren Bedeutung für die Entstehung neuer Viroidarten nachdrücklich untermauert.

Im Gegensatz zu den sehr detaillierten und aufschlußreichen Untersuchungen über die verschiedensten Aspekte der Viroidstruktur erwies sich die Aufklärung der Wechselwirkungen zwischen Viroid und Wirtspflanzen als wesentlich schwieriger. Diese Situation erforderte ab 1990 den Einsatz völlig neuer Strategien, von denen vor allem die langwierige Entwicklung transgener Pflanzen und die Analyse subzellulärer Organellen der Wirtspflanzen und deren Gene zu neuen Erkenntnissen führten. So konnte auf diesem Wege 1993 zum ersten Mal ein molekularer Mechanismus für die sequenzspezifische De-novo-Methylierung und somit für die Regulation der Genaktivität-DNA gefunden werden. Dies geschieht dadurch, daß die überexprimierte mRNA mit der entsprechenden Gensequenz hybridisiert und auf diese Weise die Methyltransferase an die zu methylierenden und inaktivierenden Genomabschnitte dirigiert wird.

Es ist anzunehmen, daß sich auch aus den verschiedenen neu eingeschlagenen experimentellen Zugangswegen weitere unerwartete Resultate ergeben. Die Viroide haben sich aufgrund ihrer Kleinheit, ihrer übersichtlichen und in allen Einzelheiten bekannten Struktur, ihrer relativen Stabilität und ihrer engen Beziehungen zu zentralen Funktionen der Wirtszelle als besonders geeignete Modellsysteme für biochemische, biophysikalische und zellbiologische Untersuchungen erwiesen.

Institut für Molekulare Virologie des GSF-Forschungszentrums für Umwelt und Gesundheit, Neuherberg

In der Reihe der Großforschungseinrichtungen der Bundesrepublik Deutschland gehört das GSF-Forschungszentrum für Umwelt und Gesundheit in Neuherberg, das aus der Gesellschaft für Strahlen- und Umweltforschung hervorgegangen ist, zu den Einrichtungen der Arbeitsgemeinschaft der Großforschungseinrichtungen, deren Forschungsprogramme in den Lebenswissenschaften liegen.

Der Vorstand des damaligen Instituts für Biologie, Otto Hug, berief 1971 Volker Erfle zum Leiter des Mikrobiologischen Labors. Seine Aufgaben bestanden zunächst in der Diagnostik bakterieller und viraler Infektionen der verschiedenen Labortiere des Forschungszentrums. Erfle hatte in Gießen, Berlin und München Veterinärmedizin studiert und in München promoviert. In den Jahren vor seinem Beginn in Neuherberg war er am Staatlichen Tierärztlichen Untersuchungsamt Stuttgart tätig, zuletzt als Leiter der Serologischen Abteilung des Untersuchungsamts. In Zusammenarbeit mit der Abteilung für Pathologie, die unter der Leitung von Wolfgang Gößner stand, begannen ab 1972 Untersuchungen über die Rolle der endogenen Retroviren bei der Entstehung chemisch und strahleninduzierter Tumoren. Gößner war an diesen Untersuchungen besonders interessiert. Er war aus dem Pathologieinstitut in Tübingen nach München gekommen. In Tübingen hatte er längere Zeit am Max-Planck-Institut für Biochemie

Volker Erfle.

bei Adolf Butenandt gearbeitet und dort die Virusforschung von Gerhard Schramm kennengelernt. Darum förderte Gößner die Arbeiten von Erfle ständig mit großem Interesse.

Die strahlenbiologischen Untersuchungen des Instituts wurden am strahleninduzierten Osteosarkom der Maus als Modell durchgeführt. Dabei wurden grundlegende Informationen zur Aktivierung endogener Retroviren, ihrer molekularen Struktur, ihrer Biologie und ihres Einflußes auf die Differenzierung von Zellen erarbeitet. Ausgehend von diesem Wissen wurden dann in Kooperation mit Rüdiger Hehlmann Versuche zur Beschreibung und Isolierung von endogenen Retroviren beim Menschen unternommen. Die Isolierung einer neuen Familie von retroviralen Genen mit Verwandschaft zum Affensarkomvirus («simian sarcoma-associated virus») war das Ergebnis dieser Arbeiten. Rüdiger Hehlmann war zu jener Zeit an der Medizinischen Poliklinik Links der Isar der Ludwig-Maximilians-Universität in München tätig und hatte in den USA auf dem Gebiet der Retroviren erfolgreich gearbeitet.

Die Erweiterung von Erfles Labor führte im April 1979 zur Einrichtung der Arbeitsgruppe Mikrobiologie im Institut für Pathologie. Als die Entdeckung des HTLV-1-Virus und vor allem das Auftreten der HIV-Infektionen neue und dringende virologische Probleme mit sich brachten, wandte sich die Arbeitsgruppe sofort diesen Fragen zu und entwickelte damit ein neues Forschungsprogramm. Im Jahr 1986 wurde aus der Arbeitsgruppe eine selbständige Abteilung für Molekulare Zellpathologie. Aus ihr ist dann das Institut für Molekulare Virologie am GSF-Forschungszentrum für Umwelt und Gesundheit hervorgegangen, das von Volker Erfle geleitet wird. Es wurde am 31. Januar 1992 eingeweiht.

Erich Traub.

Das wissenschaftliche Forschungsprogramm des Instituts umfaßt neben den bisherigen Arbeiten über die endogenen Retroviren neue Projekte über die HIV-1-Infektion des Nervensystems und über die Entwicklung antiviraler Strategien. Hierbei konnten interessante Beiträge zur Regulation von HIV-1 in Nevenzellen erarbeitet werden. Das neueste Arbeitsgebiet des Instituts gilt der Entwicklung neuer und sicherer retroviraler Vektorsysteme in der Gentherapie insbesondere viraler Infektionen.

Tübingen

Bundesforschungsanstalt für Viruskrankheiten der Tiere

In den Jahren 1950–1952 kam es auf dem Gebiet der Bundesrepublik Deutschland zu verlustreichen Seuchenzügen durch Maul- und Klauenseuche. Man kam dadurch in große seuchenhygienische Schwierigkeiten, weil die Forschungsanstalt auf der Insel Riems als einzige Produktionsstätte einer wirksamen Maul-und-Klauenseuche-Vakzine in der damaligen DDR lag. Um die dadurch bedingte Lücke in der Impfstoffversorgung zu schließen, wurde mit einer eigenen Impfstoffproduktion bei der Bayer AG und bei den Behringwerken begonnen, die sich sogar auf frühere fachkundige Riemser Wissenschaftler, wie Erich Traub, Nagel und Schneider, stützen konnten. Schon bald sah man aber ein, daß die Bundesrepublik Deutschland dringend einer größeren zentralen Forschungseinrichtung für virusbedingte Krankheiten und Seuchen der Tiere bedurfte, wie sie auf der Insel Riems bestand. Den Anstoß zur Errichtung eines solchen Instituts gab schließlich der Bezirkstierarzt und Präsident der Tierärztekammer von Südwürttemberg-Hohenzollern, P. Stengel aus Mössingen bei Tübingen. Er suchte dafür die Mithilfe von Karl Beller von der Universität Stuttgart-Hohenheim, Richard Bieling von den Behringwerken in Marburg und Werner Schäfer von der Abteilung für Virusforschung des Max-Planck-Instituts für Biochemie in Tübingen und traf sich mit ihnen in Tübingen. Sie entwarfen dabei die ersten Pläne für eine derartige Einrich-

Bundesforschungsanstalt für Viruskrankheiten der Tiere auf der Waldhäuser Höhe bei Tübingen.

tung. Sogleich waren sie sich alle einig, daß das geplante Institut in Tübingen angesiedelt werden müße, um damit die Zusammenarbeit mit den dort ansäßigen Max-Planck-Instituten zu ermöglichen. Einig waren sie sich auch sofort darüber, daß als Leiter dieses Instituts nur Erich Traub in Frage kommen könne, der sich einer Rückkehr aus Kolumbien in seine schwäbische Heimat nicht versagen würde. Das Bundesministerium für Ernährung, Landwirtschaft und Forsten, das für die neue Einrichtung das federführende Ministerium in Bonn war, beschloß 1952 die Gründung der Bundesforschungsanstalt in Tübingen. Erich Traub hatte sich inzwischen, wie von allen erwartet, zur ihrer Leitung bereit erklärt.

Erich Traub wurde 1906 in Asperglen, Kreis Waiblingen, Württemberg, geboren, studierte zunächst Neuphilologie in Tübingen und danach Veterinärmedizin in München, Berlin und Gießen, wo er am Veterinärhygienischen und Tierseucheninstitut promovierte. Anschließend erhielt er ein Stipendium des Rockefeller Institute of Medical Research in Princeton. An diesem Institut blieb er, zuletzt als Associate Professor, bis 1938. Er arbeitete mit Richard E. Shope zusammen, der in enger Verbindung mit dem Gießener Institut stand. Traub arbeitete zunächst über die amerikanische Pferdeenzephalomyelitis, Pseudowut und vor allem über die Choriomeningitis der Maus. Diese für die spätere Virologie grundlegenden Arbeiten begründeten damals seinen internationalen Ruf. Nach Deutschland kehrte er 1938 an sein Gießener Heimatinstitut zurück und habilitierte sich dort im gleichen Jahr. 1942 ging er an die damalige Reichsforschungsanstalt Insel Riems, wurde Leiter einer Abteilung und Vizepräsident dieser Einrichtung. Dort erlebte er das Kriegsende. Nach dem Krieg war er für 2 Jahre Ordinarius an der Veterinärmedizinischen Fakultät der Humboldt-Universität in Berlin, wechselte aber dann zu den Behringwerken nach Marburg. Auf Einladung der amerikanischen Marine ging Traub 1949 an das Navy Medical Research Institute nach Bethesda, Maryland. Von dort aus wurde er für eineinhalb Jahre als Tierseuchenexperte der Food and Drug Organization of the United Nations nach Bogota in Kolumbien delegiert.

Als Baugelände für die Bundesforschungsanstalt wurde die Waldhäuser Höhe oberhalb Tübingens ausgewählt. Später siedelte sich auch das 1954 aus der Abteilung für Virusforschung des Max-Planck-Instituts für Biochemie hervorgegangene Max-Planck-Institut für Virusforschung in ihrer Nähe an. Bei der Planung der Bundesforschungsanstalt, die vor allem mit den für Tiere seuchengefährlichen Virusarten arbeitete und die in einer damals noch landwirtschaftlich genutzten Umgebung errichtet werden sollte, kam es besonders auf strenge Quarantänemaßnahmen und entsprechende technisch sichere Vorkehrungen an. Traub kamen bei der Ausarbeitung der Baupläne seine großen Erfahrungen zunutze, die er auf der Insel Riems, bei den Behringwerken und in Bogota gesammelt hatte. Ende 1952 wurde mit den Bauarbeiten begonnen.

Erich Traub hatte zu dieser Zeit seine experimentellen Arbeiten schon wieder aufgenommen, die er teils in der Abteilung für Virusforschung bei Werner Schäfer und teils in angemieteten Räumen einer Bäckerei in Tübingen-Lustnau durchführte. Sein erster wissenschaftlicher Assistent in Tübingen – und späterer Nachfolger – wurde Manfred Mussgay. Er ging allerdings 1953 zunächst zu Werner Schäfer und begann in dessen Programm mitzuarbeiten.

Die ersten Stallgebäude des Instituts wurden 1953 fertiggestellt, in denen vorläufig auch Laboratoriumsräume eingerichtet worden waren. Sie erlaubten Traub und Mussgay nunmehr, ihre Arbeit in eigenen Räumen aufzunehmen. Das endgültige Laborgebäude mit allen erforderlichen technischen und Quarantäneeinrichtungen und einem Verwaltungstrakt konnte 1959 bezogen werden. 1967 kamen weitere Stallungen hinzu.

Die Bundesforschungsanstalt erhielt eine Präsidialverfassung, mit Erich Traub als erstem Präsident. Anfangs war die Anstalt in drei Abteilungen gegliedert:
– Mikrobiologie.
– Impfstoffprüfung und Typendiagnose.
– Immunologie.

Karl Störiko.

1975 bekamen die Abteilungen vom Ministerium den Status von Instituten innerhalb der Bundesforschungsanstalt zuerkannt.

Ende der 50er Jahre gab es in der Verwaltung der Anstalt größere Unregelmäßigkeiten, die gerichtliche Folgen hatten und für die Erich Traub die Verantwortung tragen mußte. Traub legte wegen dieser Unstimmigkeiten sein Amt nieder und verließ 1963 die Bundesforschungsanstalt. Von 1959 bis 1963 führte der Leiter der Abteilung Mikrobiologie, Anton Mayr, die Forschungsanstalt als Präsident kommissarisch, bis er den Lehrstuhl für Mikrobiologie und Tierseuchenlehre in München annahm. Als Nachfolger wirkte von 1963 bis 1967 ein Verwaltungsfachmann aus dem Ministerium, Ministerialrat Karl Störiko. Seine vordringliche Aufgabe war es, die Administration neu zu organisieren, die er dank seiner großen Verwaltungserfahrungen ausgezeichnet bewältigte. Störiko wurde 1901 in Gießen geboren, studierte dort und promovierte in München

Manfred Mussgay.

Gerhard Wittmann.

für Veterinärmedizin. Er arbeitete dann als niedergelassener und beamteter Tierarzt. 1948 war er zuerst in der Zweizonenverwaltung und dann als Ministerialrat und Referent für Tierseuchenbekämpfung im Bundesministerium tätig.

Auf Störiko folgte 1967 Traubs früherer Mitarbeiter Manfred Mussgay, der bis dahin Ordinarius für Veterinärvirologie in Hannover gewesen war. Manfred Mussgay wurde 1927 in Stuttgart geboren, studierte Veterinärmedizin in München und promovierte bei Karl Beller in Gießen. Anschließend arbeitete er 1953 bei Werner Schäfer am Max-Planck-Institut, dann für einige Zeit bei Traub an der Bundesforschungsanstalt und ging durch Schäfers Vermittlung von 1960 bis 1962 zu Gernot Bergold an das Instituto Venezolano de Investigaciones Científicas nach Caracas. Wieder nach Deutschland zurückgekehrt, habilitierte er sich in Mainz und arbeitete dort über Sindbisvirus. Von 1964 bis 1967 bekleidete er den ersten Lehrstuhl für Virologie an der Tierärztlichen Hochschule in Hannover. Die Veterinärmedizinische Fakultät in Gießen ernannte ihn zum Dr.h.c. und die Universität in Tübingen zum Honorarprofessor. 1982 verstarb Mussgay ganz unerwartet.

Nach Mussgay wurde der bisherige Leiter des Instituts für Immunologie, Gerhard Wittmann, Präsident der Anstalt. Entsprechend der in der Satzung festgelegten Aufgabenstellung war das Forschungsprogramm von Anfang an breit angelegt und umfaßte eine weite Palette tiermedizinisch bedeutungsvoller Viruskrankheiten. Dazu gehörten Maul- und Klauenseuche, Tollwut, die klassische und in geringerem Umfang auch die afrikanische Schweinepest, die Schweinelähme, Geflügelpest, Marek-Krankheit der Hühner, Pockenvirusinfektionen verschiedener Tierarten, Herpesvirusinfektionen einschließlich Pseudowut, Retrovirusinfektionen einschließlich Rinderleukose, Rinderpest (nur Diagnostik) und Viruskrankheiten der Fische. Das Schwergewicht lag über lange Jahre verständlicherweise auf der Bearbeitung der Maul- und Klauenseuche und der Tollwut. In jüngerer Zeit verlagerte es sich mehr auf die Schweinepest sowie die Pseudowut und andere Herpesvirusinfektionen. Bei der Maul- und Klauenseuche konnte schon bald eine speziell für Schweine geeignete Totvakzine entwickelt werden. Ebenso wie bei der Maul- und Klauenseuche wurden auch bei der Tollwut von L.G. Schneider und dessen Mitarbeitern eingehende molekularbiologische Untersuchungen durchgeführt, in deren Verlauf ein an der Virusoberfläche gelegenes Glykoprotein als das immunisierende Prinzip identifiziert werden konnte, mit dessen Hilfe sich nunmehr auf einfache Weise in menschlichem Serum die virusspezifischen Antikörper nachweisen lassen und das unter Umständen zur Herstellung einer besser verträglichen Spaltvakzine benutzt werden könnte.

Wuppertal

Virologie in der Bayer-Pharmaforschung

Die Entwicklung der Virusforschung bei den Farbenfabriken Bayer nahm ganz eigenartige Wege: Sie begann im Chemotherapeutischen Institut der Bayer. Dieses Institut hatte der Leiter des Elberfelder Werks, Heinrich Hörlein, 1929 ins Leben gerufen. Hörlein hatte sich als einer der großen Industriemagnaten seiner Zeit um die industrielle pharmazeutische Forschung hochverdient gemacht. Er war letztlich auch der Initiator der Virusforschung in der Kaiser-Wilhelm-Gesellschaft in Berlin-Dahlem.

Die wissenschaftlichen Schwerpunkte des Instituts lagen damals vor allem in der parasitologisch-chemotherapeutischen Forschung. Im Vordergrund standen tropenmedizinische Probleme, wie Malaria, Bilharziose, Kala-Azar und Piroplasmose. Gegen diese und noch weitere Infektionskrankheiten wurden im Zusammenwirken des Instituts mit den Chemikern des Werks neue Pharmaka entwickelt, wie Atebrin, Resochin, Miracil, Solustibostan und Acaprin. Ihre Forschungs- und Entwicklungserfolge verschafften dem Leiter und dem Mitarbeiter des Instituts, Walter Kikuth und Rudolf Gönnert, weltweite Anerkennung.

Walter Kikuth wurde 1896 in Riga geboren und besuchte dort die Schule. Er blieb Zeit seines Lebens dem ruhigen Temperament seiner baltendeutschen Herkunft treu, mit dem er alle Situationen meisterte. Er studierte in Dorpat, Königsberg und Freiburg Medizin und promovierte in Hamburg. Von 1924 an arbeitete er am Bernhard-Nocht-Institut für Schiffs- und Tropenkrankheiten in Hamburg. Von dort holte ihn Heinrich Hörlein 1929 zu den damaligen Farbenfabriken Bayer in der IG Farbenindustrie AG nach Elberfeld, bei der er bis 1950 blieb.

Rudolf Gönnert stammt aus Bernburg in Thüringen und wurde dort 1911 geboren. In Freiburg, Königsberg und Hamburg studierte er Naturwissenschaften. Als Dr.rer.nat. wurde er Assistent an der Protozoologischen und Helminthologischen Abteilung des Bernhard-Nocht-Instituts in Hamburg. Von dort ging er 1937 zu den Farbenfabriken Bayer nach Elberfeld und wurde 1964 Leiter des Instituts für Parasitologie und Veterinärmedizin und 1975 Leiter des Instituts für Chemotherapie. An der Universität in Köln habilitierte er sich 1955 und las in den Fächern Parasitologie und Virologie. 1962 erhielt er die Ernennung zum Außerplanmäßigen Professor. 1976 wurde Rudolf Gönnert pensioniert.

In der Erinnerung von Werner Schäfer gehörte Rudolf Gönnert

«... zu den Selbstsicherheit ausstrahlenden Persönlichkeiten. Das laute und effekthaschende Gebaren liebte er nicht. Was er sagte, hatte stets Gewicht. Sein Arbeitspensum war enorm; die Ergebnisse hieb- und stichfest. Von seinen Kollegen wurde er im In- und Ausland als Wissenschaftler und Mensch hochgeschätzt. Der fachmännische Rat von Gönnert war in zahlreichen nationalen und internationalen Gremien stets gefragt.»

Walter Kikuth.

Rudolf Gönnert.

Bei ihren experimentellen Arbeiten stießen Kikuth und Gönnert gleich auf virologische Probleme, denn sie beobachteten bei den Versuchstieren, die sie für ihre parasitologischen Testverfahren verwendeten, bestimmte Viruskrankheiten, die sie mit Erfolg untersuchten; so konnten sie im Laufe der Zeit eine Reihe wichtiger, bisher unbekannter tierpathogener Virusarten isolieren und eingehend experimentell bearbeiten. Allerdings führten anfängliche Hoffnungen und intensive Bemühungen, chemotherapeutisch wirksame Verbindungen allgemein gegen solche Infektionen, deren Erreger ein «echtes» Virus war, einzusetzen, nicht zum Erfolg, obwohl man damals weit über 50 000 Substanzen in die Prüfung einbezog.

Im Malariaprogramm des Instituts wurden therapeutische Versuche mit Kanarienvögeln durchgeführt. Dabei fiel Kikuth und seinen Mitarbeitern eine scheinbare Virulenzsteigerung im Infektionsablauf auf. Sie begannen, dieses Phänomen eingehender nachzuprüfen und fanden, daß sich diese Steigerung nicht auf die injizierten Malariaparasiten zurückführen ließ, sondern auf ein Agens, das durch Berkefeld-N-Filterkerzen passierte. Sie nannten das Agens «Kanarienvogelvirus» (Kikuth-Gollub-Virus). Es ließ sich auf Sperlinge, nicht aber auf Tauben übertragen. Spätere Untersuchungen von Sir MacFarlane Burnet, dem Direktor des Walter and Eliza Hall Institute in Melbourne in Australien, erbrachten den Nachweis, daß dieser Erreger mit dem Kanarienpockenvirus serologisch verwandt ist.

Während ihrer chemotherapeutischen Testreihen mit Versuchstieren, für die sie vor allem weiße Mäuse verwendeten, fanden Kikuth und Gönnert 1940 ein Pockenvirus, das 1930 erstmals von J. Marchal in London nachgewiesen und als Ektromelievirus bezeichnet wurde. Es kann vielfältige Krankheitserscheinungen hervorrufen. Charakteristisch für dieses Virus ist aber, daß nach intraplantarer Infektion bei der Maus eine Nekrose der Pfoten auftritt. Später erkannten Kikuth und Gönnert, daß dieses Virus in Mäusestämmen zahlreicher Versuchstierzüchter latent vorhanden war. In gleicher Weise und als Konsequenz daraus fanden sie, daß auch die Influenzavirusstämme, die über Mäusepassagen weitergeführt wurden, dieses Virus als Verunreinigung mitenthielten. Gönnert befaßte sich experimentell noch intensiver mit diesem Virus. Er untersuchte seine Vermehrung in den verschiedenene Organen des infizierten Tiers, die Abhängigkeit des Krankheitsverlaufs von Infektionsmodus und -dosis sowie den Übergang von der akuten in die chronische Phase des Infektionsverlaufs und die Entwicklung der Resistenz im Tier. Gönnert entdeckte 1941 dann noch ein ebenfalls latent in Labormäusen vorkommendes Virus, als er Lungengewebesuspensionen von gesund erscheinenden Tieren in Passagen intranasal übertrug. Unter diesen Bedingungen trat bei diesen Mäusen eine charakteristische Pneumonie auf. Bei der lichtmikroskopischen Untersuchung der Lungen ließen sich Zelleinschlüsse beobachten. Gönnert bezeichnete den Erreger als Bronchopneumonievirus der Maus. Er ließ sich von den Rickettsien abgrenzen und wurde als Vertreter der damals noch zu den Viren gezählten Chlamydozoen angesehen. Später, kurz nach dem Krieg, klärte Gönnert in eingehenden, international stark beachteten Studien die Natur und den Vermehrungszyklus des Erregers auf.

Ein weiteres Virus, das von Gönnert im Verlauf seiner verschiedenen experimentellen Arbeiten bei Blindpassagen in Mäusen gefunden wurde, verursachte eine Enzephalitis in Mäusen. Er überließ das Material Werner Schäfer vom Max-Planck-Institut für Virusforschung in Tübingen, der es experimentell bearbeitete und das isolierte Virus «Maus-Elberfeld-Virus» nannte. Schäfer konnte das Virus in kristalliner Form darstellen und damit seine physikalisch-chemischen, biologischen und serologischen Eigenschaften exakt bestimmen. Die daraus gewonnenen Ergebnisse zeigten, daß das Virus zu den Enzephalomyokarditisviren der Picornaviridae einzuordnen ist.

Helga und Peter Hausen sowie Roland Rückert (später Madison) aus Schäfers Gruppe setzten diese Arbeiten intensiv fort, so daß das Virus lange Zeit zu den bestuntersuchten Vertretern dieser Virusgruppe gezählt werden konnte.

Schließlich sei noch auf eine Aleukozytose der Katze hingewiesen, die zuerst von Kikuth und seinen Mitarbeitern beobachtet worden war. Später übernahmen Gönnert und seine Mitarbeiterin M. Bock die Untersuchungen und konnten unter anderem zeigen, daß gesunde Katzen durch Injektionen mit Katzenimmunserum vor dieser Krankheit geschützt werden konnten.

Rudolf Gönnert hat bis 1976 in der Virusforschung am Institut für Parasitologie und Veterinärmedizin gearbeitet. Nach seiner Pensionierung wurde das virologische Labor, das von Gert Streissle geleitet wurde, dem einige Jahre zuvor gegründeten Institut für Immunologie und Onkologie zugeordnet, dessen Leiter Horst Dieter Schlumberger war. 1988 wurde die Virologie durch einige Laboratorien erweitert und zu einem Institut formiert, das zunächst von Hans-Georg Opitz geleitet wurde.

Im April 1990 übernahm Rüdiger Braun, der aus dem Institut für Medizinische Virologie in Heidelberg kam, das Institut für Virologie der Bayer-Pharmaforschung. In dieser Zeit wurde die Chemotherapie sexuell übertragener persistierender Virusinfektionen (u.a. Aids) zum Schwerpunkt des Instituts. Zugleich wurden menschenpathogene Papillomviren und die Hepatitis-B- und Hepatitis-C-Viren neu in das Programm aufgenommen. Die Screeningsysteme wurden um gentechnisch hergestellte virusspezifische Proteine erweitert. Die Möglichkeit, retrovirale Vektoren als «Genfähren» zu benutzen, zeichnete sich in der Hochschulforschung ab. Vor allem hat sich auch für die Pharmaindustrie die Virologie zu einem Gebiet entwickelt, das Produkte von der Bedeutung der klassischen Antibiotika gegen bakterielle Infektionen hervorbringt, wie das Herpestherapeutikum Aciclovir beweist.

Staatliche und Landesimpfanstalten

Die Landesimpfanstalten nehmen in der Virologie eine Sonderstellung ein. Sie waren die ersten Institutionen, die sich in Forschung und Praxis mit einem «Contagiosum», d.h. einem übertragbaren Krankheitserreger, beschäftigt haben, der heute als Virus definiert wird. Als solches war es aber damals, als die ersten Impfanstalten gegründet wurden, noch keineswegs bekannt. Dennoch, und das können wir aus historischer Sicht nicht genug würdigen, haben die Gründer der Impfanstalten anfangs des 19. Jahrhunderts, einer Zeit, die noch ganz vom Geist der naturphilosophischen Medizin bestimmt war, schon nach naturwissenschaftlich-medizinischen – also nach heute gültigen – Prinzipien gehandelt.

Die Impfanstalten waren in ihren Forschungsprogrammen wie keine andere Institution von der Praxis her orientiert, von der Aufgabe zur Impfung der Bevölkerung zunächst gegen die Menschenpocken, später auch gegen andere Infektionskrankheiten, und von der Herstellung der dazu benötigten Impfstoffe in ihrer optimalen Form der Wirksamkeit und Unschädlichkeit. In der Produktion der Impfstoffe glichen sie eher Industriebetrieben, sogar noch mit Monopolprivilegien, da in Deutschland von jeher nur ein Pockenimpfstoff verwendet werden durfte, der in Landesimpfanstalten produziert und dort auch geprüft worden war.

Eine weitere Tatsache ist einzigartig bei den Impfanstalten. Sie sind die einzigen Institutionen in der Medizin, die – zumindest aus heutiger Sicht – ihren ursprünglichen Forschungs- und Therapieauftrag erfüllt haben, denn nach der von der WHO proklamierten weltweiten Ausrottung der menschenpathogenen Pocken seit 1978 wurde die Pockenschutzimpfung für nicht mehr erforderlich erklärt und als Folge dessen die Impfanstalten geschlossen und aufgelöst.

Historisch gesehen gehören die Pocken zu den Infektionskrankheiten, die in der Antike und während des Mittelalters bis in die Neuzeit hinein in großen Seuchenzügen ganz Europa, Asien und Indien durchzogen und die Bevölkerung stark dezimierten. Man wußte von ihrer hohen Kontagiosität. Man kannte das gleiche seit jeher schon von Seuchen wie Pest, Lepra und anderen Krankheiten. Was uns aber heute überraschen muß, sind die sehr frühen Berichte über die Beobachtung, daß die Pockeninfektion eine langdauernde spezifische Immunität bewirke und daß die Möglichkeit bestünde, sich durch «Einpfropfung» des Pustelmaterials von Mensch zu Mensch vor einer Erkrankung schützen zu können. William Cullen gab schon 1780 dafür recht genaue methodische Anleitungen, vor allem aber auch genaue ärztliche Anweisungen über das geeignete Alter des Impflings und über die Prüfung des Gesundheitszustands des Impflings vor der Impfung, die sogar den modernen Impfrichtlinien entsprechen könnten. Außerdem schlug er sogar die beste Jahreszeit – Frühjahr und Herbst – für eine Impfung vor.

Immer wieder wurden damals in Büchern zur ärztlichen Praxis über Methoden der Impfung bzw. «Einpfropfung» berichtet, bis schließlich Edward Jenner 1796 mit seiner Veröffentlichung in der Royal Society und seiner darin genannten Verwendung des Kuhpockenvirus als einem – wie man es heute bezeichnen würde – «natürlich attenuierten Impfvirus» den Ärzten die beste Methode zur Immunisierung gegen die Pocken in die Hand gab.

Dabei kann in diesem Zusammenhang auch darauf hingewiesen werden, daß der Schullehrer Plett in Schleswig-Holstein schon lange vor Jenner wußte, daß eine durchgemachte Infektion mit Kuhpocken die Menschen vor einer Infektion mit echten Pocken schützt. Aufgrund dieser Erfahrungen hatte er schon 1791 die Kinder seines Prinzipals erfolgreich mit Kuhpockenmaterial geimpft.

Ferner ist bemerkenswert, wie vergleichsweise kurz nach Bekanntwerden von Jenners Methode diese Art der Impfung auch in Deutschland angewendet wurde und hier sogar zu «Institutsgründungen» führte, daß diese Erkenntnisse also weitaus schneller als andere Ergebnisse der medizinischen Forschung zu jener Zeit in die klinische Diagnose und das klinische Handeln umgesetzt wurden.

Die erste Impfanstalt der Welt wurde im Dezember 1799 in London gegründet. Edward Jenner impfte dort von Kind zu Kind, da die Kuhpocken seltener in natura vorkamen. Diese Methode wurde zunächst auch an anderen Impfanstalten, die sehr bald danach entstanden, geübt.

Die Impfanstalten in Berlin und Köln wurden 1803 ins Leben gerufen. In Berlin ging die Initiative dazu von Christoph Wilhelm Hufeland aus. Die Impfanstalt in Breslau wurde 1804 und die Bayerische Landesimpfanstalt 1801 in München gegründet.

Im Januar 1801 ließ sich Kurfürst Max Joseph von Bayern über die Pockenimpfung berichten. Am 16. August des gleichen Jahres erhielt er einen weiteren ausgiebigen Bericht, schon mit den Anweisungen, wie eine Pockenimpfung durchzuführen sei. Nur 10 Tage später erließ der Kurfürst seine «Order No. 4» zur Pockenimpfung. Dieses Datum kann zugleich als das Gründungsdatum für die Bayerische Landesimpfanstalt gelten. Ihr erster Vorstand war der Central-Impfarzt Seraph Giehl.

In Berlin unterzeichnete König Friedrich Wilhelm III. von Preußen am 19. Oktober 1802 die Gründungsurkunde für die Königliche Schutzblattern-Impfungsanstalt. Am 2. Dezember 1802 wurde sie eröffnet. Sie unterstand der Oberaufsicht des ersten Ordinarius für Innere Medizin an der Friedrich-Wilhelms-Universität in Berlin, Christoph Wilhelm Hufeland. Ihr erster Leiter war Wilhelm August Eduard Bremer, der bisher Arzt am Friedrichs-Waisenhaus war. Er gab jährliche Berichte über den «Fortgang der Schutzblattern-Impfung in Berlin» heraus und hielt «populäre Belehrungen über die Vaccination».

In den ersten Jahrzehnten nach Jenner wurde das Kuhpockenimpfvirus in Mensch-zu-Mensch-Passagen fortgeführt. Das geschah über die Impfpusteln erfolgreich geimpfter Kinder. Hier waren es die Waisen- und Findelkinder, die als Impflinge mit ihren Impfpusteln zur Entnahme des Materials für die weiteren Impfungen zur Verfügung stehen mußten. Von ihnen wurde die «humanisierte Vakzine» gewonnen. Der Impfarzt hatte für eine stets genügend große Zahl geeigneter Impflinge Sorge zu tragen und auch darauf zu achten, daß diese Kinder gesund waren. Dennoch traten in der Folgezeit zwei Schwierigkeiten auf: Zum einen verringerte sich die Virulenz des Virus in den Menschenpassagen, d.h. die «humanisierte Vakzine» nahm an Wirksamkeit ab, zum anderen wurden durch die Übertragung des Impfmaterials von Mensch zu Mensch auch andere Infektionen, vor allem die Syphilis, mitübertragen. Beides führte den Bayerischen Central-Impfarzt Michael Reiter in München dazu, das Pockimpfmaterial vom Menschen wieder auf das Rind zurückzuübertragen. Dieses «Regenerieren des Impfstoffs», wie es hieß, gelang ihm 1856 über Zwischenpassagen im Kaninchen. Das durch Beimpfen der Kälberhaut gewonnene Impfmaterial wurde darum «Retrovakzine» genannt. Sie erwies sich in der Folge in ihrer Wirksamkeit als sehr stabil. Zugleich hatte die Kälberpassage zur Reinigung der Vakzine von anderen pathogenen Fremderregern geführt. Der volle Erfolg dieser Maßnahme wurde aber erst erreicht, als gegen Ende des Jahrhunderts konsequent Material nur von Kälbern verwendet wurde. Aus dieser so gewonnenen «Kälberlymphe» ist das «Vacciniavirus» hervorgegangen, das bis in die jüngste Zeit als Impfvirus verwendet wurde.

Die Pockenimpfung war die einzige Impfung, die gesetzlich vorgeschrieben war. Dazu wurde schon 1807 in Bayern das erste deutsche Impfgesetz erlassen. In Berlin hatte Hufeland 1825 eine «Zwangsimpfung» als bestes Mittel zur Verhütung einer Epidemie gefordert. Der preußische König befahl 1826 durch «allerhöchste Kabinettsorder» die «Zwangsimpfung der Kriegsreserve und der Landwehrrekruten». Dieser Impfzwang wurde später auch auf die allgemeine Bevölkerung ausgedehnt und in den einzelnen Teilen Preußens in unterschiedlicher Strenge durchgeführt. Man begann auch, nach 10 Jahren eine Revakzination durchzuführen. Diese hatte Christoph Wilhelm Hufeland sogar schon 1800 angeregt. Trotzdem traten in den folgenden Jahrzehnten immer wieder und verbreitet Pockenerkrankungen auf. Dabei konnte jedoch schon eine vermehrte Häufigkeit der Erkrankungen bei den Nichtgeimpften, im Vergleich zu den Geimpften und den Revakzinierten, konstatiert werden. Man stellte auch fest, daß die Erkrankungsrate bei der Armee, deren Soldaten überwiegend aus Revakzinierten bestanden, deutlich geringer war. Das alles veranlaßte schließlich den Reichskanzler Otto von Bismarck, nach Einholen ausgiebiger medizinischer Gutachten am 5. Februar 1874 dem Bundestag den Entwurf eines Gesetzes über den «Impfzwang» vorzulegen, der als «Impfgesetz» am 16. März 1874 angenommen und am 1. April 1875 in Kraft gesetzt wurde. Das Gesetz ordnet im wesentlichen folgende drei Maßnahmen an:
1. Schutz aller Kinder durch die Erstimpfung.
2. Schutz aller Schulkinder im 12. Lebensjahr durch die Wiederimpfung. Die Schulpflicht ging zu jener Zeit nur bis zum 12. Lebensjahr.
3. Schutz besonders gefährdeter Teile oder Gruppen der Bevölkerung durch allgemeine Impfung beim Ausbruch der Pocken.

Überblickt man die Entwicklung des Pockenimpfstoffs und der Impfmethoden seit Jenner, so kann man beobachten, daß alle Schritte das Ziel hatten, den zu verwendenden Impfstoff qualitativ zu verbessern, den Impfschutz zu verstärken und Komplikationen der Impfung zu vermindern.

Seit Einführung des von den Kuhpocken stammenden Vacciniavirus als Impfvirus war nach der Mensch-zu-Mensch-Passage ein erster Schritt in der Richtung der Verbesserung der Methodik mit dem Passagieren des Virus über die Kälberhaut getan. Ein weiterer Schritt erfolgte durch den Berliner Impfarzt, der die «Kälberlymphe» mit Glyzerin konservierte, was einen großen Fortschritt bei der Verwendung dieses Kuhpockenimpfstoffs bedeutete. Der Bayerische Central-Impfarzt Groth schuf 1906 die erste exakt reproduzierbare Wirksamkeitsbestimmung des Impfstoffs, den Groth-Test.

Da die postvakzinale Enzephalitis immer noch eine schwere Folgekomplikation der Pockenimpfung – vor allem bei «überalterten» Impflingen – bedeutete, entwickelte Albert Herrlich als Vorstand der Bayerischen Landesimpfanstalt 1956 das «Vacciniaantigen» aus formalininaktiviertem Vacciniavirus. Es wurde bei besonderer Indikation mit Erfolg vor der Impfung mit der klassischen Glyzerinvakzine gespritzt. Eine Weiterentwicklung dieser «Stufenimpfung gegen Pocken» erfolgte später durch Helmut Stickl, der Nachfolger von Albert Herrlich geworden war, und Anton Mayr, der den Lehrstuhl für Mikrobiologie und Tierseuchenlehre in München innehatte, zusammen mit der Leitung des Instituts für Medizinische Mikrobiologie, Infektions- und Seuchenmedizin. Mayr hatte den attenuierten Pockenvirusstamm

MVA entwickelt, der nunmehr die Verwendung eines attenuierten Virusimpfstoffs für die Vorimpfung vor der konventionellen Impfung erlaubte. Dieser Impfstoff erlangte weltweite Bedeutung und sollte letztlich die Schnittimpfung durch die parenterale Impfung mit MVA-Impfstoff ablösen.

Herrlich und Stickl hatten zugleich Methoden ausgearbeitet, mit denen sie das Vacciniavirus im bebrüteten Hühnerei und dann auch in Zellkulturen anzüchten konnten. Auch der MVA-Impfstoff wurde in der Zellkultur hergestellt. Damit war die Produktion des Pockenimpfstoffs in der Kälberhaut endgültig beendet worden.

In Hamburg bestand ebenfalls eine Staatliche Impfanstalt mit langer Tradition. Sie wurde dort 1872 in der Folge einer verheerenden Pockenepidemie gegründet. Ihr Direktor war L. Voigt. Er impfte damals mit der bereits genannten «humanisierten Lymphe». Nach Einführung des Impfgesetzes wurde auch hier die «Kälberlymphe» verwendet. Nachfolger von L. Voigt wurde 1903 Enrique Paschen, der – in Mexiko geboren – 1885 in Heidelberg Medizin studiert und promoviert hatte. Er war später am Allgemeinen Krankenhaus St. Georg in Hamburg tätig. Nach ihm wurden die Paschen-Körperchen benannt. Er bemühte sich um die weitere Verbesserung des Impfstoffs und die Titrierung mit dem Groth-Test. Von 1930 bis 1949 war W. Lehmann Leiter der Impfanstalt. Er bemühte sich um die Herstellung eines Impfstoffs aus der Chorioallantoismembran des embryonierten Hühnereis. Im Jahre 1960 erhielt die Impfanstalt einen Neubau. Wolfgang Ehrengut wurde zu deren Leiter ernannt. Er war von der Landesimpfanstalt in München von Albert Herrlich nach Hamburg gekommen. Dort befaßte er sich wissenschaftlich mit den Fragen der Impfkomplikationen und wandte sich den Problemen auch der anderen Impfungen, wie den Tetanus-, Diphtherie- und Pertussisimpfstoffen, zu. 1978 begann er ein erstes umfassendes Impfprogramm in den Schulen gegen Röteln bei Mädchen im Pubertätsalter, das zu einem drastischen Rückgang der Embryopathien in Hamburg führte. Zugleich entwickelte er eine kompetente Rötelnantikörperdiagnostik. Die Staatliche Impfanstalt unter Leitung von Ehrengut wurde 1978 mit der virologischen Abteilung der Medizinaluntersuchungsanstalt in Hamburg zum Institut für Impfwesen und Virologie zusammengeschlossen. Sie stand unter der Leitung von Hild Lennartz, die 1979 das Institut verließ, um sich einer Laborgemeinschaft als Virologin anzuschließen. Godske Nielsen übernahm die Leitung dieses Instituts von 1982 bis 1992.

Wissenschaftliche Fachgesellschaften für Virologie

Das sich immer breiter entwickelnde Wissenschaftsgebiet der Virologie war erst sehr spät in Fachgesellschaften vertreten. Die wenigen Institute, die Virusforschung betreiben, sahen hierfür zunächst keine Notwendigkeit. Als aber mit der Einführung neuer Methoden in der Experimentellen Virologie, wie z.B. der Entwicklung der Zellkulturen und ihrer Anwendung in der Produktion von Impfstoffen, voran des Polioimpfstoffs, und in der virologischen Laboratoriumsdiagnostik die Klinische Virologie immer stärker an Bedeutung gewannen, konnten und mußten sie zunehmend diagnostische und beratende Aufgaben in der Zusammenarbeit mit der praktisch-klinischen Medizin übernehmen. Damit zeichnete sich immer dringender die Notwendigkeit eines berufsständischen Zusammenschlußes der Virologen ab, der zugleich das Forum eigener Fachsymposien oder Kongreße bilden konnte. Zudem galt es, für die medizinisch-klinischen Forschungs- und Entwicklungsarbeiten zusätzliche finanzielle Mittel zu mobilisieren, die seinerzeit in den jeweiligen Haushalten der Institute oder Kliniken, die sich virologisch engagierten, nicht vorhanden waren.

Als erste bildete sich aus dieser Erkenntnis heraus die Deutsche Vereinigung zur Bekämpfung der Kinderlähmung. Ihre Gründung fand am 31. August 1954 im großen Sitzungssaal der Senatsverwaltung für das Gesundheitswesen in Berlin statt. Als erster Präsident stellte sich der emeritierte Ordinarius für Kinderheilkunde, Hans Kleinschmidt, Göttingen-Bad Honnef, zur Verfügung. Großen Anteil an der Gründung ist auch der Initiative des Kinderklinikers Gerhard Joppich, Berlin, zuzuschreiben, der 1961 der zweite Präsident der Vereinigung wurde. Erster Generalsekretär wurde Ministerialdirigent Joseph Hühnerbein, der sich durch seinen Einsatz um die Effizienz dieser Vereinigung außerordentlich verdient gemacht hatte und jedem klinischen Virologen jener Jahre persönlich sehr vertraut war, weshalb die Vereinigung von vielen besonders anerkennend als «Hühnerbein-Verein» zitiert wurde. Sein Nachfolger wurde Ludwig Krause-Wichmann.

Die Vereinigung, die ihr Vorbild in der National Foundation for Infantile Paralysis der USA sah, unterstützte in großem Maßstab alle Laboratorien und Kliniken, die sich in irgendeiner Weise mit der Polio befaßten. Das Programm der Vereinigung mag am besten an den Aufgaben ihrer Arbeitsausschüsse abzulesen sein:
– Förderung von Forschungsarbeiten.
– Epidemiologie.
– Seuchenhygienische Probleme und Maßnahmen.
– Immunisierung.
– Behandlung akuter Krankheitsfälle.
– Nachbehandlung und Rehabilitation.
– Resozialisierung und Versicherungsschutz.
– Fortbildung der Ärzte und Unterrichtung der Bevölkerung.

Zur weiteren Darstellung der Vereinigung und ihrer Entwicklung sei aus den Erinnerungen von Richard Haas, deren drittem Präsidenten von 1965 bis 1980, zitiert, der darin auch den Beitrag der DFG für die Virologie jener Jahre würdigt:

«Man kann bei einem historischen Abriß der Entwicklung der klinischen Virologie in der Bundesrepublik nach dem Kriege zwei Elemente nicht übergehen, welche aus meiner Sicht sehr erheblich zur Förderung der klinischen Virologie beigetragen haben. Das eine war der Umstand, daß die Deutsche Forschungsgemeinschaft jahrelang unter verschiedener Flagge relativ große Mittel zur Finanzierung klinisch-virologischer Untersuchungs- und Forschungsprogramme bereitstellte. Die normalen Haushalte der Fakultäten und der Medizinaluntersuchungsämter boten keine Möglichkeit, klinisch-virologische Aktivitäten personell und materiell zu ermöglichen.

Das zweite Element war die Tatsache, daß im Zuge der Kinderlähmungseuphorie, die in der Welt nach der Veröffentlichung des Francis-Reports 1955 ausbrach (Verkündigung und Beginn der Polio-Schutzimpfung nach Salk am 12. April 1955, dem zehnjährigen Todestag von Präsident Franklin Delano Roosevelt), in der Bundesrepublik von der Bundesregierung, den Bundesländern, dem Verband der Rentenversicherungsträger, dem Bundesverband der Ortskrankenkassen und zahlreicher anderer Organisationen, Gremien und Körperschaften die Deutsche Vereinigung zur Bekämpfung der Kinderlähmung gegründet wurde. Dieser Vereinigung standen in den ersten Jahren beträchtliche Mittel zur Verfügung. Auch dieses Geld wurde zu einem erheblichen Teil für klinisch-virologische Forschung über Kinderlähmung ausgegeben. Das wirkte in gleicher Richtung wie die Mittel der DFG. Als ich 1965 als Präsident der Deutschen Vereinigung zur Bekämpfung der Kinderlähmung gewählt wurde, war mir klar, daß die Kinderlähmung wegen der eingetretenen Impferfolge nicht mehr das vordringliche Problem war und darum nicht mehr als Hebel zur Finanzierung benutzt werden konnte. Derartige Hebel entfalten zwar am Anfang oft eine überrraschend gute Wirkung, aber dieser Effekt läßt meistens im Laufe der Jahre sehr stark nach. Dafür gibt es eine ganze Reihe von Beispielen. Da um diese Zeit auch bei einer Anzahl weiterer Viruskrankheiten Impfungen entwickelt wurden, die auf großes Interesse speziell in der Pädiatrie und Gynäkologie stießen, und da auch die Palette der laboratoriumsdiagnostischen Möglichkeiten bei Viruskrankheiten erheblich verbreitert wurde, verfaßte ich ein Memorandum, das ich den Mitgliedern der Deutschen Vereinigung zur Bekämpfung der Kinderlähmung zugänglich machte. In diesem Memorandum schlug ich vor, den Aufgabenhorizont der Deutschen Vereinigung zu erweitern und auf alle Viruskrankheiten auszudehnen. Mein Vorschlag lief darauf hinaus, aus der Deutschen Vereinigung zur Bekämpfung der Kinderlähmung eine Deutsche Vereinigung zur Bekämpfung der Viruskrankheiten (DVV) zu machen. Er stieß zunächst nicht auf Resonanz, geschweige denn Gegenliebe. Das hatte ich auch nicht erwartet. Man muß sich vergegenwärtigen, daß in der Vereinigung viele Mitglieder waren, die diese Fragen vor allem durch die Brille des Bundesseuchen-Gesetzes sahen. 'Quod non est in actis, non est in mundo', war quasi die Richtschnur ihres Handelns oder ihrer Überlegungen. Das waren in erster Linie die Vertreter des Öffentlichen Gesundheitsdienstes innerhalb der Deutschen Vereinigung. Vermutlich machten sie sich auch Sorgen um das Geld, das eine Aufgabenerweiterung kosten würde. Ihre Vorgesetzten in den Ministerien sind in der Regel Laien. Bei ihnen haben sie für die Befriedigung finanzieller Wünsche viel mühevolle Überzeugungsarbeit zu leisten. Letztlich gelang es mir aber, die Zustimmung aller Mitglieder der Deutschen Vereinigung zu erreichen.»

In der Folgezeit konnte dann die Umwandlung vollzogen werden.

1972 erhielt die Vereinigung die Bezeichnung Deutsche Vereinigung zur Bekämpfung der Poliomyelitis und anderer Viruskrankheiten und 1977 ihren heutigen Namen Deutsche Vereinigung zur Bekämpfung der Viruskrankheiten (DVV).

Am 16. Februar 1973 wurde in Frankfurt am Main ein Förderverein zur Bekämpfung der Viruskrankheiten gegründet, dessen Ziele in der Gründungssatzung so definiert sind:

«Der Verein hat die Aufgabe, die Deutsche Vereinigung zur Bekämpfung der Kinderlähmung und anderer Viruskrankheiten bei der Erfüllung ihrer satzungsgemäßen Aufgaben zu fördern und finanziell zu unterstützen.»

Nachfolger von Richard Haas als Präsident der DVV wurde 1979 Friedrich Deinhardt, München. Ihm folgte 1990 Günther Maass, Münster, der nach seinem Medizinstudium in Kiel seine virologische Ausbildung am Heinrich-Pette-Institut in Hamburg begonnen hatte, 1957 als Research Fellow an der Section for Preventive Medicine der Yale University tätig war und zur weiteren Fortbildung in der Virologie zu Richard Haas nach Freiburg ging, bei dem er sich 1966 für Medizinische Mikrobiologie habilitierte. 1969 wurde er Leiter des Instituts für Virusdiagnostik am Hygienisch-bakteriologischen Landesuntersuchungsamt und 1980 Direktor des Landesuntersuchungsamts.

Die DVV verfolgt weiterhin die bewährten Ziele und arbeitet vorwiegend in mehreren aufgabenbezogenen Ausschüssen. Sie veranstaltet Symposien, die ihren besonderen Aufgaben gewidmet sind. Die Ausschüsse der DVV sind:
- Ausschuß gemäß § 10 der Satzung.
- Diagnostikausschuß.
- Immunisierungsausschuß.
- Ausschuß für Virusdesinfektion.
- Novellierung Bundesseuchengesetz, Arbeitsgruppe 4 «Impfwesen».
- Arbeitskreis «Aufklärung vor Schutzimpfungen».

Die weitere Sammlung der Virologen erfolgte in der Deutschen Gesellschaft für Hygiene und Mikrobiologie. Diese kann in ihrer Tradition auf die 1906 gegründete Freie Vereinigung für Mikrobiologie zurückgeführt werden. Zu ihren Gründungsmitgliedern gehörten die damals führenden Gelehrten des Fachs Robert Koch, Karl Flügge, Paul Ehrlich, Georg Gaffky und August Paul Wassermann. Aus dieser Vereinigung entstand 1922 die Deutsche Vereinigung für Mikrobiologie, die 1949 in die heutige Deutsche Gesellschaft für Hygiene und Mikrobiologie umgewandelt wurde. Das Amt des Präsidenten der Vereinigung wurde zweimal von Virologen ausgeübt, von Reiner Thomssen und von Karl-Otto Habermehl. Die zunehmende Erweiterung der Fachrichtungen, die zu dieser Gesellschaft gehörten, machte ihre Eigenständigkeit innerhalb der Gesellschaft erforderlich. So gründete man 1977 mit einer Satzungsänderung vier Sektionen. Die Virologie bildete die «Sektion IV». Ihr erster Vorsitzender war Rudolf Rott, Gießen.

Ihm folgten im Vorsitz Reiner Thomssen, Göttingen, Volker ter Meulen, Würzburg, und Bernhard Fleckenstein, Erlangen.

Die Sektion IV organisierte bei den Kongressen der Deutschen Gesellschaft für Hygiene und Mikrobiologie im Rahmen des Gesamtprogramms eigene Vortragsveranstaltungen und veranstaltete in den Jahren zwischen den Kongressen auch eigene Symposien. Sie gaben jedesmal einen guten Überblick über die wissenschaftlichen Programme und den Leistungsstand der Virologie in der Bundesrepublik Deutschland. Ende der 80er Jahre zeigte sich, daß die Gesellschaft nicht mehr alle Aspekte der Virologie in Forschung, Lehre und Praxis vertreten konnte. Damit kamen der Gedanke und die Initiative zur Gründung einer eigenständigen Virologiegesellschaft auf, die 1990 erfolgte. In der Deutschen Gesellschaft für Hygiene und Mikrobiologie wurde 1991 durch eine erneute Satzungsänderung die Einteilung in Sektionen wieder aufgehoben.

Die Gesellschaft für Virologie e.V. wurde am 9. Juli 1990 in Nürnberg gegründet. Zweck der Gesellschaft ist laut Satzung die Förderung der Virologie auf allen Fachgebieten durch Vermehrung und Austausch von Wissen in der virologischen Forschung, vor allem im deutschsprachigen Raum. Dies soll unter anderem durch wissenschaftliche Tagungen und Förderung des Publikationswesens in Zusammenarbeit mit anderen wissenschaftlichen Gesellschaften erreicht werden. Die Gesellschaft fördert akademische Lehre und Ausbildung sowie fachliche Fortbildung und nimmt Aufgaben im Bereich von mittelbarer Krankenversorgung und Prophylaxe wahr. Sie bietet Trägern wissenschaftlicher Einrichtungen, forschungsfördernden Organisationen und Gremien von Politik und Gesellschaft beratende Dienste an, soweit wissenschaftliche Aspekte der Virologie, die akademische Ausbildung und fachliche Fortbildung berührt werden. Organe der Gesellschaft sind der Vorstand, die Arbeitsausschüsse und die Mitgliederversammlung.

Der Vorstand besteht aus den folgenden Positionen, für die bei der Gründungsversammlung am 9. Juli 1990 die genannten Wissenschaftler gewählt wurden:
- Präsident: Bernhard Fleckenstein, Erlangen.
- 1. Vizepräsident:
  Otto Albrecht Haller, Freiburg.
- 2. Vizepräsident:
  Leopold Döhner, Greifswald.
- Schriftführer:
  Nikolaus Müller-Lantzsch, Homburg/Saar.
- Schatzmeister: Rüdiger Braun, Wuppertal.

Die Beirat besteht aus 8 Vertretern, die von den ordentlichen Mitgliedern der Gesellschaft gewählt werden und das gesamte Gebiet der Virologie repräsentieren sollen. Am 9. Juli 1990 wurden in den Beirat gewählt: Walter Doerfler, Köln; Hans Joachim Eggers, Köln; Peter Hans Hofschneider, Martinsried; Hans Dieter Klenk, Marburg; Rudolf Rott, Gießen; Jochen Süss, Potsdam; Hildegard Willers, Hannover; Harald zur Hausen, Heidelberg. Ferner gehören dem Beirat die Vorsitzenden der 7 Arbeitskommissionen der Gesellschaft an. Die Ständigen Arbeitskommissionen repräsentieren die Aktivitäten der Gesellschaft und wurden am 9. Juli 1990 mit folgenden Wissenschaftlern besetzt:
- Forschung und wissenschaftlicher Nachwuchs: Volker ter Meulen, Göttingen.
- Lehre, Fortbildung und Weiterbildung:
  Reiner Thomssen, Göttingen.
- Diagnostik: Christian Kunz, Wien.
- Immunisierung: Günther Maass, Münster.
- Virussicherheit:
  Wolfram H. Gerlich, Gießen.
- Chemotherapie:
  Hans Wilhelm Doerr, Frankfurt.
- Redaktionsausschuß:
  Herbert Pfister, Erlangen.

Die Mitgliederversammlung wird einmal im Jahr einberufen. Sie ist das oberste Entscheidungsorgan der Gesellschaft.

Die Aufgaben der Gesellschaft, wie sie in der Satzung festgehalten sind, reflektieren das Ziel der Gründungsmitglieder. Sie wollten eine Fachgesellschaft für das gesamte Gebiet der Virologie schaffen, die den deutschen Sprachraum – Bundesrepublik Deutschland, Österreich, Schweiz – und weitere Nachbarländer miteinbezieht. Es sollte damit eine Fachgesellschaft gegründet werden, die die Virologie in Medizin, Veterinärmedizin und Pflanzenbiologie mit ihrer zunehmenden Bedeutung vertritt. Während bis dahin für Virologen im deutschen Sprachraum jeweils nur nationale Fachgesellschaften für den Gesamtbereich der Mikrobiologie existierten, sollte damit die Virologie eigenständig in grenzüberschreitender Weise zusammengeführt werden.

Die Gesellschaft für Virologie ist Mitglied der Deutschen Arbeitsgemeinschaft Wissenschaftlich-Medizinischer Fachgesellschaften und der Union Deutscher Biologischer Fachgesellschaften. Sie ist die legitimierte Vertreterin der Virologie gegenüber der Deutschen Forschungsgemeinschaft, gegenüber Ministerien und Ärztekammern. Die Gesellschaft für Virologie ist Mitglied der International Union of Microbiological Sciences.

Bei der Gründungsversammlung am 9. Juli 1990 in Nürnberg waren 67 Virologinnen und Virologen anwesend; damit waren fast alle namhaften Laboratorien des deutschsprachigen Raums vertreten, die sich der virologischen Forschung überwiegend oder ausschließlich widmen. Teilnehmer der Gründungsversammlung waren: L. Apitsch, Potsdam; U. Arnold, Leipzig; J.F. Baier, Berlin; K. Baczko, Würzburg; W. Bodemer, Wien; R. Braun, Heidelberg; H. von Briesen, Frankfurt am Main; W. Büttner, Göttingen; Gh. Darai, Heidelberg; F.W. Deinhard, München; L. Döhner, Greifswald; H.W. Doerr, Frankfurt am Main; K. Doerries, Würzburg; R. Doerries, Würzburg; H.J. Eggers, Köln; I. Färber, Erfurt; D. Falke, Mainz; P. Felfe, Riemserort; B. Fleckenstein, Erlangen; B. Flehmig, Tübingen; R. Friedrich, Gießen; W.H. Gerlich, Göttingen; D. Germann, Bern; H. Giese, Berlin; L. Gissmann, Heidelberg; R. Grassmann, Erlangen; K.-O. Habermehl, Berlin; O.A.Haller, Freiburg; J. Hofmann, Leipzig; G. Hunsmann, Göttingen; G. Jahn, Erlangen; Ch. Jungwirth, Würzburg; H.D. Klenk, Gießen; R. Klöcking, Erfurt; H. Koblet, Bern; K. Koschel, Würzburg; U. Koszinowski, Ulm; D.H. Krüger, Berlin; Ch. Kunz, Wien; J. Löwer, Frankfurt am Main; G. Maass, Münster; H. Meier-Ewert, München; Th. Mertens, Köln; V. ter Meulen, Würzburg; N. Müller-Lantzsch, Freiburg; K. Munk, Heidelberg; K. Muschner, Dresden; H. Pfister, Erlangen; B. Pustowoit, Leipzig; M. Roggendorf, München; H.-A. Rosenthal, Berlin; R. Rott, Gießen; H. Rübsamen-Waigmann, Frankfurt; H. Rüffer, Bonn; A. Sauerbrei, Erfurt; K.-E. Schneweis, Bonn; C. Schroeder, Berlin; G. Siegl, Bern; R. Stamminger, Erlangen; A. Stelzner, Jena; J. Süss, Potsdam; R. Thomssen, Göttingen; O. Traenhart, Essen; A. Vallbracht, Tübingen; H. Wege, Würzburg; H. Wolf, München; P. Wutzler, Erfurt; W. Zimmermann, Berlin-Buch.

Auf der Mitgliederversammlung 1994 wurde Werner Schäfer, Tübingen, zum Ehrenmitglied der Gesellschaft gewählt.

Die Zahl der Mitglieder ist bis 1994 auf über 640 angestiegen.

Namenverzeichnis

Ackermann, R. 97
Adrian, Th. 84
Ahlfeld 16
Almeida, J. 63
Althoff, F. 13
Altmann, H.-W. 120
Anderer, F. 20, 35, 38, 47
Andrewes, Ch.H. 59
Ansorg, R. 78
Apitsch, L. 164
Arnold, U. 164

Bachmann, P. 112
Baczko, K. 164
Bader, R.-E. 115
Baier, J.F. 164
Bandlow, G. 78
Barthels, G. 82
Bauer, H. 19, 75, 129, 132
Baur, F. 107, 108
Bautz, E.K.F. 90
Becht, H. 26, 53
Beer, J. 13
Behrend, R.-Ch. 81
Behring, E. von 13, 14, 105, 128, 141, 142, 144
Behring, H. von 144
Belian, W. 125
Beller, K. 22, 41, 150, 153
Bergold, G. 31, 32, 34, 35, 39–41, 85, 153
Bert, F. 21
Bieling, R. 142, 150
Bierwolf, D. 125
Bindrich, H. 12
Bingel, K. 86, 87
Bingold, K. 107
Bismarck, O. von 159
Blumenthal, G. 17
Bock, M. 156

Bodechtel, G. 80, 87, 107, 108
Bodemer, W. 164
Boecker, E. 17, 18
Bonin, O. 129
Bornkamm, G. 72
Böthig, B. 125
Brand, G. 60
Brandenburg, E. 19, 27
Brandis, H. 56, 57, 75
Brandner, G. 71
Braun, R. 88, 156, 164
Braunitzer, G. 38
Brede, H.D. 128, 130, 132, 133
Bremer, W.A.E. 158
Brieger, L. 13
Briesen, H. von 164
Buchborn, E. 110
Bueb, H. 40
Bueb, J. 40
Burnet, M. 44, 155
Butenandt, A. 30, 32, 35, 39, 49, 87, 107, 145, 146, 149
Büttner, W. 164

Choppin, P.W. 60, 111
Colmat, H.-J. 83
Compans, R.W. 111
Crodel 17
Cruz, O. 136, 137
Cullen, W. 157

Daneel, R. 31, 32
Darai, Gh. 88, 90, 141, 164
Dedié, K. 12
Deinhardt, F.W. 105–107, 116, 162, 164
Delbrück, M. 48, 99, 100, 117
Deppert, W. 83
Dermietzel, R. 67
Diefenthal, W. 50

Diener, T.O. 27
Diringer, H. 20
Dittmann, S. 126
Doerfler, W. 100, 101, 164
Doerr, H.W. 68, 69, 88, 164
Doerries, K. 164
Doerries, R. 164
Döhner, L. 79, 164
Dräger, K. 142, 143
Drees, O. 81, 83
Drescher, J. 84
Drzeniek, R. 24, 83
Du, Sch.-Hs. 17
Dulbecco, R. 129

Edlinger, E. 53–55
Eggers, H.J. 46, 74, 75, 97, 98, 132, 164
Ehrengut, W. 160
Ehrlich, P. 13, 128, 130, 131, 133, 163
Eissner, G. 129
von Elmenau 120, 121
Enders, J.F. 104
Enders-Ruckle, G. 104, 139
Erfle, V. 149, 150
Esmarch, E. von 13, 14
Esser, J. 139

Falke, D. 101–103, 164
Färber, I. 164
Felfe, P. 164
Fenner, F. 111
Fleckenstein, B. 64, 96, 163, 164
Flehming, B. 116, 164
Flügge, K. 163
Francis, Th., Jr. 45, 87, 108
Fränkel-Conrat, H.L. 38
Friedrich, R. 164

Friedrich-Freksa, H. 31–37, 44, 46, 47, 90, 129
Friedrich Wilhelm III., König von Preußen 158
Friend, Ch. 125
Frosch, P. XI, 1–4, 13, 14, 16, 78, 79
Frösner, G. 106, 116

Gaffky, G. 163
Gard, S. 74
Gärtner, A. 93
Gedek, B. 112
Geiger, W. 142
Gelderblom, H. 19, 20
Gemsa, D. 96
Gerlich, W.H. 75, 76, 78, 164
Germann, D. 164
Gerth, H.-J. 115, 116
Giehl, S. 158
Gierer, A. 35, 36, 38, 47
Giese, H. 164
Gildemeister, E. 16
Gillert, K.E. 19
Gins, H.A. 16, 17
Gissmann, L. 72, 164
Glathe, H. 126
Gönnert, R. 42, 154–156
Goodpasture, E.W. 16
Gößner, W. 149
Götz, O. 109, 110
Graf, Th. 46
Graffi, A. 124, 125
Graser, A. 108
Grassmann, R. 164
Gross, H.J. 27
Groß, L. 125
Groth 159
Gummel, H. 124
Günther, O. 129

Haach, H.G. 47
Haagen, E. 16, 17
Haas, R. XI, 55, 64, 68–72, 75, 80, 117, 129, 130, 142–144, 161–163
Haas, W. 144
Habermehl, K.-O. 50–52, 163, 165
Habs, H. 140

Hackental, H. 17
Hahn, O. 100
Haller, O.A. 72, 73, 164, 165
Hamperl, H. 125
Harms, J. 37
Harnack, A. von 28
Hartwig, H. 52
Hata, S. 130, 131
Hausen, H. 156
Hausen, H. zur 63, 64, 72, 73, 89, 113, 120, 164
Hausen, P. 156
Hecker, E. 72
Hehlmann, R. 149
Heicken 17
Heidelberger, Ch. 20
Heilmeyer, L. 116, 117
Heitmann, R. 81
Hellmann, E. 52
Helm, K. von der 107
Hempt, A. 142
Henle, G. 45, 63, 97, 106, 120
Henle, W. 45, 63, 97, 100, 106, 120
Henneberg, G. 17–19
Hennessen, W. 59, 60, 103, 144, 145
Henning, R. 118
Herrlich, A. 112, 113, 159, 160
Herrmann, W. 65
Hershey, A.D. 100
Hertel, H.-W. 143, 144
Herzberg, K. 28, 59, 61, 67, 68, 79, 102, 117
Heymann, G. 128
Hinuma, Y. 135
Hirst, G. 86
Hoffmann-Berling, H. 90, 91
Hofmann, J. 165
Hofschneider, P.H. 96, 145, 146, 164
Högner, W. 107
Hohn, J. 65
Höpken, W. 138, 139
Hörlein, H. 30, 154
Hornstein, O. 63
Horsfall, F.L. 74
Huebner, G. 101
Hufeland, Ch.W. 158, 159
Hug, O. 149

Hühnerbein, J. 161
Humboldt, W. von 28
Hunsmann, G. 46, 135, 136, 165

Jaenisch, R. 83
Jahn, G. 64, 116, 165
Jenner, E. 157, 158
Jerne, N.K. 128, 131
Jilg, W. 114
Jochheim, K.-A. 97
Jockusch, H. 47
Joppich, G. 161
Jungwirth, Ch. 120, 165

Kaaden, O. 86, 113
Kalm, H. 81
Kandolf, R. 96, 146
Karrer, P. 131
Kaudewitz, F. 34, 36
Kaufmann, St. 118
Kausche, G.A. 88, 89
Kellenberger, E. 117
Keller, P. 22
Keller, W. 72, 80, 143, 144
Kersting, G. 81
Khorana, H.G. 91
Kikuth, W. 59, 60, 154–156
Kitasato, Sh. 13, 14, 136
Klamerth, O. 89
Klein, P. 101, 117
Kleine, F.-K. 17
Kleinschmidt, A.K. 27, 68, 117, 118
Kleinschmidt, H. 161
Klenk, H.D. 26, 96, 104, 164, 165
Klöcking, R. 62, 165
Klotz, G. 27
Knacke, E. 57
Knocke, K.W. 139
Knoop, F. 32
Knothe, H. 68
Köbe, K. 9
Koblet, H. 165
Koch, R. 1–4, 13–15, 65, 78, 79, 93, 128, 136, 141, 142, 163
Koelsch, E. 83
Kolle, W. 128
Koprowski, H. 66
Kornberg, A. 146
Koschel, K. 120, 165

Kossel, H. 13
Koszinowski, U. 78, 88, 118, 165
Krause-Wichmann, L. 161
Krüger, D.H. 54, 55, 165
Kühn, A. 30
Kuhn, H.-J. 135
Kunz, Ch. 164, 165
Kurth, R. 19, 46, 129, 130
Kuwert, E.K. 66, 67

Laufs, R. 78
Lehmann, W. 160
Lehmann-Grube, F. 83, 97, 104
Lenette, E.H. 97, 115
Lennartz, H. 81, 82, 139, 160
Lentz, O. 17
Liebermeister, K. 110
Liess, B. 85, 86
Linzenmeier, G. 65
Löffler, F. XI, 1–4, 7, 8, 13, 16, 78, 79
Löhler, J. 83
Löwer, J. 130, 165
Lubarsch, O. 124
Ludwig, H. 52, 53
Luria, S.E. 100
Lwoff, A. 117
Lynen, F. 146

Maass, G. 71, 81, 117, 162, 164, 165
Mahnel, H. 112
Mannweiler, K. 81, 83
Manteufel, P. 59
Marchal, J. 155
Marre, R. 118
Martini, P. 55
Matz, B. 58
Mauer 17
Mauersberger-Dietel, B. 53, 54
Maurer, G. 110
Max Joseph, Kurfürst von Bayern 158
May, G. 68
Mayr, A. 111–113, 152, 159
Meesen, H. 55
Meier-Ewert, H. 110, 111, 165
Meinhof, W. 63
Meitner, L. 100
Melchers, G. 30–32, 38, 46–49

Menk, W. 142
Mertens, Th. 165
Meulen, V. ter 121–123, 163–165
Miessner, H. 85
Mitscherlich, E. 85
Modrow, S. 114
Möhlmann, H. 9, 12
Mölling, K. 19, 46
Monod, J. 117
Monreal, G. 52
Mücke, H. 61
Müller, F. 60
Müller, G. 104, 138
Müller, H. 27
Müller, R. 86
Müller 10
Müller-Hill, B. 146
Müller-Lantzsch, N. 93, 164, 165
Mullins, J.J. 132
Mundry, K.W. 38, 47
Munk, F. 137
Munk, K. 34, 44, 46, 68, 87–89, 108–110, 165
Muschner, K. 165
Müssemeier, F. 8
Mussgay, M. 46, 85, 91, 101, 111, 152, 153

Nagel 150
Nahmias, A.O. 57
Narayan, O. 26
Nauck, E. 137
Neubert, W. 146
Neumann, E. 146
Neumann-Haefelin, D. 71, 73
Nielsen, G. 104, 137, 138, 160
Nietzschke, E. 23
Nocht, B. 13, 14, 136
Nonne, M. 80

Ochoa, S. 118
Oelrichs, L. 142
Öhm 11
Oken, L. 28
Opitz, H.-G. 156
Orth, G. 63
Orth, J. 124
Ostertag, R. von 21
Ostertag, W. 83
Otto, R. 128, 129

Pape, J. 7, 9
Paschen, E. 137, 160
Pasteur, L. 1
Pauli, G. 53
Pehl, K. 12
Peters, D. 104, 137, 138
Petersen, E. 71
Pette, E. 80–82
Pette, H. 80–82, 97, 108, 144
Pettenkofer, M. von 105
Pfeiffer, R. 13, 14, 16
Pfister, H. 64, 72, 164, 165
Pfuhl, E. 13, 14
Planck, M. 32
Plett 158
Potel, K. 12
Prigge, R. 128
Proskauer, B. 13, 14
Prowazek, Stanislaus Edler von Lanow 137
Pulverer, G. 98
Pustowoit, B. 165
Pyl, G. 9, 11–13

Radsack, K. 104
Rajewsky, M. 37
Rauscher, F. 125
Reddehase, M. 102
Reemtsma, Ph. 58, 80
Reiter, M. 158
Rhode, W. 54
Ricketts, H.T. 137
Riesner, D. 27
Rocha-Lima, H. da 136, 137
Rodenwaldt, E. 86, 139
Roggendorf, M. 67, 106, 165
Röhrer, H. 9, 12, 13
Roizman, B. 113, 119
Roosevelt, F.D. 162
Roots, E. 23–25
Rosenthal, H.-A. 53–55, 165
Rössle, R. 124
Rott, R. 24, 43, 46, 53, 74, 75, 116, 163–165
Rous, P. 124
Rowe, W.P. 93, 101
Rubner, M. 102
Rübsamen-Waigmann, H. 132, 165
Rüchel, R. 78

Rückert, R. 43, 156
Rüffer, H. 165
Ruska, E. 88, 89
Ruska, H. 10, 88

Sabin, A.B. 59, 74, 92, 109, 115, 130
Salk, J. 104, 109, 129, 130
Sänger, H.L. 24, 27, 75, 147
Sauerbrei, A. 165
Sauerbruch, F. 125
Schaaf, J. 21, 22
Schaal, O. 33
Schaal, W. 33
Schäfer, E. 140, 141
Schäfer, I. 6
Schäfer, W. XI, XII, 8, 10, 19, 22–24, 32–35, 39–46, 71, 74, 75, 87, 108, 120, 129, 135, 150, 152–154, 156, 165
Schaller, H. 91, 92
Schaudinn, F.R. 137
Scheid, A. 60, 61
Scheid, W. 74, 80, 97, 98
Scheiermann, N. 66
Schimpl, A. 120
Schipp, T. 7
Schlumberger, H.D. 156
Schmid, C. 32
Schmidt, H. 142
Schmidt, J. 79, 94, 95
Schmidt, K. 60
Schmidt, M.F.G. 26, 53
Schmidt-Ott, F. 28
Schmitz, H. 71, 138
Schneider, B. 11, 150
Schneider, J.W. 38
Schneider, L.G. 154
Schneweis, K.-E. 56–58, 75, 119, 165
Scholtissek, Ch. 24–26, 43, 53, 116
Schramm, G. 10, 20, 30–35, 37–40, 44, 46, 47, 91, 149
Schreier, E. 126
Schroeder, C. 165
Schuster, H. 38
Schütz, W. 3
Schwarz, R.T. 26
Schweitzer, A. 103

Seidel, W. 80
Seifried, O. 21, 22
Shope, R.E. 21, 151
Siegert, R. 101–104
Siegl, G. 106–165
Sinnecker, H. 127
Slenczka, W. 104
Smith, W. 74
Sobe, D. 139
Speyer, F. 131
Speyer, G. 131
Spies, K. 53–55
Sprockhoff, H. von 23
Sprößig, M. 61
Stamminger, R. 165
Stanley, W.M. 28–30, 37, 38, 44, 87, 108, 118
Starke, G. 126
Starlinger, P. 36
Stelzner, A. 95–97, 165
Stengel, P. 150
Stickl, H. 113, 159, 160
Stickl, O. 32
Stitz, L. 26
Stoffel, W. 60, 98
Störiko, K. 152, 153
Straub, J. 100
Straube, E. 95
Streissle, G. 156
Süss, J. 95, 127, 164, 165
Svedberg, Th. 30

Tamm, I. 74, 111
Thomssen, R. 70–72, 75, 76, 78, 163–165
Timoféeff-Ressovsky, N.W. 100
Tiselius, A.W.K. 30
Traenhart, O. 66, 165
Traub, E. 9–11, 21–23, 41, 44, 85, 101, 111, 143, 150–152
Trautwein, K. 9
Treuschol 14
Tschaikowsky, G. 11
Turowski 7

Uhlenhuth, P. 3, 7, 13
Urbach, H. 93, 94

Vagt, G.T. 58
Vagt, T. 58

Vallbracht, A. 58, 116, 165
Vanek, E. 117
Viliers, E.-M. de 72
Virchow, R. 124
Vogt, P.K. 37
Voigt, L. 160

Wagener, K. 85
Wagner, H. 118
Waldmann, O. 7–11, 28
Warburg, O. 68, 125
Wassermann, A.P. 13, 163
Wecker, E. 46, 119–121, 123
Wecker, I. 121
Wege, H. 165
Weidel, W. 20, 48, 49
Weigle, J. 117
Weiler, E. 36
Wengler, G. 26
Wenckebach, G. 142
Werchau, H. 55, 56, 71
Wernicke, E. 141, 142
Wettstein, F. von 30, 32, 48
Wieland, H. 29
Wigand, R. 60, 84, 92, 93, 137
Wilhelm II., Deutscher Kaiser 28
Will, H. 83
Willers, H. 139, 164
Williams, R. 118
Windaus, A. 39
Windorfer, A. 62
Winnacker, K. 71
Witte, J. 21
Wittmann, B. 47
Wittmann, G. 47
Wittmann, G. 153
Wohlrab, R. 138
Wolf, H. 106, 113, 114, 165
Wolff, M.H. 118, 119
Wollheim, E. 119
Wolpers 10
Wullstein, H.L. 120
Wutzler, P. 61, 62, 165

Zillig, W. 38
Zimmer, K.G. 100
Zimmermann, W. 165
Zöller, L. 141
Zwick, W. 20–22